mini Manuel de chimie générale

Structure de la matière

Cours + Exos

Élisabeth Bardez
Professeur des Universités honoraire
au Conservatoire National des Arts et Métiers (Paris)

3e édition

DUNOD

11, rue Paul Bert, 92240 Malakoff
www.dunod.com

ISBN 978-2-10-078093-8

Table des matières

CHAPITRE 1

États de la matière, corps purs et mélanges

PLAN

OBJECTIFS

- Revoir les notions fondamentales sur les états de la matière et sur les changements d'état.
- Associer qualitativement les propriétés macroscopiques de la matière aux interactions intermoléculaires à l'échelle atomique.
- Savoir distinguer corps purs et mélanges, mélanges homogènes et mélanges hétérogènes.
- Découvrir les systèmes dispersés, en relation avec leur omniprésence dans notre quotidien.

La chimie est la science de la matière et de ses transformations. Comment cette matière nous apparaît-elle ? Quelle relation existe-t-il entre son apparence macroscopique et sa constitution à l'échelle élémentaire ?

1.1 ÉTATS PHYSIQUES DE LA MATIÈRE (OU PHASES)

États solide, liquide et gazeux

La matière nous apparaît sous trois **états physiques**, l'état solide, l'état liquide et l'état gazeux.

- Un **solide** est rigide ; il possède sa forme propre, indépendante du récipient qui le contient, et son volume propre.
- Un **liquide** n'a pas de forme propre. Il prend la forme de la partie du récipient qui le contient ; en revanche, il possède son volume propre.

- Un **gaz** (également appelé vapeur) s'épand dans tout le récipient qui le contient, dont il prend la forme et le volume, si grand soit celui-ci. Un gaz n'a ni forme propre, ni volume propre ; un gaz occupe un volume.

Le *tableau 1.1* résume les points essentiels.

TABLEAU 1.1 PROPRIÉTÉS DÉFINISSANT LES TROIS ÉTATS DE LA MATIÈRE.

État	Symbole	Forme propre	Volume propre
solide	S ou s	oui	oui
liquide	L ou l	non	oui
gazeux	G ou g	non	non

Un état donné de la matière est aussi appelé une **phase** ; phase solide, phase liquide, phase gazeuse.

Une **mésophase** (du grec « *mesos* » = intermédiaire, médian) est une phase intermédiaire entre deux phases. Ce terme s'applique notamment aux **cristaux liquides**, dont certaines propriétés les font assimiler à des liquides, et d'autres à des solides.

Incidence des interactions intermoléculaires et de l'organisation moléculaire sur les propriétés macroscopiques d'une phase

a) Forces intermoléculaires de cohésion et agitation thermique

Les différences observées à l'échelle macroscopique entre les états solide, liquide et gazeux sont dues aux **interactions intermoléculaires**, s'exerçant entre les atomes, molécules ou ions constitutifs de la matière (*cf. chapitre 8*). Ces interactions sont responsables de la cohésion de la phase.

Isolément ces forces mettent en jeu de très faibles énergies. Cependant, parce qu'elles sont très nombreuses, elles sont d'une importance primordiale.

Les interactions intermoléculaires s'opposent, dans une phase donnée, à l'agitation propre des particules, qualifiée d'« **agitation thermique** », car d'autant plus importante que la température est plus élevée. L'agitation thermique est un mouvement incessant, totalement aléatoire.

L'intensité des forces intermoléculaires au sein d'une substance donnée diminue généralement quand on passe de la phase solide à la phase liquide, mais diminue encore beaucoup plus quand on passe de la phase liquide à la phase gazeuse. L'agitation thermique varie en sens inverse. Les particules sont donc beaucoup plus rapprochées dans les phases solide et liquide, qu'en phase gazeuse.

Les solides et les liquides sont de ce fait peu comprimables ; ce sont des **phases condensées**. En revanche, les gaz dans les conditions usuelles sont aisément compressibles ; ce sont des phases diluées.

La compression d'un gaz tend à rapprocher ses particules constitutives les unes des autres, et à réduire le volume qu'il occupe. Elle nécessite un apport d'énergie. Au contraire, l'expansion qui tend à augmenter naturellement le volume occupé, se produit sans apport d'énergie extérieure, et éloigne les particules les unes des autres.

Un gaz dans lequel les interactions entre atomes ou molécules sont négligeables se comporte comme le **gaz parfait**, gaz modèle dont une des particularités est que ses particules sont supposées sans interactions mutuelles.

b) Fluidité et désordre

Au sein des liquides et *a fortiori* des gaz, les interactions ne sont pas assez fortes pour assurer la rigidité. Les particules sont mobiles les unes par rapport aux autres ce qui confère aux liquides et aux gaz une fluidité expliquant qu'ils épousent la forme de leur contenant. Les **fluides** que sont les liquides et les gaz sont cependant sensiblement différents les uns des autres.

L'agitation des particules gazeuses est considérable : dans l'air qui nous entoure, les molécules de dioxygène et de diazote ont, à la température ambiante, une vitesse de l'ordre de 1 800 $km.h^{-1}$, soit une vitesse supérieure à celle du son qui est de l'ordre de 1 250 $km.h^{-1}$.

L'état gazeux est donc désordonné. Le gaz parfait, où aucune interaction entre les particules ne vient contrarier l'agitation moléculaire, est le siège d'un désordre parfait.

Dans l'état liquide, l'agitation des particules est limitée par leur proximité mutuelle, un liquide est moins désordonné qu'un gaz ;

cependant, l'agitation moléculaire permet à des liquides miscibles mis en contact de se mélanger, comme par exemple l'eau et l'éthanol.

Selon l'importance des forces intermoléculaires s'opposant à l'agitation thermique et au glissement des particules les unes sur les autres, les liquides sont plus ou moins visqueux. Les huiles sont des liquides visqueux, les colles le sont encore plus. La viscosité diminue quand l'agitation moléculaire augmente, donc lorsque la température augmente.

c) Solides : de l'ordre au désordre

Au sein des phases solides, les particules élémentaires peuvent être organisées de façon ordonnée et régulière ; la structure est alors cristalline.

Le cuivre Cu, le quartz (silice SiO_2 cristallisée), le chlorure de sodium NaCl, la glace (H_2O solide) sont des solides cristallins. Chacun d'eux illustre un type donné de **solides cristallins** : cristaux métalliques, covalents, ioniques et moléculaires.

Les structures cristallines sont, soit **isotropes**[1] comme, par exemple, la structure du diamant, soit **anisotropes**[2] comme la structure du graphite, le diamant et le graphite correspondant à deux cristallisations différentes du carbone (*figure 1.1*). Il en résulte des propriétés spécifiques : optiques, électriques, mécaniques, etc. différentes.

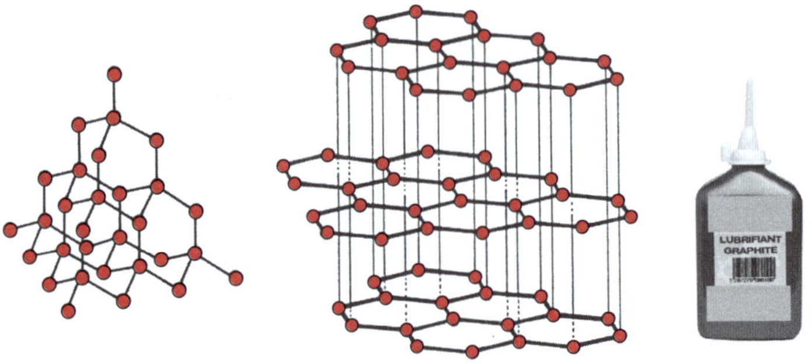

diamant graphite

Figure 1.1 Structure isotrope du diamant et structure lamellaire du graphite.
Les cercles rouges représentent les atomes de carbone ; les traits noirs, les plus courtes distances entre atomes de carbone, zones privilégiées où s'établissent les liaisons chimiques.

1. Qui possèdent les mêmes propriétés dans toutes les directions.
2. Dont les propriétés varient en fonction de la direction.

Exemple. L'organisation des atomes de carbone en plans d'hexagones du graphite lui confère la propriété d'être clivable. Le graphite est donc utilisé comme lubrifiant avec l'avantage qu'il résiste à des températures élevées (jusqu'à 3 600 °C) et qu'il est insoluble dans de nombreux solvants. Au contraire, le diamant est la substance la plus dure connue, utilisée comme abrasif.

D'autres solides ne présentent pas d'organisation ordonnée, leur structure est dite **amorphe**.

Le caoutchouc, le verre, le beurre, etc. sont amorphes. Lorsqu'on augmente la température, ces solides fondent sans changement de structure. Les solides amorphes sont en quelque sorte des liquides figés.

Il existe aussi des situations plus complexes où certaines structures sont douées d'un ordre cristallin partiel. Par exemple, un cristal liquide est désordonné comme un liquide dans certaines directions, et ordonné comme un cristal dans d'autres. Les gels, les colloïdes, les polymères, etc. sont encore d'autres exemples. À chaque fois, les formes spécifiques des molécules constituantes permettent d'expliquer la constitution de ces phases solides de matière dite « molle ». À l'extrémité de cette énumération se trouve la matière vivante, dont la structure notamment est aujourd'hui source de bioinspiration, tendance majeure de l'innovation en recherche et dans les applications.

1.2 CORPS PURS ET CHANGEMENTS DE PHASE DES CORPS PURS

Un **corps pur** possède une composition chimique bien définie. Ce peut être un corps simple ou un corps composé.

Un **corps simple** est une espèce chimique qui ne comporte qu'un seul élément chimique. Par exemple : l'hélium (He), le cuivre (Cu), le dioxygène (O_2), le diazote (N_2).

Un **corps composé** est une espèce chimique formée de plusieurs éléments dans des proportions fixes et déterminées. Par exemple : l'eau (H_2O), le chlorate de sodium ($NaClO_3$), l'éthanol (C_2H_5OH).

Changements de phase (ou changements d'état) des corps purs

a) Définitions

Les changements de phase (ou **changements d'état**) d'un corps pur sont les transformations inversibles d'une phase en une autre.

Ils sont schématisés sur la *figure 1.2*.

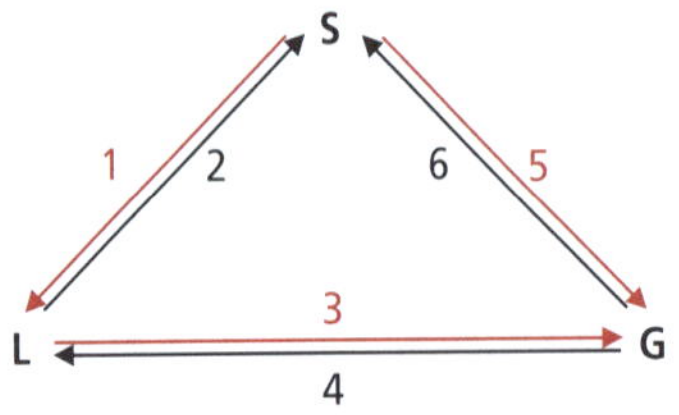

1. fusion
2. solidification ou congélation
3. vaporisation
4. condensation ou liquéfaction
5. sublimation
6. condensation

Figure 1.2 Changements de phase d'un corps pur.

Les transformations représentées par des flèches rouges sur la *figure 1.2* (numérotées 1, 3, 5) requièrent de l'énergie, les étapes opposées (2, 4, 6) en libèrent. Les énergies échangées par le système avec le milieu extérieur à pression constante sont des quantités de chaleur appelées chaleurs latentes de changement d'état.

Lors de la vaporisation (transformation 3), la phase vapeur est caractérisée par sa pression de vapeur, qui augmente avec la température. Si la température est telle que la pression de vapeur est inférieure à la pression atmosphérique, on observe l'**évaporation** (l'évaporation de l'eau permet le séchage du linge, par exemple) ; si la température a atteint la valeur à laquelle la pression de vapeur est égale à la pression atmosphérique, on observe l'**ébullition**.

Les transformations 4 et 6 correspondent au passage de la phase gazeuse vers les phases condensées, soit liquide, soit solide ; ce sont des **condensations**. Pour les distinguer, il peut être précisé « condensation en phase liquide », ou « condensation en phase solide ».

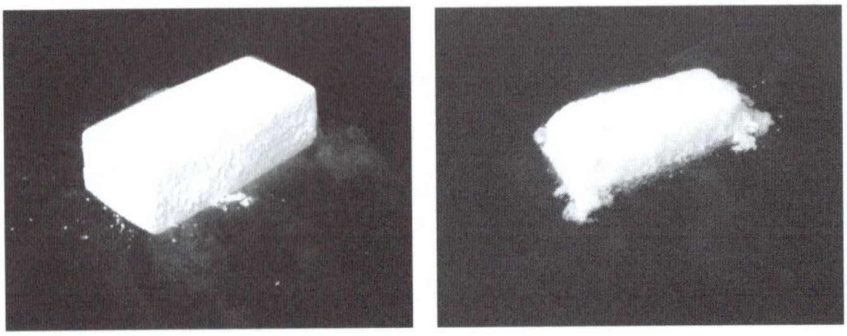

(a) (b)

Figure 1.3 Sublimation de la carboglace : $CO_2(s) \rightarrow CO_2(g)$.
Les clichés (a) et (b) ont été pris à une heure d'intervalle. La condensation de la vapeur d'eau ambiante sur les vapeurs de CO_2 émises à – 78 °C permettent de matérialiser ces dernières par le brouillard d'eau formé.

La **sublimation** (transformation 5) est le passage direct de la phase solide vers la phase vapeur, sans apparition de liquide intermédiaire. Peu de corps purs se subliment à la pression atmosphérique.

On peut citer la carboglace (ou neige carbonique, dioxyde de carbone solide) qui se sublime à – 78 °C, est ainsi utilisée pour la réfrigération dans les avions, sur les plages, etc., avec l'avantage de ne pas « mouiller » (*figure 1.3*).

b) Température et changement d'état des corps purs

L'expérience montre que la succession des transformations d'un corps pur : S → L → G est provoquée, à pression constante, par un apport de chaleur.

Analyse thermique. Étudions cette succession de transformations dans un réacteur fermé[1] soumis à un échauffement régulier dans le temps, et homogène dans la masse du système. La température du système est enregistrée en fonction du temps. La courbe obtenue, appelée courbe d'analyse thermique, est schématisée sur la *figure 1.4*.

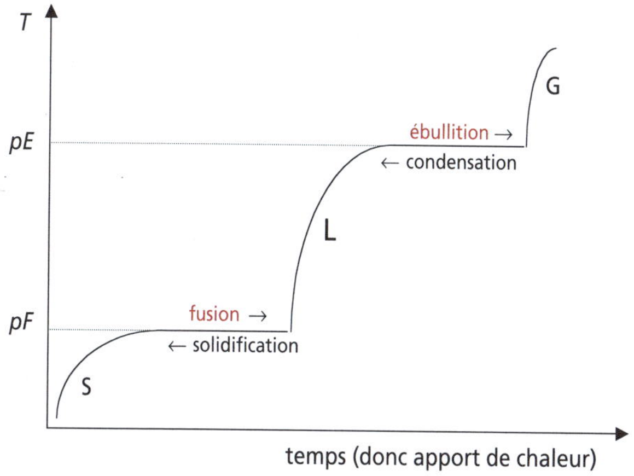

Figure 1.4 Courbe d'analyse thermique d'un corps pur.

Quand une seule phase est présente, l'apport de chaleur provoque une augmentation de sa température.

En revanche, pendant tout le temps de la fusion S → L, puis de l'ébullition L → G, la température reste constante tant que les deux

1. Un système « fermé » n'échange pas de matière, mais échange de l'énergie, avec le milieu extérieur.

phases coexistent. L'apport de chaleur provoque alors le changement d'état à température constante.

Le refroidissement du système en partant de la phase gaz correspond au parcours de la même courbe en sens inverse.

Équilibres de fusion et d'ébullition. Imaginons que, soit au cours de la fusion, soit au cours de l'ébullition, on isole[1] le système. La température reste alors constante dans le temps et égale respectivement aux température de fusion (notée T_f ou *pF*), et température d'ébullition (notée T_e ou *pE*). Les quantités des phases solide/liquide, ou liquide/gaz demeurent constantes. Le système est le siège de :

- l'équilibre solide/liquide, schématisé par $S \rightleftharpoons L$

ou de

- l'équilibre liquide/vapeur, schématisé par $L \rightleftharpoons G$.

Dans l'un ou l'autre cas, un tel système, comme tout système en état d'équilibre, n'est pas figé. En effet, l'invariance des quantités de matière dans chaque phase ne résulte pas de l'absence de transformations : les deux transformations opposées continuent à avoir lieu, mais à la même vitesse.

Températures de fusion et d'ébullition. La température de fusion et la température d'ébullition d'un corps pur à la pression atmosphérique font partie de ses propriétés physiques, et peuvent servir à l'identifier. Le *tableau 1.2* permet de comparer plusieurs substances.

TABLEAU 1.2 TEMPÉRATURES DE FUSION, ET D'ÉBULLITION DE QUELQUES SUBSTANCES SOUS 1 BAR.

L'état physique dans les conditions habituelles de température et de pression est indiqué entre parenthèses.

	pF (°C)	*pE* (°C)
Iridium (s)	2 450	4 430
Quartz (s)	1 610	2 230
Cuivre (s)	1 084	2 562
Chlorure de sodium (s)	801	1 413
Eau (l)	0	100
Éthanol (l)	– 114,5	78,4
Dioxygène (g)	– 218,8	– 183

1. Un système « isolé » n'échange ni matière, ni énergie avec le milieu extérieur.

Les températures de changement d'état reflétant elles aussi l'importance des liaisons intermoléculaires au sein des phases, la cohésion de la phase solide, illustrée par la valeur du *pF*, et celle de la phase liquide, illustrée par la valeur du *pE*, croissent de bas en haut pour les substances du *tableau 1.2*.

c) Diagramme d'état du corps pur

Les températures de changement d'état sont fonction de la pression. Les courbes correspondantes (courbe de fusion, courbe d'ébullition et courbe de sublimation) sont rassemblées sur le **diagramme d'état du corps pur** (*figure 1.5*).

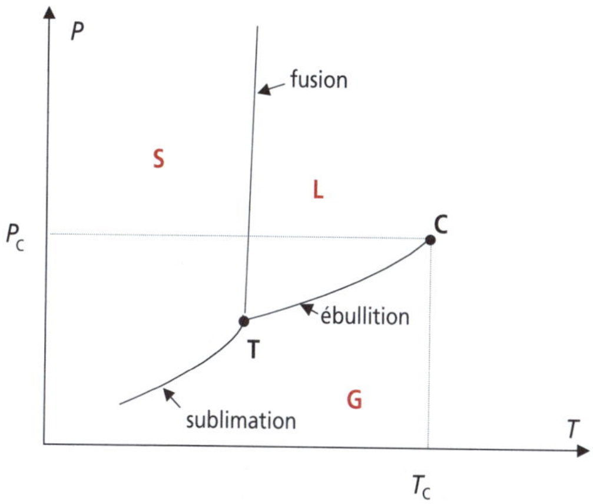

Figure 1.5 Allure générale du diagramme d'état d'un corps pur.

Ces courbes concourent au **point triple T**, dont les coordonnées sont spécifiques de chaque corps pur. En ce point, les trois phases coexistent. La température du point triple de l'eau définit le kelvin et vaut 273,16 K (P = 6,11 mbar).

La courbe d'ébullition s'arrête au **point critique C**, de coordonnées T_C, P_C. Si on chauffe un liquide au-delà de T_C, l'interface entre les phases liquide et vapeur disparaît ; le corps pur est alors dans l'état de **fluide supercritique**. Le *tableau 1.3* donne les constantes critiques de quelques corps purs.

On constate que les trois gaz principaux constituant l'air (N_2, O_2 et Ar) sont, à la température ambiante, au-delà de leur température critique.

TABLEAU 1.3 CONSTANTES CRITIQUES DE Ar, O_2, N_2 et CO_2.

	P_C (atm)	T_C (K)
Ar	48	150,7
O_2	50,1	154,8
N_2	33,5	126,2
CO_2	72,8	304,2

1.3 MÉLANGES

Un **mélange** est la juxtaposition, plus ou moins intime, de plusieurs corps purs. Les mélanges sont soit homogènes, soit hétérogènes.

Mélanges homogènes

a) Définition. Mélanges gazeux

Un **mélange homogène** est un système dont les constituants sont uniformément mélangés, même à l'échelle moléculaire.

Par conséquent, un mélange homogène ne comporte qu'une seule phase et ses propriétés sont uniformes. Par exemple : l'or de bijouterie ; l'eau sucrée, ou salée, ou alcoolisée ; l'air.

Soulignons que, compte tenu de leur caractère dilué, tous les gaz forment toujours des mélanges homogènes, dont l'air est un exemple.

b) Solutions

Dans un mélange homogène, si l'un des constituants est majoritaire et les autres par conséquent minoritaires, le mélange est appelé **solution**. Le constituant majoritaire est le **solvant**, les constituants minoritaires sont les **solutés**.

- Les **solutions solides** les plus utilisées sont les alliages (or de bijouterie, aciers, etc.).
- Les **solutions liquides** les plus utilisées dans la vie courante sont les solutions aqueuses, dont le solvant est l'eau. Les solutés sont très divers : sucre, alcool, acides, sels, etc.

Les températures d'ébullition/condensation et de fusion/congélation des solutions sont respectivement supérieures et inférieures à celles du solvant pur, et dépendent de la composition.

Exemple. La température de fusion/congélation des solutions aqueuses est inférieure à 0 °C. Divers solutés tels que le méthanol ou d'autres alcools, le chlorure de sodium, l'acétate de potassium, peuvent ainsi être utilisés dans des dispositifs antigivrage ou antigel (par exemple, l'éthylène glycol ou le méthanol dans les liquides lave-glaces des voitures).

c) Diffusion

La **diffusion** est le processus de dispersion et de mélange spontané au sein des phases, dû à l'agitation thermique des particules. Ce processus tend à homogénéiser les concentrations. Une augmentation de température en accélère la vitesse.

Exemple. C'est la diffusion qui est responsable de l'homogénéisation du contenu d'un verre dont le fond serait initialement rempli de sirop de menthe plus dense que l'eau, recouvert d'eau pure. En l'absence de toute agitation mécanique (mouvement de la cuillère) le système évolue naturellement vers une solution de « menthe à l'eau » par diffusion.

Mélanges hétérogènes

a) Définition

Un **mélange hétérogène** est un système dont les constituants se trouvent dans des phases distinctes décelables à l'œil ou au microscope, et dont les propriétés ne sont donc pas uniformes.

Ces phases, qui sont non miscibles (ou immiscibles) peuvent être constituées de corps purs et/ou de mélanges homogènes. Par exemple, un béton, un brouillard, une peinture, une vinaigrette, etc.

b) Cas des mélanges huile/eau

Le cas de la vinaigrette retient l'attention car c'est une situation où il y a juxtaposition d'une phase huile et d'une phase aqueuse. La phase huile est un mélange homogène de plusieurs corps gras, insolubles dans l'eau. La phase vinaigre est une solution aqueuse homogène d'acide éthanoïque, d'aromates, de colorants, etc. insolubles dans la phase huile.

La coexistence de phases aqueuses et de phases grasses (lipidiques), non miscibles, est une question fondamentale de la constitution de la **matière vivante**, comme de la vie courante (Comment se laver avec de l'eau, alors que la peau est couverte d'un film de graisse ? Comment hydrater la peau ?).

c) Systèmes dispersés

Certains mélanges hétérogènes résultent de la dispersion d'une phase dans une autre. Ce sont des **systèmes dispersés**. Par exemple, un brouillard est la dispersion de très fines gouttelettes d'eau dans l'air (aérosol). La phase aqueuse est appelée « phase dispersée » car elle est discontinue. La phase gazeuse est, en revanche, une « phase continue ».

Le *tableau 1.4* indique le nom attribué aux systèmes dispersés en fonction de leur constitution, et cite des exemples.

TABLEAU 1.4 TYPES DE SYSTÈMES DISPERSÉS ET EXEMPLES.

Phase dispersée	Phase continue	Système dispersé	Exemples
solide	liquide	suspension	eau sableuse
liquide	liquide	émulsion*	vinaigrette après agitation
gaz	liquide	mousse	mousse de bière (CO_2 dans l'eau)
gaz	solide	mousse solide	mie de pain (air dispersé dans la pâte)
liquide	gaz	aérosol	brouillard
solide	gaz	fumée	toute fumée (cigarette, incendie, etc.)
solide	solide	composite	pneumatique (carbone dispersé dans le caoutchouc)
liquide	solide	gel	gélatine alimentaire

* Les émulsions les plus répandues sont les émulsions d'huile dans l'eau (H/E) ou d'eau dans l'huile (E/H).

La zone de contact entre les deux phases est l'**interface**, au niveau de laquelle existe une tension interfaciale. Cette tension résulte de la différence des forces de cohésion de part et d'autre de l'interface et dépend donc de la nature chimique des phases.

Certains systèmes dispersés ne sont naturellement pas stables, et nécessitent qu'il leur soit fourni de l'énergie pour exister. Par exemple, pour disperser le vinaigre dans l'huile d'une vinaigrette, et donc pour augmenter la surface de l'interface, il faut agiter pour fournir de l'énergie. De tels systèmes peuvent être stabilisés par des **tensioactifs** (*cf. encadré 1*).

Encadré 1. Tensioactifs, stabilisation des systèmes dispersés et membrane cellulaire

Les **tensioactifs** sont particulièrement utilisés pour stabiliser les **émulsions** H/E et E/H. Ils possèdent des molécules allongées dont une extrémité est soluble dans l'eau (tête polaire), la partie restante étant soluble dans l'huile (chaîne hydrophobe). Ils se localisent aux **interfaces** et diminuent la tension interfaciale, stabilisant la dispersion. Une vinaigrette peut par exemple être stabilisée par un tensioactif présent dans la moutarde (*figure 1.6*).

Les domaines des cosmétiques et de l'alimentaire sont les terrains d'élection des tensioactifs. Par exemple, le lait est une émulsion de gouttelettes de graisse dans l'eau, stabilisée par des protéines, en particulier les caséines. Quand le lait est dit « homogénéisé » (mais pas homogène pour autant), le diamètre moyen des gouttelettes est de l'ordre de 1 µm. Une telle taille des objets dispersés conduit à un certain type de diffusion de la lumière, appelée diffusion de Mie, responsable de l'aspect blanc du lait.

La mayonnaise est également une émulsion huile dans eau, stabilisée par la lécithine et les protéines du jaune d'œuf (*figures 1.6 et 1.7*). Quant à la crème glacée, dont la phase continue est de l'eau sucrée et aromatisée, elle est à la fois :

- une émulsion H/E de gouttelettes de matière grasse ;
- une suspension de cristaux microscopiques de glace (eau solide) ;
- une mousse de bulles d'air microscopiques.

Les tensioactifs ont également la propriété de s'autoorganiser. La matière vivante met à profit la faculté d'autoorganisation des phospholipides lors de la constitution de la **membrane cellulaire**. Celle-ci est constituée d'une double couche d'environ 6 nm d'épaisseur, les têtes polaires étant dirigées de part et d'autre vers l'extérieur (*figure 8.3*). Le cholestérol, les glycolipides, ainsi que des protéines qui assurent diverses fonctions : récepteurs, transporteurs, enzymes, font également partie de la membrane cellulaire.

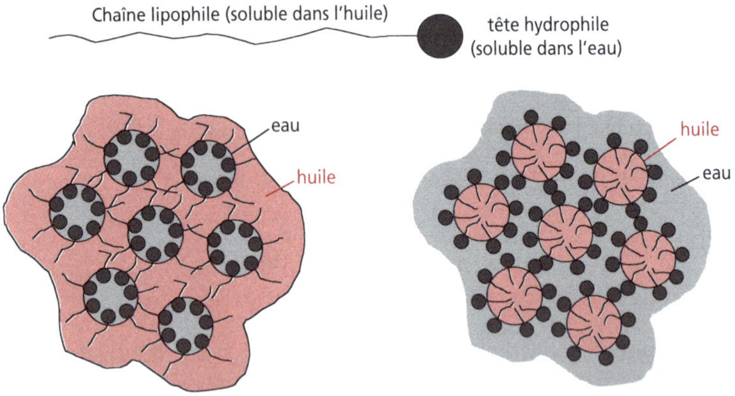

Émulsion E/H stabilisée par un tensioactif
Exemple : vinaigrette + moutarde

Émulsion H/E stabilisée par un tensioactif
Exemple : mayonnaise

Figure 1.6 Structure d'une molécule de tensioactif.
Stabilisation des émulsions E/H et H/E par des molécules de tensioactifs qui jouent le rôle de « chevilles » entre les deux phases.

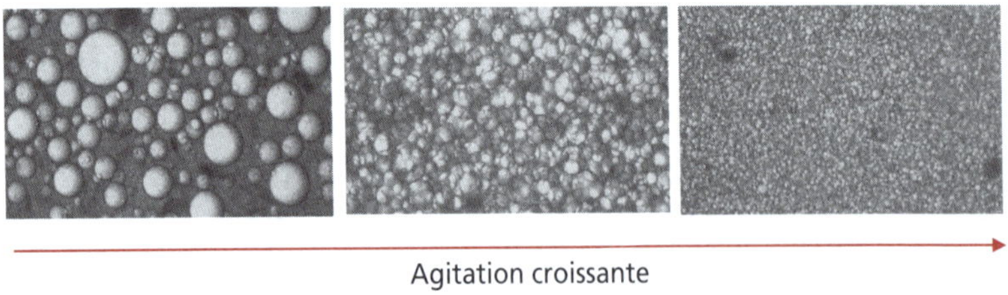

Figure 1.7 Micrographie de la mayonnaise.

POINTS CLEFS

- Les trois états physiques de la matière sont l'état solide (S), l'état liquide (L) et l'état gazeux (G).
- Les interactions intermoléculaires sont responsables de la cohésion des phases. Elles sont en compétition avec l'agitation thermique.
- Les solides et les liquides sont peu comprimables, ce sont des phases condensées. Les gaz sont compressibles, ce sont des phases diluées.
- L'agitation moléculaire confère aux gaz et aux liquides leur fluidité, les différenciant des solides. Les solides sont cristallins, amorphes ou doués d'un ordre cristallin partiel.

- Un corps pur possède une composition chimique bien définie. Il peut être simple ou composé. Un corps simple est une espèce chimique qui ne comporte qu'un seul élément chimique. Un corps composé est une espèce chimique formée de plusieurs éléments dans des proportions fixes et déterminées.
- Les changements de phase (ou changements d'état) d'un corps pur sont les transformations inversibles d'une phase en une autre. Ils sont résumés sur la *figure 1.2*. À pression constante, ils se produisent à température fixe. Si le système est isolé, ces transformations donnent lieu à l'établissement d'un équilibre.
- Les températures de changement d'état sont fonction de la pression. Les courbes correspondantes (courbe de fusion, courbe d'ébullition et courbe de sublimation) sont rassemblées sur le diagramme d'état du corps pur. Celui-ci comporte un point triple T, et un point critique C (*figure 1.5*).
- Un mélange est la juxtaposition, plus ou moins intime, de plusieurs corps purs. Il peut être homogène ou hétérogène.
- Une solution est mélange homogène dont l'un des constituants est majoritaire (solvant) et les autres minoritaires (solutés).
- Les systèmes dispersés résultent de la dispersion d'une phase, appelée « dispersée », dans une autre phase, appelée « continue ».
- Les tensioactifs, en se localisant à l'interface entre deux phases, sont susceptibles de stabiliser les dispersions ; ils sont, en particulier, utilisés dans le cas des émulsions.

EXERCICES

1.1 Un mélange gazeux, l'air, et sa pollution par le dioxyde d'azote

Les émissions de dioxyde d'azote dans l'air sont principalement issues du secteur des transports. Bien qu'ayant beaucoup baissé depuis l'année 2000, la teneur de l'air en ce polluant peut encore atteindre des valeurs préoccupantes au voisinage des axes routiers en période d'affluence. Une mesure effectuée près du boulevard périphérique d'une agglomération urbaine, à 20 °C et à la pression de 101,3 kPa, donne une quantité de matière de 80 ppb de NO_2. Exprimer cette teneur en $\mu g.m^{-3}$ d'air. La comparer à la valeur moyenne observée en France en 2016 à proximité du trafic routier (39 $\mu g.m^{-3}$), et à la valeur de 200 $\mu g.m^{-3}$, reconnue comme pouvant provoquer une inflammation des voies respiratoires.

Précisions :

– Les mentions « ppm » ou « ppb » sont encore très utilisées lors des mesures de traces dans l'environnement, en toxicologie, en géochimie, etc. Elles signifient respectivement : parties par million, ou parties par milliard (billion étant un terme ambigu). Ce ne sont pas des unités. Ces mentions servent à rapporter la quantité de l'espèce considérée à une quantité totale de 10^6 ou 10^9 dans l'unité de la grandeur choisie (quantité de matière ou masse). Par exemple une quantité de matière de 1 ppm signifie 1 µmol/mol ; une masse de 1 ppm signifie, au choix, 1 µg/g, 1 mg/kg ou encore 1 g/tonne. En outre, ces mentions sont parfois formulées « ppmv » ou « ppbv », évoquant des fractions en volume, ce qui est équivoque dans le cas de mélanges homogènes. Cela sera discuté dans le corrigé de l'exercice.

- Se reporter à la classification périodique (*figure 3.3*) pour les masses atomiques molaires des éléments.
- L'air est un mélange qui peut être assimilé à un gaz parfait. $R = 8{,}314\ \text{J.K}^{-1}.\text{mol}^{-1}$.
- Le zéro absolu est situé à –273,15 °C.

1.2 Masse volumique de l'eau

La masse volumique ρ de l'eau liquide croît entre 0 et 4 °C, puis décroît quand la température augmente au-dessus de 4 °C. En effet, l'augmentation de température provoque simultanément une contraction due à la rupture des liaisons hydrogène (*cf.* § 8.3), et une dilatation due à l'amplification de l'agitation thermique. La contraction l'emporte jusqu'à 4 °C, puis la dilatation devient prépondérante. À 4 °C, $\rho = 1{,}00000\ \text{g.cm}^{-3}$.

a) La surface d'un lac de montagne gèle en hiver. Comment varie la température de l'eau avec la profondeur de ce lac. Qu'en déduisez-vous pour la survie des poissons en hiver ?

b) L'été revient, avec des températures atmosphériques de l'ordre de 35 °C. Comment varie la température de l'eau avec la profondeur du même lac ?

1.3 Extincteur au dioxyde de carbone

a) Esquisser le diagramme d'état du dioxyde de carbone CO_2 en utilisant les données ci-dessous. Préciser la nature des phases dans les différents domaines et la signification des courbes séparant les domaines. Quels sont les équilibres entre phases s'établissant respectivement en tout point de chacune des courbes, ainsi qu'au point triple ?

b) L'utilisation d'un extincteur au dioxyde de carbone est préconisée en particulier au commencement des feux de solides ou de liquides tels qu'hydrocarbures, fioul, goudrons, etc. ou de gaz tels que méthane, butane, propane, etc. L'extincteur contient CO_2 comprimé sous 80 bar.

i. Grâce au diagramme précédent, préciser l'état physique du dioxyde de carbone à 25 °C dans l'extincteur.
ii. Lors de l'utilisation, la détente ramène CO_2 à la pression de 1 bar. Le refroidissement en résultant produit une température en sortie de – 78,5 °C. Sous quel état physique CO_2 est-il projeté sur le feu, et quel changement d'état subit-il alors ?
iii. Quelles sont, à votre avis, les trois caractéristiques de l'extincteur à CO_2 essentielles pour l'extinction d'un feu ?

Données :
Point triple de CO_2 : $P_{III} = 5{,}2$ bar $T_{III} = 216{,}6$ K
Point critique de CO_2 : $P_C = 73$ bar $T_C = 304$ K
Température de sublimation sous 1 bar : –78,45 °C
Le zéro absolu est situé à –273,15 °C

1.4 Mélange hétérogène solide et densité

Un morceau de minerai aurifère de masse 100 g est constitué d'or pur prisonnier dans une gangue de quartz. Sa densité vaut 6,4. Déterminer la masse d'or qu'il contient sachant que la densité de l'or vaut 19,3 et celle du quartz, 2,65.

Rappel
La densité d_x d'une substance quelconque x est une grandeur qui permet de comparer sa masse volumique ρ_x, à la masse volumique ρ_{ref} d'une substance de référence.

$$d_x = \frac{\rho_x}{\rho_{ref}}$$

La densité est une grandeur relative. Elle est sans dimension, et n'a pas d'unité.
Pour les solides et les liquides, la substance de référence est l'eau à 4 °C, dont la masse volumique vaut 1,00000 $g.cm^{-3}$.

1.5 Systèmes dispersés

Identifier les systèmes dispersés suivants : polystyrène expansé, beurre, démaquillant E/H, mousse de savon, mousse à raser H/E en bombe, brumisateur en spray, gelée de viande, pommade E/H à l'oxyde de zinc.

SOLUTIONS

1.1 La mesure donne 80 ppb de NO_2, soit 80.10^{-9} mol de NO_2 par mol d'air. La fraction molaire de NO_2 est donc :

$$x_{NO_2} = n_{NO_2} / n_{air} = 80.10^{-9}$$

$M_{NO_2} = 14 + 2 \times 16 = 46$ g.mol^{-1}. Il y a donc $80.10^{-9} \times 46.10^{6}$ = 3,68 µg de NO_2 par mol d'air.

Quel est le volume molaire V_m de l'air à 20 °C et à la pression de 101,3 kPa = 101,3.10^3 Pa ?

$$V_m = \frac{RT}{P} = \frac{8{,}314 \times (273{,}15 + 20)}{101{,}3.10^3} = 0{,}024 \text{ m}^3.\text{mol}^{-1}$$

La teneur en NO_2 est donc : 3,68/0,024 ≈ **153 µg.m^{-3}**

Cette valeur, tout en étant très supérieure à la valeur moyenne observée en présence de trafic routier, n'est toutefois pas susceptible de provoquer une inflammation des voies respiratoires.

Remarque relative à la formulation ppbv à la place de ppb (ou ppmv à la place de ppm). Qu'aurait-il fallu comprendre si la teneur de NO_2 avait été formulée 80 ppbv, c'est-à-dire en parties par milliard en volume ? Cette formulation est déroutante car les gaz d'un mélange gazeux (toujours homogène) occupent tous la totalité du volume qui leur est offert. C'est pourquoi, dans cet exercice, si l'air occupe un volume donné V, le dioxyde d'azote présent dans l'air occupe le même volume V. Il n'y a donc pas une partie de NO_2 et une partie d'air de volumes différents.

Il faut comprendre en fait que les parties en question seraient les volumes qu'occuperaient séparément le dioxyde d'azote et l'air dans les mêmes conditions de température et de pression, c'est-à-dire, ici, à 20 °C et sous 101,3 kPa. Ainsi NO_2 occuperait dans ces conditions un volume 80.10^{-9} fois inférieur à celui de l'air.

En réalité, au sein du mélange où le volume de NO_2 est le même que celui de l'air, sa pression partielle ($p_{NO_2} = x_{NO_2} \times P$), qui est 80.10^{-9} fois inférieure à la pression totale de 101,3 kPa, vaut $8{,}1.10^{-3}$ Pa (la pression totale est donc celle de l'air, $8{,}1.10^{-3}$ étant négligeable devant $101{,}3.10^3$).

1.2 a) Soit un volume donné d'eau V, de masse volumique ρ. Sa masse est :

$$m = \rho V$$

Son poids est :

$$P = mg = \rho V g \text{ où } g \text{ est l'accélération de la pesanteur}$$

Le poids d'un volume V d'eau est donc proportionnel à la masse volumique de cette eau, dont on sait qu'elle croît entre 0 et 4 °C ; le poids du volume V d'eau augmente donc avec la température de cette eau jusqu'à 4 °C. Ainsi, au sein du lac dont la surface est gelée, l'eau à 4 °C est au fond, permettant aux poissons de survivre. La température augmente donc de 0 à 4 °C quand on descend en profondeur.

b) L'été, les couches d'eau supérieures s'échauffent. Comme la masse volumique de l'eau diminue quand la température croît au-dessus de 4 °C, le même raisonnement que précédemment permet de conclure que, cette fois, la température de l'eau diminue avec la profondeur, pouvant atteindre 4 °C au fond si l'effet du réchauffement en surface ne s'est pas propagé jusque-là.

1.3 a)

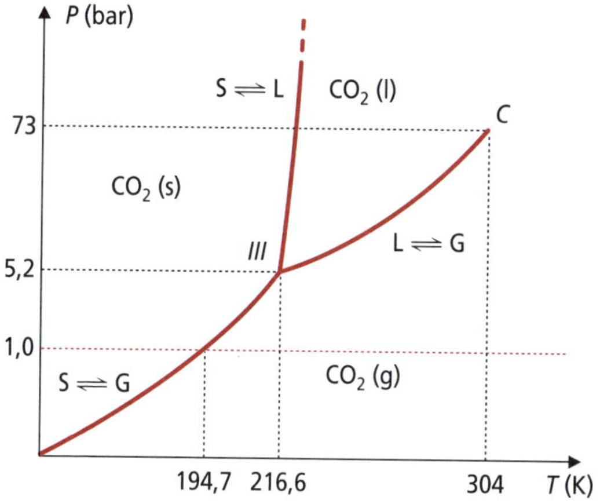

Au point triple *III* : S ⇌ L ⇌ G

b) i. À 25 °C, soit 298,15 K, et sous 80 bar, le dioxyde de carbone est liquide.

ii. La température de sortie sous 1 bar de CO_2 est –78,5 + 273,15 = 194,65 K. Le diagramme montre que, dans ces conditions, CO_2 est pulvérisé solide et que son réchauffement au contact du feu, qui se produit à la pression constante de 1 bar, le sublime en CO_2 (g). Il se produit donc la sublimation :

$$CO_2\,(s) \rightarrow CO_2\,(g)$$

iii. Les qualités de cet extincteur sont associées à :

- la couverture initiale du feu par CO_2 solide, ce qui l'étouffe car il n'y a pas apport d'oxygène,
- le refroidissement dû au fluide d'extinction car CO_2 sort à la température de – 78 °C,
- l'effet de souffle dû à la formation très rapide par sublimation d'un grand volume de CO_2 gazeux dès la couverture du feu.

1.4 Les masses volumiques du minerai, de l'or et du quartz sont obtenues en multipliant leur densité par la masse volumique de l'eau (référence) qui vaut 1,00000 g.cm^{-3}. On a donc :

$\rho_m = 6{,}4$ g.cm^{-3} pour le minerai, $\rho_{or} = 19{,}3$ g.cm^{-3} pour l'or, et $\rho_{qu} = 2{,}65$ g.cm^{-3} pour le quartz.

La masse du minerai est $m_m = 100$ g. La masse de l'or qu'il contient, et qui est l'inconnue, sera représentée par x. La masse de quartz s'écrit donc $m_m - x$.

Sachant qu'une masse volumique ρ s'exprime, pour un corps donné de masse m et de volume V par :

$$\rho = \frac{m}{V}, \qquad \text{le volume } V \text{ est donné par } V = \frac{m}{\rho}$$

Le volume de minerai V_m est la somme : $V_m = V_{or} + V_{qu}$, ce qui peut être formulé selon :

$$\frac{m_m}{\rho_m} = \frac{x}{\rho_{or}} + \frac{m_m - x}{\rho_{qu}}$$

D'où : $x = m_m \times \left(\frac{1/\rho_m - 1/\rho_{qu}}{1/\rho_{or} - 1/\rho_{qu}}\right) = 100 \times \left(\frac{1/6{,}4 - 1/2{,}65}{1/19{,}3 - 1/2{,}65}\right)$

soit $\boxed{x \approx 68 \text{ g}}$

1.5

	Nature du système dispersé	**Justification**
polystyrène expansé	mousse	air dispersé dans le polymère
beurre	émulsion	gouttelettes d'eau dispersées dans la graisse
démaquillant E/H	émulsion	gouttelettes d'eau dispersées dans une huile
mousse de savon	mousse	bulles d'air dispersées dans l'eau
mousse à raser H/E en bombe	émulsion mousse	gouttelettes d'huile dispersées dans l'eau bulles de méthane (gaz propulseur) dispersées dans l'émulsion
brumisateur en spray	aérosol	gouttelettes d'eau dispersées dans l'air
gelée de viande	gel	gouttelettes d'eau emprisonnées dans la structure solide de la gélatine (à basse température)
pommade E/H à l'oxyde de zinc	émulsion suspension	gouttelettes d'eau dispersées dans une huile particules solides d'oxyde de zinc dispersées dans l'émulsion

CHAPITRE 2

Atome et cortège électronique

PLAN

OBJECTIFS

- Connaître la constitution des atomes.
- Savoir relier fréquence, longueur d'onde et énergie d'une radiation par : $\lambda\nu = c\,; E = h\nu$
- Assimiler les concepts de base de la mécanique quantique : quantification de l'énergie, dualité onde-corpuscule, fonction d'onde ou orbitale atomique, indéterminisme, probabilité de présence.
- Comprendre le modèle de l'atome issu de la mécanique quantique.
- Connaître par cœur les quatre nombres quantiques et les règles qui les régissent.
- Savoir énoncer les configurations électroniques des atomes.

La matière, observée à l'échelle macroscopique, se présente presque toujours sous forme de mélange. La mise en œuvre de techniques de séparation et de purification adaptées conduit à isoler des corps purs, simples ou composés. Rappelons que :

- un corps simple est une espèce chimique formée d'atomes d'un seul élément chimique.
- un corps composé, ou « composé », est une espèce chimique formée d'atomes de plusieurs éléments dans des proportions fixes et déterminées.

Qu'appelle-t-on « élément » ? Qu'appelle-t-on « atome » ? Les atomes sont les plus petits corpuscules différenciés de la matière, c'est-à-dire doués de propriétés spécifiques, en particulier chimiques. Ils appartiennent à une centaine d'éléments.

Les propriétés chimiques des atomes sont liées à l'organisation de leur cortège électronique. Ce chapitre dégage l'essentiel des connaissances à acquérir pour comprendre comment on formule « l'état des électrons » et comment s'énonce la configuration électronique de l'atome.

2.1 EXISTENCE ET CONSTITUTION DES ATOMES

Élément et atome : définitions

L'élément est une entité immatérielle ; il est caractérisé par un symbole, et par un numéro atomique Z qui est son numéro d'ordre dans la classification périodique.

Par exemple, l'élément oxygène est symbolisé par O et son numéro atomique est $Z = 8$; il est le huitième élément de la classification périodique (*cf. chapitre 3*).

L'atome d'un élément considéré est une entité matérielle, constituée d'un noyau et d'un cortège électronique. C'est le noyau de l'atome qui détermine l'appartenance de cet atome à un élément donné, comme nous le verrons ci-dessous (*cf. § 2.1*).

Existence des atomes

Atome signifie « insécable » en grec. L'existence des atomes s'opposant à celle du vide a été, en effet, imaginée vers 420 av. J.-C. par **Démocrite** philosophe grec disciple de Leucippe. Un siècle plus tard, Épicure (341-270 av. J.-C.) adopte et développe les conceptions de Démocrite ; Lucrèce (98-55 av. J.-C.), poète latin, rapporte la doctrine d'Épicure dans le poème « *De Rerum Natura* », évoquant à plusieurs reprises l'existence des atomes.

Mais c'est **John Dalton** (1766-1844) qui accomplit le progrès décisif pour le développement ultérieur de la chimie avec sa théorie atomique, publiée dans *A new System of Chemical Philosophy*, en 1808. Il postule l'existence des atomes, identiques et de même masse pour un élément donné, et propose qu'un composé soit une combinaison spécifique d'atomes d'éléments différents. Lors de la réaction chimique, les atomes sont conservés et changent de partenaire pour produire des corps nouveaux.

La visualisation des atomes est aujourd'hui possible par microscopie électronique à haute résolution ou par microscopie à champ proche. La *figure 2.1* montre une surface de diamant, et le positionnement régulier des atomes de carbone dans le cristal. Une telle image prouve que les atomes empilés dans un édifice peuvent être assimilés à des sphères.

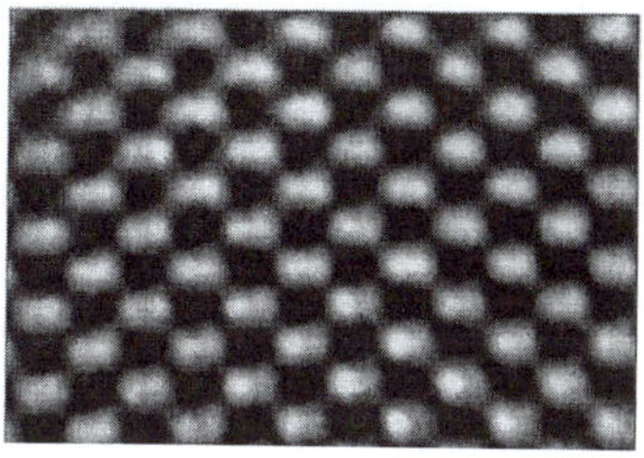

Figure 2.1 Surface de diamant (carbone) visualisée par microscopie électronique à transmission à balayage (STEM).

Plan [110]. Résolution 89 pm (0,89 Å). Image reconstruite à partir de 20 clichés obtenus avec le « One Angström Microscope » au « National Center for Electron Microscopy (NCEM) » à Berkeley[1].

Quand les atomes appartiennent à des cristaux ou des molécules, des **rayons** leur sont attribués ; par exemple, le rayon de l'atome de carbone dans le diamant est 77 pm (0,77 Å), et celui de son parent le silicium, au sein d'une structure similaire à celle du diamant, est 118 pm (1,18 Å). D'une façon générale, les rayons atomiques varient, selon les éléments, de ≈ 50 à ≈ 150 pm (soit 0,5 à 1,5 Å).

Unités de longueur à l'échelle atomique : 1 pm = 10^{-12} m ; 1 Å = 10^{-10} m = 100 pm.

Constitution des atomes et des ions

En réalité, l'atome n'est pas insécable. Il est constitué d'un **noyau** et d'un **cortège électronique** situé à l'extérieur du noyau.

a) Noyau

Dans le noyau sont agglutinés les **nucléons** (de *nucleus*, noyau, en latin). Ce sont les **protons** (chargés positivement + e) et les **neutrons** (non chargés). Leurs principales caractéristiques sont rassemblées dans le *tableau 2.1*.

La quantité $e = 1{,}602.10^{-19}$ C est appelée charge élémentaire.

1. « Aberration Corrected Lattice Imaging with Sub-Ångstrom Resolution », C. Kisielowski, E. C. Nelson, C. Song, R. Kilaas, A. Thust, Microscopy and Microanalysis 6 (Suppl. 2), 2000, 16.

Les protons et les neutrons sont constitués chacun de trois **quarks**, particules dont la charge est + $2e/3$ ou – $e/3$.

Les nucléons sont « collés » ensemble par des forces considérables (**interaction forte**), s'opposant à la répulsion électrostatique des protons entre eux.

La taille des noyaux est de l'ordre de 10^{-15} à 10^{-14} m.

La masse du proton (m_p) et celle du neutron (m_n) sont très voisines : $m_p \approx m_n$.

Le nombre de protons dans le noyau, appelé **numéro atomique**, est désigné par la lettre Z. Le numéro atomique détermine l'appartenance d'un atome à un élément donné (voir ci-dessus).

b) Cortège (ou nuage) électronique

Le cortège électronique est constitué d'**électrons** chargés négativement – e, comme l'indique le *tableau 2.1*.

La charge de l'électron (– e) étant égale et opposée à celle du proton (+ e), le nombre d'électrons est égal au nombre de protons Z dans un atome neutre. La masse de l'électron (m_e) est négligeable devant celle du proton ($m_p = 1836\ m_e$) ou celle du neutron ($m_n = 1839\ m_e$). On admet donc généralement que :

$$\boldsymbol{m_p \approx m_n \approx 2000\ m_e}$$

Par conséquent, la masse, et donc la matière de l'atome, sont concentrées dans son noyau.

TABLEAU 2.1 PRINCIPALES CARACTÉRISTIQUES DE L'ÉLECTRON, DU PROTON ET DU NEUTRON.

Particule et symbole	Auteurs des premières mesures	Charge*	Masses (m_e, m_p, m_n)* arrondies à 4 chiffres après la virgule
Électron du grec *êlektron* : ambre — e^-	J. J. Thomson (1897) R. A. Millikan (1911)	$-e = -1{,}602.10^{-19}$ C (arrondie à $-1{,}6.10^{-19}$ C)	$9{,}1094.10^{-31}$ kg (arrondie à $9{,}11.10^{-31}$ kg)
Proton du grec *prôtos* : premier — p	E. Rutherford (1910)	$+e = +1{,}602.10^{-19}$ C (arrondie à $+1{,}6.10^{-19}$ C)	$1{,}6726.10^{-27}$ kg (arrondie à $1{,}67.10^{-27}$ kg)
Neutron — n	J. Chadwick (1932)	0	$1{,}6749.10^{-27}$ kg (arrondie à $1{,}67.10^{-27}$ kg)

* La charge élémentaire e, et les masses m_e, m_p, m_n sont des constantes fondamentales.

c) Ions monoatomiques

Un ion monoatomique est un atome dont le cortège électronique a perdu ou gagné des électrons ; il possède une charge excédentaire, qui est un multiple de la charge élémentaire *e*. Ainsi,

- un **cation** C^{z+} est un atome C qui a perdu *z* électrons. Sa charge est $+ze$.
- un **anion** A^{z-} est un atome A qui a gagné *z* électrons. Sa charge est $-ze$.

d) Structure lacunaire des atomes

E. Rutherford a effectué plusieurs expériences décisives qui ont contribué à la compréhension de la structure de l'atome. Une de ses principales conclusions est que cette structure est lacunaire, ce qui signifie que le volume d'un atome est essentiellement constitué de vide.

En effet, le noyau où, rappelons-le, est concentrée la matière de l'atome, a une taille de l'ordre de 10^{-15} à 10^{-14} m alors que l'atome a une taille de l'ordre de 10^{-10} m. Ainsi, si l'atome était agrandi à l'échelle de la ville de Paris, le noyau aurait au maximum la taille d'une pastèque placée en son centre.

2.2 LE CORTÈGE (OU NUAGE) ÉLECTRONIQUE D'UN ATOME

Atome, chimie et électrons

Le cortège électronique occupe presque tout le volume de l'atome. Il est constitué des particules indifférenciées que sont les électrons, mais dont l'organisation autour du noyau contribue à la différenciation des atomes entre eux.

En effet, la distribution des électrons autour du noyau, et plus précisément celle des quelques électrons externes, appelés **électrons périphériques** ou **électrons de valence**, conditionne le comportement chimique de l'atome, c'est-à-dire son aptitude à interagir avec d'autres atomes et à établir des liaisons chimiques.

Lors d'une transformation chimique, les interactions entre atomes sont modifiées et les atomes changent de partenaires. Il est possible de dire que les atomes restent immuables car ce ne sont que les électrons des couches externes qui sont concernés par les transformations.

Quant à l'ionisation, c'est-à-dire l'acquisition ou la perte de quelques électrons externes, elle change du tout au tout la réactivité de l'atome.

Quoi de commun entre des atomes de sodium au sein du métal sodium, redoutables car réagissant avec inflammation même avec l'eau, et les cations sodium Na^+ d'une inertie telle qu'ils sont omniprésents dans le monde vivant et dans l'environnement (plasma sanguin ou eau de mer, par exemple) ?

Pour quelles raisons les électrons périphériques ont-ils une telle importance ? Pour répondre à cette question, c'est d'abord l'ensemble des électrons de l'atome qu'il faut prendre en considération.

De l'atome de Bohr au modèle quantique

Dans le premier quart du siècle dernier, les physiciens ont progressivement élaboré un modèle quantique de la structure de l'atome avec, à la base, une simplification importante : les noyaux ayant une masse très supérieure à celle des électrons, leurs mouvements sont lents par rapport à ceux des électrons. Le nuage électronique peut donc être considéré en mouvement dans le champ attractif du noyau supposé immobile à l'échelle de temps du mouvement des électrons (**approximation de Born-Oppenheimer**). De plus, compte tenu des dimensions relatives du cortège et du noyau, ce dernier est supposé ponctuel.

L'essentiel des connaissances expérimentales sur le cortège électronique a résulté de l'étude de l'interaction de la lumière, et plus largement des radiations électromagnétiques, avec la matière.

La spectroscopie atomique en particulier, pratiquée à partir de 1860, où la lumière soit absorbée, soit émise par les atomes, est décomposée en fonction de sa longueur d'onde et donc son énergie, fournit non pas des spectres continus, mais des **spectres de raies**. La *figure 2.2* montre le **spectre d'émission de l'hydrogène** dans le domaine du visible (série de Balmer, voir ci-dessous).

Il fallut une cinquantaine d'années pour comprendre que ces raies traduisent le caractère discontinu des échanges d'énergie entre la lumière et les atomes.

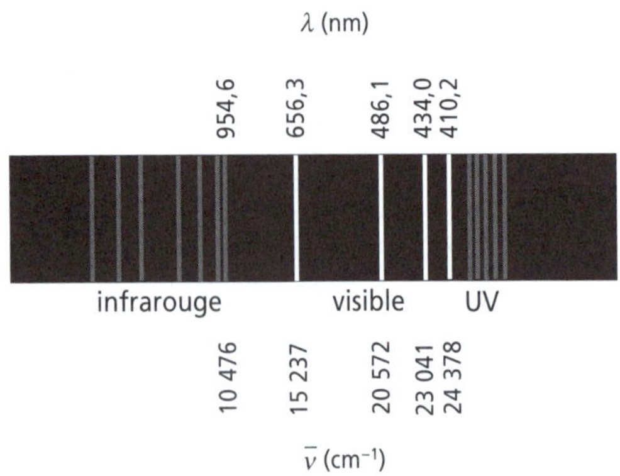

Figure 2.2 Spectre d'émission des atomes d'hydrogène dans le domaine du visible.

a) Théorie des quanta et modèle de Bohr

Ce fut Max Planck qui, le premier, postula fin 1900 que les échanges d'énergie entre matière et rayonnement se faisaient par quantités discrètes : les **quanta**.

En 1905, Albert Einstein proposa que la lumière soit constituée de grains d'énergie, qui seront appelés une vingtaine d'années plus tard les **photons** (du grec *phos*, génitif *photos*, lumière). Il put ainsi interpréter l'effet photoélectrique par lequel un métal éclairé émet des électrons (*exercice 2.4 p. 56*). L'énergie d'un photon est :

$$E = h\nu = h\,\frac{c}{\lambda} \qquad (1)$$

où h est la constante de Planck : $6{,}626.10^{-34}$ J.s, et c la célérité de la lumière. Cette dernière est une constante fondamentale : $c \approx 2{,}998.10^{8}$ m.s^{-1} soit 3.10^{8} m.s^{-1}. ν et λ sont respectivement la fréquence et la longueur d'onde de la radiation lumineuse, liées par : $\lambda\,\nu = c$.

Le physicien Niels Bohr conçut en 1913 un modèle de l'atome d'hydrogène qui, en associant la théorie des quanta à la mécanique classique, était une greffe d'éléments disparates. Bohr en reconnut lui-même les sérieuses difficultés une dizaine d'années plus tard.

Que doit-on connaître ?

1. L'« **atome de Bohr** » dérive de la représentation planétaire de l'atome due à Rutherford : c'est un système où l'électron gravite autour du noyau comme une planète autour d'une étoile.

2. Bohr postule que l'électron ne peut graviter que sur certaines orbites de rayons r_n autour du noyau, et ce sans rayonner d'énergie[1]. À chaque orbite est associée une valeur de l'énergie de l'atome, qui demeure constante tant que l'électron reste sur cette orbite. Les orbites sont qualifiées de stationnaires pour traduire cette propriété, et correspondent à des niveaux d'énergie.

3. Bohr admet que l'énergie de l'atome ne peut varier que de façon discontinue. Par analogie avec le caractère discontinu de l'énergie rayonnante, les échanges d'énergie de l'atome avec le milieu extérieur se font par quanta et correspondent au passage de l'électron d'une orbite stationnaire à une autre orbite stationnaire.

---

1. Rappelons que la physique classique établit que toute charge accélérée émet un rayonnement électromagnétique. Or l'électron, animé d'une vitesse v sur l'orbite de rayon r, est soumis à la résultante de la force centrifuge, due à sa vitesse, et de la force centripète, due à l'attraction du noyau et supérieure en valeur absolue à la force centrifuge ; il subit donc une accélération centrale v^2/r. S'il rayonnait, il perdrait de l'énergie, r diminuerait, l'électron « tomberait » sur le noyau au terme d'une trajectoire en spirale. Or, ce n'est pas ce qui est observé. La physique classique est donc mise en défaut.

4. L'**énergie de l'atome** est la somme des énergies cinétiques du noyau et de l'électron, et de leur énergie potentielle due à leur attraction mutuelle.

En négligeant l'énergie cinétique du noyau (approximation de Born-Oppenheimer), l'énergie E_n de l'atome où l'électron, animé d'une vitesse v, gravite sur une orbite de rayon r_n, est la somme de :

- l'énergie cinétique de l'électron : $E_c = {}^1/_2\, mv^2$;
- l'énergie potentielle du système noyau (charge + e)/électron (charge $-e$) : $E_p = (-1/4\,\pi\,\varepsilon_0)(e^2/r_n)$;

m et e sont la masse et la valeur absolue de la charge de l'électron ; $\varepsilon_0 = 8{,}854.10^{-12}$ F.m^{-1} est la permittivité du vide.

Les calculs montrent que :

5. Le rayon r_n des orbites varie comme le carré de n, nombre entier ≥ 1, appelé nombre quantique principal.

$$r_n = n^2 \frac{\varepsilon_0\, h^2}{\pi\, m\, e^2} = n^2 a_0$$

h est la constante de Planck ; a_0 est le rayon de l'orbite la plus proche du noyau correspondant à $n = 1$, $a_0 = 53$ pm.

6. La valeur de l'énergie E_n de l'atome est quantifiée au moyen de n :

$$\boxed{E_n = -\frac{1}{n^2}\frac{m\,e^4}{8\,\varepsilon_0^2\,h^2}} \qquad (2)$$

L'expression numérique de E_n est :

$$E_n = -\frac{2{,}179.10^{-18}}{n^2}\ \text{J} = -\frac{13{,}6}{n^2}\ \text{eV} \qquad (3)$$

(1 eV ≈ 1,6.10^{-19} J)[1]

Quand l'électron est sur l'orbite de rayon r_1 ($n = 1$), l'atome est dans son état d'énergie le plus bas, appelé **état fondamental**. Alors, $E_1 = -13{,}6$ eV.

Les valeurs $n = 2, 3, \ldots$ correspondent à des **états excités**, où l'atome possède les énergies croissantes E_2, E_3, etc. (*figure 2.3*).

L'expression (2) montre que E_n tend vers zéro quand $n \to +\infty$, ce qui signifie que la valeur de l'énergie est prise égale à zéro lorsque l'électron n'appartient plus à l'atome (atome ionisé).

---

1. 1 **électron-volt** est l'énergie acquise par un électron accéléré par une différence de potentiel de 1 volt. Donc : 1 eV = charge de l'électron en C × différence de potentiel de 1 V ≈ 1,6.10^{-19} × 1 ≈ 1,6.10^{-19} J.

La quantité $-E_n$, qui représente l'énergie d'ionisation, vaut + 13,6 eV quand l'atome est à l'état fondamental $n = 1$, puis diminue au fur et à mesure que l'atome se trouve dans les niveaux d'énergie excités.

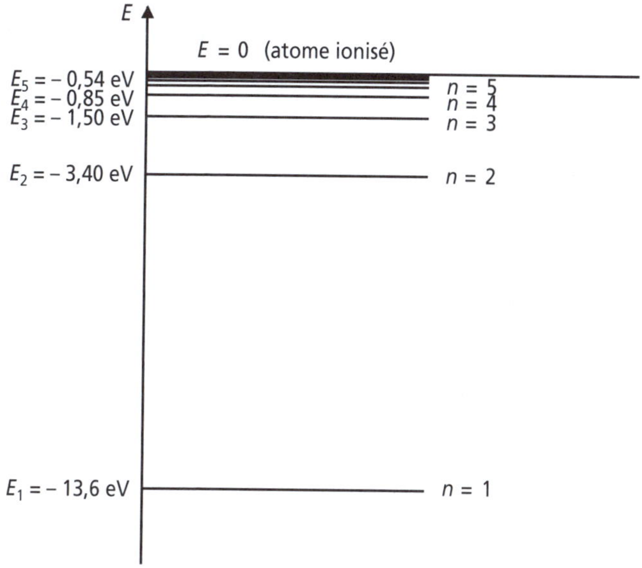

Figure 2.3 Niveaux d'énergie de l'atome d'hydrogène.

7. Dans le modèle de Bohr, autant le concept d'orbite pour l'électron n'a pas de justification expérimentale, autant le postulat de quantification de l'énergie de l'atome est un apport majeur, étayé par le **spectre d'émission de l'hydrogène** qu'il est, dès lors, possible d'interpréter.

En effet, l'émission d'un photon résulte de la transition qui ramène l'électron d'un niveau d'énergie supérieur n' à un niveau inférieur n. L'énergie $h\nu$ du photon émis (de longueur d'onde λ) est égale à la différence d'énergie entre les deux niveaux n' et n ce qui, d'après les relations (1) et (2), s'exprime par :

$$h\nu = h\frac{c}{\lambda} = E_{n'} - E_n = \frac{m\,e^4}{8\,\varepsilon_0^2\,h^2}\left(\frac{1}{n^2} - \frac{1}{n'^2}\right)$$

Cette expression est compatible avec la relation empirique qui est obtenue par analyse de la répartition des raies du spectre, repérées par leur **nombre d'onde** $\bar{\nu}$:

$$\bar{\nu} = \frac{1}{\lambda} = R_{\mathrm{H}}\left(\frac{1}{n^2} - \frac{1}{n'^2}\right)$$

L'expression théorique de la constante R_H est $me^4/8\varepsilon_0^2h^3c$. La valeur numérique ainsi calculée correspond à la **constante** « infinie » **de Rydberg** : $R_H = 1{,}097\ 373\ 153.10^7\ m^{-1}$.[1]

Les spectres comportent des séries ; une **série** est l'ensemble des raies correspondant à un ensemble de transitions électroniques des niveaux $n' = n + 1$, $n + 2$, etc. à un même niveau n (*exercice 2.2 p. 54 et 2.3 p. 55*).

8. Le constat de l'inapplicabilité de la théorie de Bohr à d'autres atomes que l'hydrogène est contemporain de l'émergence des bases d'une nouvelle mécanique adaptée aux objets élémentaires, la **mécanique quantique**, dont est issu le modèle de l'atome qui a cours aujourd'hui.

Attention au vocabulaire : ne pas confondre la théorie de Bohr qui met à profit la théorie des quanta de Planck, et qu'on a parfois appelée « ancienne théorie des quanta », avec la mécanique « quantique ».

b) Onde associée à l'électron et quantons

Louis de Broglie (1892-1987) guidé par le double caractère ondulatoire et corpusculaire de la lumière, généralise la **dualité onde-corpuscule** à la matière. Il émet en 1924 une hypothèse très féconde : à toute particule en mouvement est associée une onde dont la longueur d'onde λ est :

$$\lambda = \frac{h}{p} \tag{4}$$

où h est la constante de Planck et p est la quantité de mouvement de la particule ($p = mv$).

Cette onde est une onde stationnaire, dont l'amplitude est par conséquent indépendante du temps. Cette onde n'est pas une onde électromagnétique.

La proposition de L. de Broglie constitue le principe fondamental de la mécanique ondulatoire.

1. La constante « infinie » de Rydberg est une constante fondamentale. La valeur expérimentale de la constante de Rydberg pour l'hydrogène est $1{,}096\ 7758\ 10^7\ m^{-1}$. Avec un modèle plus élaboré de l'atome d'hydrogène où l'ensemble du noyau (de masse M) et de l'électron (de masse m) est considéré comme un système de masses libres en rotation autour du centre de gravité de l'ensemble, on améliore la description de l'atome d'hydrogène. La valeur théorique de R_H s'exprime alors selon : $(me^4/8\varepsilon_0^2h^3c) \times M/(M + m)$, et sa valeur est $1{,}096\ 7776.10^7\ m^{-1}$, en bon accord avec la valeur expérimentale.

L'existence de l'onde associée à une particule en mouvement a été confirmée expérimentalement pour les électrons en 1927. C.J. Davisson et L.H. Germer observèrent en effet qu'un faisceau d'électrons est diffracté par des cristaux de nickel comme s'il s'agissait d'un faisceau de rayons X. G.P. Thomson réalisa une expérience analogue avec une mince feuille d'or. Dans de telles expériences, les électrons se manifestent par leur aspect ondulatoire.

La **microscopie électronique**, technique née en 1932, est une importante application du comportement ondulatoire des électrons. La longueur de l'onde associée à des électrons accélérés par une tension de 100 kV est 3,7 pm, elle devient 1,97 pm avec 300 kV. Ces longueurs d'onde sont nettement inférieures aux distances moyennes interatomiques. Un tel rayonnement est donc adapté à l'exploration de la matière aux échelles subnanométriques, comme en témoigne la *figure 2.1 p. 23* (*exercice 2.5 p. 57*).

La relation (4) est applicable à toute particule en mouvement qui, à l'instar de l'électron, se manifeste soit comme une onde, soit comme un corpuscule, selon le type d'expérience mis en œuvre. Quel nom générique donner à un tel être physique ? Après des propositions comme particlonde, ondicule, le terme adopté est « **quanton** » (J.-M. Lévy-Leblond, 1984). Ce sont donc des quantons dont traite la mécanique quantique.

c) Équation de Schrödinger

L'onde de L. de Broglie n'avait pas d'équation. Ce fut Erwin Schrödinger (1887-1961) qui, en 1926, posa que la **fonction d'onde**, c'est-à-dire l'élongation $\psi(\mathrm{M}, t)$ de l'onde associée au mouvement d'une particule en un point quelconque M de l'espace s'exprimait, par analogie avec l'équation à variables séparées que l'on obtient pour les systèmes d'ondes stationnaires le long d'une corde, par le produit de deux facteurs :

$$\psi(\mathrm{M}, t) = \Psi(\mathrm{M}) . \sin 2\pi \nu t$$

Alors que le second facteur traduit que le phénomène est périodique de fréquence ν, l'amplitude $\Psi(\mathrm{M})$ (Ψ se dit psi) est la partie de la fonction d'onde qui ne dépend que des coordonnées d'espace. Si on s'intéresse à l'onde associée à l'électron d'un atome, il est plus avantageux de repérer le point par rapport au noyau en coordonnées sphériques (r, θ, φ) qu'en coordonnées cartésiennes (x, y, z) (*figure 2.4*). Notons que par extension de langage $\Psi(\mathrm{M})$ est, elle aussi, appelée fonction d'onde.

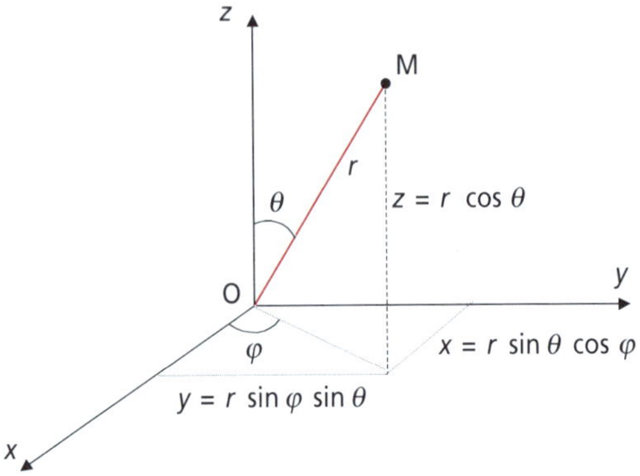

Figure 2.4 Relation entre coordonnées cartésiennes (*x*, *y*, *z*) et coordonnées sphériques (*r*, *θ*, *φ*) d'un point M par rapport à l'origine des axes O.

La fonction d'onde n'est ni observable, ni accessible à une détermination expérimentale ; elle doit être calculée en résolvant l'**équation différentielle de Schrödinger** :

$$\frac{{}^2\Psi}{x^2} + \frac{{}^2\Psi}{y^2} + \frac{{}^2\Psi}{z^2} + \frac{8\pi^2 m}{h^2}(E - V)\Psi = 0$$

qui s'écrit encore :

$$\Delta\Psi + \frac{8\,\pi^2\,m}{h^2}\,(E - V)\,\Psi = 0 \qquad (5)$$

où Δ est l'opérateur laplacien : $\frac{{}^2}{x^2} + \frac{{}^2}{y^2} + \frac{{}^2}{z^2}$.

h est la constante de Planck, et dans le cas spécifique de l'électron, les paramètres sont l'énergie totale *E*, l'énergie potentielle *V* et la masse *m* de ce dernier.

La résolution sans approximations n'est cependant possible que pour les systèmes à un électron : atome d'hydrogène et ions hydrogénoïdes (He^+, Li^{2+}, etc.). Pour les systèmes possédant plus d'un électron, il faut avoir recours à des approximations.

d) Relation d'indétermination d'Heisenberg

En 1927, Werner Heisenberg (1901-1976) formule un ensemble d'inégalités qui portent son nom, et qui constituent l'une des bases conceptuelles fondamentales de la mécanique quantique. Concernant la quantité de mouvement et la position d'une particule, Heisenberg exprime la restriction suivante :

$$\boxed{\Delta p . \Delta x \geq \frac{\hbar}{2}} \quad (6)$$

$\hbar = h/2\pi \approx 10^{-34}$ J.s. Δp et Δx représentent les marges de précision avec lesquelles on peut espérer déterminer ces grandeurs. Δp et Δx étant liées par la relation (6), la mesure précise de l'une des grandeurs impose l'absence de précision sur l'autre, qui reste indéterminée (*exercice 2.6 p. 57*). Ceci est généralement énoncé selon :

Il n'est pas possible de connaître simultanément et avec précision la position et la quantité de mouvement d'une particule.

e) Probabilité de présence de l'électron et fonction d'onde

Il est essentiel de comprendre que la relation d'indétermination d'Heisenberg constitue un tournant dans l'évolution de la pensée scientifique. Au déterminisme de la mécanique classique (« je lance une balle, je peux calculer sa position et sa vitesse dans une seconde »), se substitue un **indéterminisme quantique**. Il faut par conséquent renoncer à attribuer à tout quanton une position ou une trajectoire comme on le ferait pour un mobile en mécanique classique. Dans le cas de l'électron, il faut renoncer à le considérer sur une orbite privilégiée.

La localisation précise de l'électron en un point est dorénavant remplacée par la **probabilité de présence d*P*** de cet électron dans un petit volume dV autour de ce point.

Max Born l'a exprimée par la valeur du carré de la fonction d'onde Ψ, selon[1] :

$$\mathrm{d}P = \Psi^2 . \mathrm{d}V$$

$$\Psi^2 = \frac{\mathrm{d}P}{\mathrm{d}V} \quad (7)$$

Dans l'expression de Ψ^2, dP est divisé par dV ; c'est pourquoi Ψ^2 porte le nom de **densité de probabilité de présence** (volumique) de

1. L'interprétation probabiliste de la fonction d'onde est à rapprocher du fait que le carré de l'amplitude A d'une onde électromagnétique en un point d'un faisceau lumineux représente son intensité : $I = A^2$, c'est-à-dire la densité de photons en ce point, elle-même indissociable de la probabilité de trouver un photon en ce point.

l'électron au point considéré. C'est tout simplement la probabilité de trouver l'électron en ce point.

Toute surface constituée de points où Ψ et donc Ψ^2 sont nulles, est appelée **surface nodale**. La probabilité de présence de l'électron y est nulle.

États de l'électron dans un atome

L'objectif est maintenant de caractériser les états dans lesquels peut se trouver un électron du cortège électronique, c'est-à-dire à la fois :

- les valeurs possibles de son énergie ;
- la géométrie des régions correspondantes de l'espace où la probabilité de le trouver est la plus grande ; cela est aussi appelé son « expansion spatiale ».

L'équation de Schrödinger doit donc être résolue (rigoureusement, ou en employant des méthodes d'approximation, selon les atomes ; *cf.* § *2.2 p. 32*).

a) Conditions aux limites pour la résolution de l'équation de Schrödinger

La résolution de l'équation différentielle de Schrödinger (*Éq. 5*) doit fournir des solutions qui sont des fonctions d'onde Ψ ayant un sens physique et qui, pour cette raison, seront déterminées par des conditions particulières aux limites imposées au système. Une des conditions est la **normalisation** de la fonction d'onde exprimant que, l'électron étant nécessairement dans tout l'espace, la probabilité de l'y trouver vaut 1 :

$$\int_{\text{espace}} \mathrm{d}P = \int_{\text{espace}} \Psi^2 \mathrm{d}V = 1$$

Les autres conditions aux limites relèvent du caractère stationnaire de l'onde (caractère qui conditionne déjà la forme de l'équation (5), indépendante du temps, *cf.* § *2.2 p. 32*). Sans qu'elles soient détaillées ici, il est important de comprendre que ces conditions aux limites vont introduire la **quantification**.

Pour cela, rappelons simplement que l'établissement d'une onde stationnaire de longueur λ le long d'une corde de longueur l implique nécessairement la condition de quantification $l = k\lambda/2$, où k est un nombre entier (*figure 2.5*). L'analogie entre cette observation et l'introduction par Bohr des valeurs entières n pour traduire le mouvement de l'électron, avait d'ailleurs guidé L. de Broglie pour proposer que l'onde sous laquelle peuvent se manifester les quantons soit stationnaire.

En outre, l'onde stationnaire associée à tout électron s'étend dans tout l'espace, c'est-à-dire dans trois dimensions, contrairement à l'onde stationnaire de vibration d'une corde. Il est donc prévisible que son expansion dans l'espace soit conditionnée par trois paramètres de quantification, au lieu du seul k pour la corde vibrante. Ce seront les trois **nombres quantiques**.

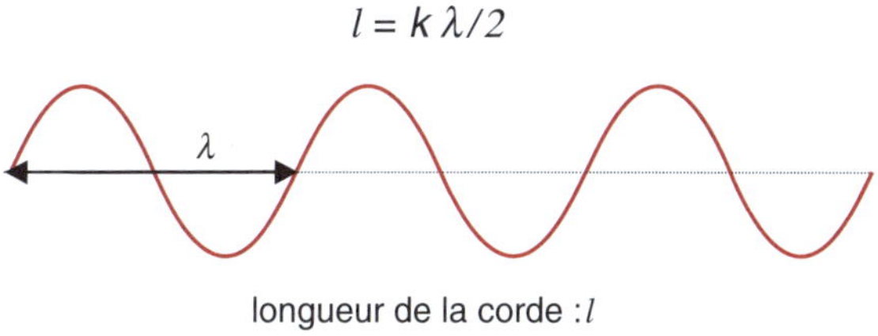

Figure 2.5 Condition de stationnarité d'une onde (longueur d'onde λ) le long d'une corde vibrante.

b) Valeurs propres et quantification de l'énergie

Pour satisfaire les conditions aux limites, l'énergie E de l'électron ne peut prendre que certaines valeurs appelées **valeurs propres**.

Dans le cas de l'atome d'hydrogène, les valeurs propres de l'énergie s'avèrent identiques aux valeurs obtenues par Bohr (*Éq. 2*), et par conséquent quantifiées par le nombre quantique principal n. En revanche, la quantification de l'énergie est ici déduite du calcul alors qu'elle était postulée dans le modèle de Bohr.

Plus précisément, les calculs montrent que l'énergie de l'électron de l'atome d'hydrogène et des hydrogénoïdes ne dépend que de n, ce qui ne sera pas rigoureusement le cas des atomes polyélectroniques, c'est-à-dire de tous les autres. Néanmoins, on pourra dire pour tous les atomes :

> Le nombre quantique n détermine le niveau d'énergie des électrons ; dans le cas des atomes polyélectroniques, il existe dans un niveau d'énergie donné des sous-niveaux.

Ce point est développé dans la *partie d)*.

c) Orbitales atomiques et nombres quantiques *n, l* et *m*

Le calcul des fonctions d'onde solutions de l'équation de Schrödinger, appelées **orbitales atomiques**, montre que ces dernières sont mathématiquement déterminées non seulement par le nombre quantique principal n, mais aussi par deux autres nombres quantiques entiers appelés l et m. L'existence de ces trois nombres quantiques est conforme à la prévision exprimée dans la partie *a*. Ainsi :

Une orbitale atomique, c'est-à-dire tout état possible d'un électron du cortège, est définie par les nombres quantiques n, l et m (nombres entiers).

- n est le **nombre quantique principal** : $n \geq 1$.
- l est le **nombre quantique secondaire** (ou azimutal) : $0 \leq l \leq n - 1$.
- m est le **nombre quantique magnétique** : $-l \leq m \leq +l$.

Il y aura donc autant d'orbitales que d'ensembles de valeurs (n, l, m) satisfaisant aux règles ci-dessus. Par exemple, combien y a-t-il d'orbitales possibles pour un électron au niveau d'énergie $n = 2$? Si $n = 2$, l peut valoir 0 ou 1. Lorsque $l = 0$, $m = 0$. Lorsque $l = 1$, m peut valoir – 1 ; 0 ; + 1. Il y a donc 4 orbitales (ou états) possibles associées à $n = 2$, représentés par les ensembles (n, l, m) = 2, 0, 0 ; 2, 1, – 1 ; 2, 1, 0 ; 2, 1, + 1.

d) Niveaux d'énergie de l'électron. Règle de Klechkowski

Rappelons que le nombre quantique n détermine le niveau d'énergie des électrons. L'ensemble des orbitales qui correspondent à une valeur donnée de n constitue une **couche (d'énergie)**. Les couches sont désignées par une lettre majuscule K, L, M, etc.[1] (*tableau 2.2*) ; malgré cela, on dit indifféremment, par exemple « la couche $n = 3$ » ou « la couche M ».

TABLEAU 2.2 CORRESPONDANCE ENTRE LES VALEURS DE n ET LA LETTRE CARACTÉRISANT LA COUCHE.

n	1	2	3	4	5	6	7
couche	K	L	M	N	O	P	Q

Dans le cas des atomes polyélectroniques, l'énergie des électrons dépend à la fois des deux nombres quantiques n et l. Dans une couche donnée, la valeur de l définit une sous-couche. Les orbitales d'une même sous-couche ont la même énergie.

Chaque sous-couche (ou orbitale) correspondant à une valeur de l donnée est désignée par une lettre minuscule : s, p, d, f[2]. Le *tableau 2.3* précise la désignation des sous-couches en fonction des valeurs

1. La notation K, L, M, N, … provient de l'étude des rayons X.
2. La notation s, p, d, f, vient des initiales d'adjectifs anglais qualifiant les raies spectrales : sharp, principal, diffuse, fundamental.

successives de *l*, ainsi que le nombre d'orbitales dans chaque sous-couche, égal au nombre de valeurs possibles de *m*.

TABLEAU 2.3 SOUS-COUCHES (OU ORBITALES) DÉFINIES PAR LES VALEURS SUCCESSIVES DU NOMBRE QUANTIQUE SECONDAIRE *l*.

Valeur de *l*	Désignation de la sous-couche	Valeurs possibles de *m*	Nombre d'orbitales dans la sous-couche
0	s	0	1
1	p	$-1 ; 0 ; +1$	3
2	d	$-2 ; -1 ; 0 ; +1 ; +2$	5
3	f	$-3 ; -2 ; -1 ; 0 ; +1 ; +2 ; +3$	7
l	...	$-l ;$ 0 $; +l$	$2l + 1$

Pour préciser la couche à laquelle appartient une sous-couche donnée, la lettre minuscule désignant la sous-couche est précédée de la valeur numérique de *n* correspondant à la couche. Par exemple, une sous-couche (ou une orbitale) correspondant à $n = 3$ et $l = 2$ est dite « sous-couche (ou orbitale) 3d ».

Lorsqu'il faudra établir la configuration électronique des atomes, c'est-à-dire donner la distribution des électrons à l'état fondamental en fonction de leur orbitale (*cf. § 2.2 p. 46*), il sera nécessaire de classer les orbitales par niveaux d'énergie croissants. Quel est donc l'ordre des énergies croissantes des orbitales ?

Règle de Klechkowski. L'ordre des énergies croissantes des orbitales est l'ordre des valeurs croissantes de la somme $(n + l)$. Si deux sous-couches correspondent à la même valeur de la somme $(n + l)$, la sous-couche dont la valeur de *n* est la plus petite a l'énergie la plus basse. Cet ordre correspond à l'ordre d'attribution des sous-couches aux électrons (*figure 2.6*).

Il convient de préciser que cette règle ne s'appuie sur aucune théorie, mais sur des observations expérimentales. De plus, elle présente certaines exceptions (*cf. § 2.2 p. 50*).

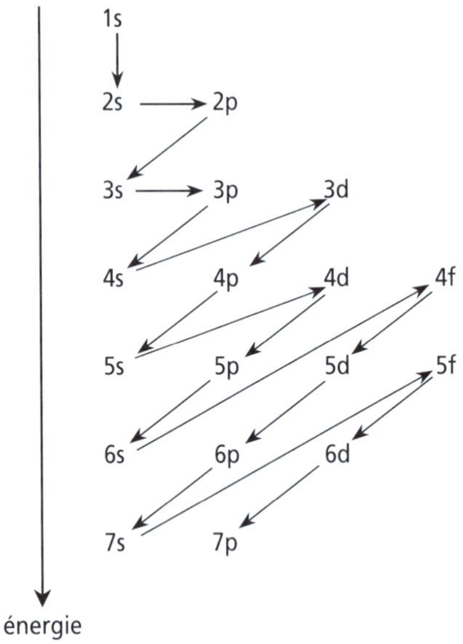

Figure 2.6 Ordre d'attribution des sous-couches aux électrons selon la règle de Klechkowski.

e) Représentation des orbitales. « Localisation » de l'électron et surfaces orbitales

Pourquoi représenter les orbitales ? Pour définir les régions de l'espace où l'électron est susceptible de se déplacer. Cela est particulièrement important pour les électrons de valence des atomes, qui établiront des liaisons chimiques dans des directions bien déterminées.

Les orbitales sont des fonctions $\Psi(r, \theta, \varphi)$. Dans un espace à trois dimensions, il est impossible de représenter les variations de Ψ en fonction des trois variables. Toute fonction $\Psi_{nlm}(r, \theta, \varphi)$, qui est associée à un ensemble des trois valeurs des nombres quantiques *n, l* et *m*, peut alors être décomposée en un produit de trois fonctions, chacune étant fonction d'une seule des variables :

$$\Psi_{nlm}(r, \theta, \varphi) = R_{nl}(r).\Theta_{lm}(\theta).\Phi_m(\varphi)$$

La fonction $R_{nl}(r)$ constitue la **partie radiale** de la fonction Ψ déterminée par *n* et *l*. Le produit $\Theta_{lm}(\theta).\Phi_m(\varphi)$ représente la **partie angulaire** de la fonction Ψ, déterminée par *l* et *m*.

Les expressions analytiques n'ont été obtenues sans approximations que pour l'hydrogène et les ions hydrogénoïdes, comme déjà mentionné. Néanmoins, les résultats essentiels qui sont donnés ci-dessous pour l'électron de l'atome d'hydrogène sont transposables aux orbitales atomiques des atomes polyélectroniques.

Orbitales s. Considérons l'orbitale de plus basse énergie de l'hydrogène, dite orbitale 1s. C'est l'orbitale 100 (lire un-zéro-zéro : $n = 1$, $l = 0$, $m = 0$). Sa forme analytique est :

$$\Psi_{1s} = \frac{1}{(\pi a_0^3)^{1/2}} e^{-r/a_0}$$

avec $R(r) = \dfrac{2}{a_0^{3/2}} e^{-r/a_0}$ et $\Theta(\theta).\Phi(\varphi) = 1/2\sqrt{\pi}$

a_0 représente le rayon de l'orbite caractérisée par $n = 1$ dans la théorie de Bohr (*cf.* § *2.2 p. 28*).

La partie radiale $R(r)$ varie comme l'exponentielle e^{-x} avec $x = r/a_0$. Sa représentation est une courbe décroissante qui tend vers 0 quand x, et donc r, tendent vers l'infini.

La partie angulaire se réduit à une constante, ce qui est le cas pour toutes les orbitales ns (définies par $l = 0$, quelle que soit la valeur de n). La valeur de Ψ_{1s} (comme la valeur Ψ_{ns} de toutes les orbitales ns) est donc indépendante de θ et φ, Ψ_{1s} ne dépend que de r et, à une distance r constante du noyau quelle que soit la direction, Ψ_{1s} a une valeur constante.

L'orbitale Ψ_{1s} (comme toutes les orbitales ns) présente par conséquent une symétrie sphérique.

Cependant, c'est le carré Ψ^2, probabilité de présence de l'électron en tout point M(r, θ, φ) qui est le plus intéressant.

$$\Psi_{1s}^2 = \frac{1}{\pi a_0^3} e^{-2r/a_0}$$

Comme Ψ, Ψ^2 ne dépend que de r, par conséquent :

- si r augmente dans n'importe quelle direction, Ψ^2 varie comme une exponentielle décroissante, diminuant rapidement lorsque r croît (*figure 2.7.a*). À $r = 50$ pm du noyau, Ψ^2 a décru de 85 %, et à 100 pm, de 98 %.
- si r reste constant, Ψ^2 reste constant : toute sphère centrée sur le noyau est donc une surface d'égale densité électronique.

La densité électronique diminue donc fortement dès qu'on s'éloigne du noyau. Il est habituel de la représenter sur une coupe de l'atome par un plan passant par le noyau, sous forme d'une densité de points proportionnelle en chaque point à ψ^2 (*figure 2.7.a*).

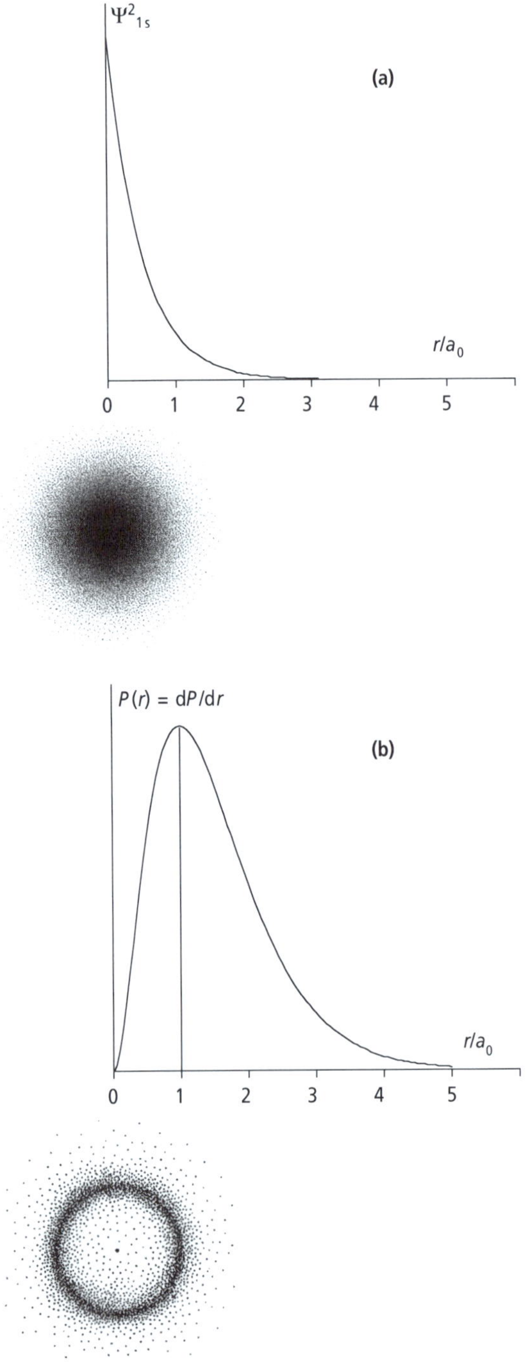

Figure 2.7 Orbitale 1*s* de l'hydrogène.

(a) Variation ψ^2_{1s} en fonction de r/a_0 et représentation en coupe de ψ^2 sous forme d'une densité de points, dans un plan passant par le noyau.

(b) Variation de $P(r) = \mathrm{d}P/\mathrm{d}r$ en fonction de r/a_0 et représentation en coupe de $P(r)$ sous forme d'une densité de points, dans un plan passant par le noyau.

On peut aussi définir un volume où on aurait, par exemple, 95 chances sur 100[1] de trouver l'électron ; ce volume est délimité par une surface d'équation $r = f(\theta, \varphi)$, appelée soit **surface frontière,** soit **surface orbitale**. Cette démarche est générale pour toutes les orbitales Ψ_{nlm}.

Dans le cas présent d'une orbitale s, cette surface est une sphère dont le rayon augmente avec n (*figure 2.8*).

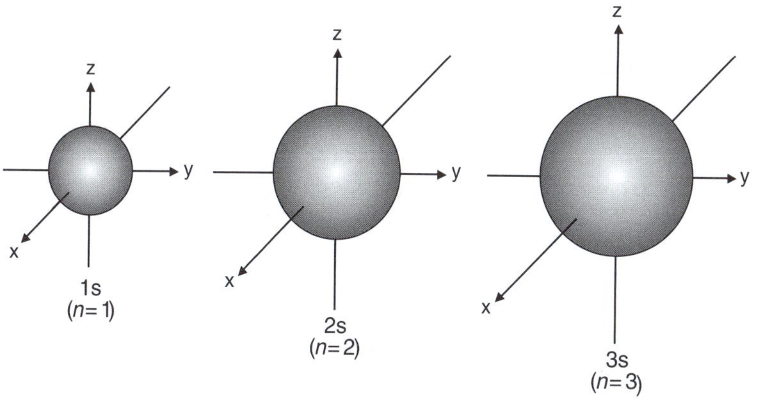

Figure 2.8 Surfaces orbitales 1s, 2s et 3s (n = 1, 2 ou 3, respectivement ; l = 0 ; m = 0).

Bien que la sphère que constitue la surface orbitale ne soit qu'une enveloppe, représenter l'orbitale au moyen de cette sphère est habituel, ainsi que d'appeler cette sphère : « orbitale ». Encore une fois, cela est transposable à toutes les orbitales, dont il sera vu que la forme dépend du nombre quantique l.

$\Psi^2(r)$ donne la probabilité de trouver l'électron en un point M. Si on souhaite évaluer la probabilité de trouver l'électron sur la totalité d'une sphère d'égale densité électronique, on peut calculer la **densité radiale de probabilité** $P(r) = \mathrm{d}P/\mathrm{d}r$, soit la probabilité de trouver l'électron dans le volume dV compris entre deux sphères de rayons respectifs r et $(r + \mathrm{d}r)$. Sachant que le volume d'une sphère est : $V = 4/3\pi r^3$,

$$\mathrm{d}V = 4\pi r^2 \mathrm{d}r$$

En reportant dans l'équation (7) :

$$\mathrm{d}P = \Psi^2.\mathrm{d}V = \Psi^2 \times 4\pi r^2 \mathrm{d}r$$

1. La valeur de cette probabilité est arbitraire, elle aurait pu être par exemple 90 % ou 98 % L'objectif est seulement de délimiter le domaine de probabilité de présence de l'électron, en particulier, pour en connaître la **forme**.

$$P(r) = \mathrm{d}P/\mathrm{d}r = 4\pi r^2\Psi^2 = \frac{4r^2}{a_0^3}\,\mathrm{e}^{-2r/a_0}$$

La représentation de *P(r)* est portée sur la *figure 2.7.b*, ainsi qu'une coupe de l'atome par un plan passant par le noyau, avec une représentation de *P(r)* par une densité de points.

Le maximum de la courbe a pour abscisse $r/a_0 = 1$. La densité radiale de probabilité est donc maximum pour $r = a_0 = 53$ pm, ce qui correspond précisément, dans la théorie de Bohr, au rayon de la première orbite.

La concordance est remarquable entre les deux approches, mais le langage est radicalement différent. L'électron ne gravite pas sur une orbite où il serait toujours à la distance de 53 pm du noyau ; il n'est pas possible de dire où il se trouve, cependant la plus grande probabilité de le trouver est à 53 pm du noyau.

Orbitales p. Les orbitales p sont des fonctions d'onde Ψ_{nlm} pour lesquelles $n \geq 2$ et $l = 1$; elles sont au nombre de 3 puisqu'il y a trois valeurs possibles de m : – 1 ; 0 ; + 1 (*tableau 2.3*). Elles dépendent de r, θ et φ, et ne sont donc pas de symétrie sphérique. Mais elles présentent une symétrie de révolution autour des trois axes *Ox*, *Oy* et *Oz* qui définissent leurs directions respectives; c'est dans ces directions que la probabilité de présence de l'électron maximale.

Si on représente la partie angulaire $\Theta_{lm}(\theta).\Phi_m(\varphi)$ des orbitales p de l'hydrogène ou des hydrogénoïdes, on obtient deux lobes sphériques. Pour acquérir une information sur Ψ^2, la représentation doit être effectuée en $\Theta^2.\Phi^2$, ce qui conduit à deux lobes allongés comme le montre la *figure 2.9.a*. Il existe des plans nodaux qui passent par le noyau, où la probabilité de trouver l'électron est nulle.

Cela est transposable à un atome quelconque. La seule différence réside dans le fait que les sphères de la représentation $\Theta_{lm}(\theta).\Phi_m(\varphi)$ s'allongent dans le sens de leur axe de révolution, mais la symétrie est conservée.

Orbitales d et f. Les orbitales d correspondent à $n \geq 3$ et $l = 2$, et les orbitales f à $n \geq 4$ et $l = 3$. Le *tableau 2.3* indique qu'il existe 5 orbitales d et 7 orbitales f. La *figure 2.9.b* donne la forme des parties angulaires des orbitales d. En revanche, la représentation des parties angulaires des 7 orbitales f est compliquée et n'est pas donnée ici.

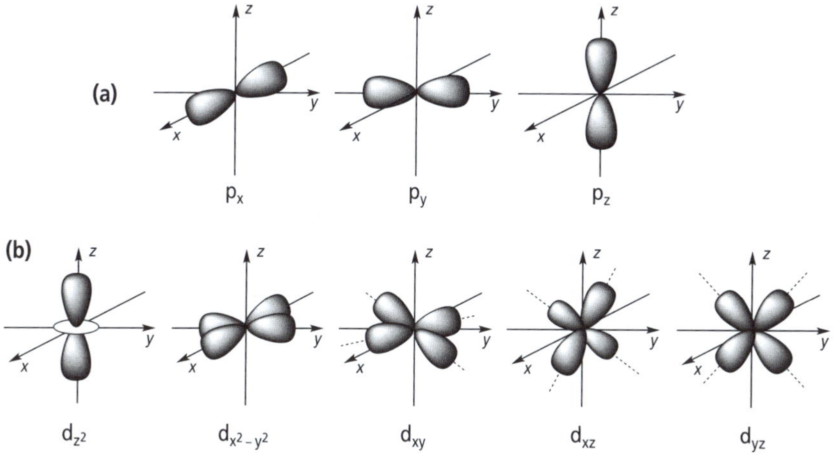

Figure 2.9 Représentation schématique : **(a)** des 3 orbitales p, et **(b)** des 5 orbitales d. Le noyau est à l'origine des axes.

Nombres quantiques et caractéristiques géométriques des orbitales

- Le nombre quantique principal n contrôle l'expansion spatiale de l'orbitale.
- Le nombre quantique secondaire l détermine la forme générale de l'orbitale.
- Le nombre quantique magnétique m contrôle l'orientation des orbitales dans l'espace.

f) Spin et nombre quantique de spin

Le **spin** a été initialement postulé pour l'électron afin de rendre compte des résultats de diverses expériences, dédoublement de raies spectrales, par exemple.

À l'origine, en 1925, le spin a été associé par G. Uhlenbeck et S. Goudsmit, à la vision « classique » de la rotation de la particule sur son axe (*spin* en anglais signifiant tournoiement).

Selon un tel modèle, la rotation de l'électron sur lui-même confère à ce dernier un moment cinétique de spin $\vec{s}$, se superposant au moment cinétique orbital $\vec{L}$ dû au mouvement de rotation autour du noyau.

Or, le moment cinétique de spin doit obéir aux mêmes règles de quantification que le moment cinétique orbital :

1. Le module de $\vec{L}$ est quantifié par le nombre quantique secondaire l, selon :

$$L = \hbar[l(l+1)]^{1/2}$$

De façon analogue, le module du vecteur spin est quantifié selon :

$$S = \hbar[s(s+1)]^{1/2}$$

où s est appelé **spin de l'électron**.

2. Tout corps chargé animé d'un mouvement de rotation se comporte comme un aimant susceptible d'interagir avec un champ magnétique appliqué. En présence d'un champ magnétique extérieur, l'aimant associé à l'électron en rotation autour du noyau, et donc le vecteur $\vec{L}$, ne peut prendre que certaines orientations privilégiées (*figure 2.10.a*).

Cela implique que la projection L_z du moment cinétique orbital selon l'axe Oz du champ magnétique ne peut prendre que des valeurs discrètes. L_z est quantifié par le nombre quantique magnétique selon :

$$L_z = m\hbar$$

où m est le nombre quantique magnétique. m est un entier vérifiant l'inégalité : $-l \leq m \leq +l$, il peut donc prendre $(2l+1)$ valeurs (*figure 2.10.a*).

De façon analogue, la composante S_z du vecteur spin selon l'axe Oz, direction d'un champ magnétique externe, est quantifiée par :

$$S_z = m_s\,\hbar$$

où m_s est le **nombre quantique magnétique de spin**, ou **nombre quantique de spin**. m_s est tel que $-s \leq m_s \leq +s$. m_s peut donc prendre $(2s+1)$ valeurs. Or il n'y a que deux orientations possibles pour l'électron (*figure 2.10.b*). Donc :

$$2s + 1 = 2$$

$$s = \frac{1}{2} \quad \text{et} \quad m_S = \pm\frac{1}{2}$$

m_s est souvent désigné de façon abrégée par « **spin** ».

Le symbolisme adopté pour représenter les électrons selon leur spin est :

- un électron de $m_s = +1/2$ est représenté par $\uparrow$,
- un électron de $m_s = -1/2$ est représenté par $\downarrow$.

En réalité, le spin n'a pas besoin d'être postulé lorsqu'on tient compte de la relativité dans le traitement mathématique de l'atome par la mécanique quantique, comme l'a montré Paul Dirac en 1928. m_s apparaît alors naturellement lors de la résolution des équations comme un paramètre supplémentaire.

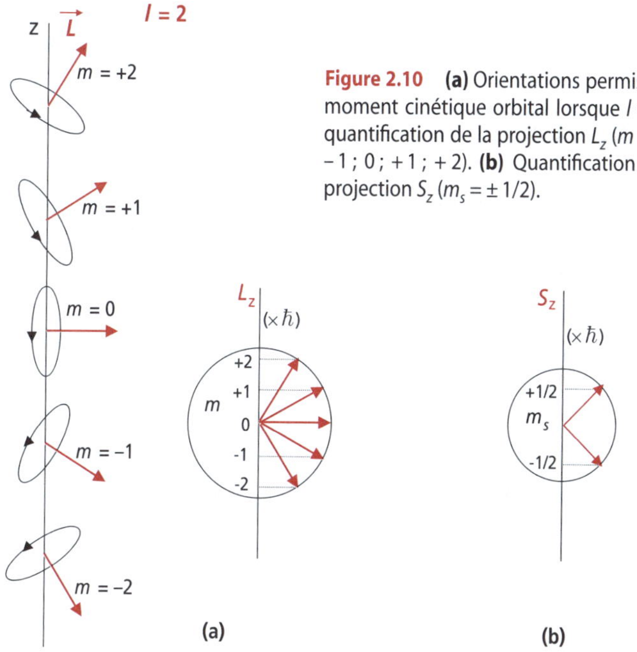

Figure 2.10 **(a)** Orientations permises du moment cinétique orbital lorsque $l = 2$ et quantification de la projection L_z ($m = -2$; -1 ; 0 ; $+1$; $+2$). **(b)** Quantification de la projection S_z ($m_s = \pm 1/2$).

Le spin n'est pas une propriété du seul électron. Tout quanton, quel qu'il soit, possède un moment cinétique intrinsèque $\vec{s}$. L'adjectif « intrinsèque » signifie qu'il s'agit une propriété spécifique du quanton, qui le caractérise au même titre que sa masse et sa charge électrique.

Selon les quantons, le spin s associé au module S est, soit entier (pour les bosons), soit demi-entier (pour les fermions). Le proton, le neutron, les neutrinos, etc. sont des fermions comme l'électron (spin 1/2).

g) Récapitulatif concernant les nombres quantiques

L'état d'un électron est décrit par son orbitale Ψ_{nlm} et par son spin.

Les quatre nombres quantiques caractérisant entièrement l'état de l'électron sont donc :

- n, nombre quantique principal : $n \geq 1$ (dans l'état actuel des connaissances, on constate que n n'est jamais supérieur à 7).
- l, nombre quantique secondaire (ou azimutal) : $0 \leq l \leq n - 1$.
- m, nombre quantique magnétique : $-l \leq m \leq +l$. (8)
- m_s, nombre quantique (magnétique) de spin : $m_s = \pm 1/2$.

En conclusion, chaque électron d'un atome est caractérisé par un ensemble de quatre valeurs des quatre nombres quantiques (n, l, m, m_s).

Configuration électronique

Donner la **configuration électronique** (ou **structure électronique**) d'un atome, c'est préciser la répartition des électrons dans les diverses couches et sous-couches de cet atome à l'état fondamental.

La répartition des électrons obéit à certaines règles établies empiriquement : le principe d'exclusion de Pauli, le principe de stabilité, la règle de Klechkowski, et la règle de Hund.

a) Principe d'exclusion de Pauli. Cases quantiques

Deux électrons d'un même atome ne peuvent pas posséder les mêmes quatre nombres quantiques.

Autrement dit, il ne peut y avoir que deux électrons décrits par la même orbitale Ψ_{nlm}, (c'est-à-dire par les mêmes valeurs de n, l et m), de spins + 1/2 ou – 1/2 (*relations (8)*). Ces deux électrons de spins opposés (ou antiparallèles) sont appelés « électrons appariés », car ils forment une paire (ou doublet). Ils sont notés : ↑↓. Ils évoluent dans le même volume orbitalaire.

Lors de l'écriture de la configuration électronique, il est commode de représenter les orbitales par une **case quantique** qui peut au maximum héberger deux électrons de spins opposés. Dans une couche et dans une sous-couche données (n et l donnés), les paires d'électrons ne diffèrent que par la valeur de m. **Il y aura donc autant de cases quantiques que de valeurs de *m* possibles.**

La *figure 2.11* donne la répartition des électrons dans les quatre premiers niveaux d'énergie, et précise le nombre maximal d'électrons par sous-couche et par couche.

b) Principe de stabilité et règle de Hund

Principe de stabilité. Quand l'atome est à l'état fondamental, les électrons occupent les niveaux d'énergie les plus bas.

COUCHES		SOUS-COUCHES			NOMBRE MAXIMUM D'ÉLECTRONS		
n	nom	l	nom	m	par sous-couche $2(2l+1)$	Cases quantiques	par couche $2n^2$
1	K	0	1s	0	2	↑↓ ($m_s = \pm 1/2$)	2
2	L	0 1	2s 2p	0 − 1 ; 0 ; + 1	2 6	↑↓ ↑↓ ↑↓ ↑↓	8
3	M	0 1 2	3s 3p 3d	0 − 1 ; 0 ; + 1 − 2 ; − 1 ; 0 ; + 1 ; + 2	2 6 10	↑↓ ↑↓ ↑↓ ↑↓ ↑↓ ↑↓ ↑↓ ↑↓ ↑↓	18
4	N	0 1 2 3	4s 4p 4d 4f	0 − 1 ; 0 ; + 1 − 2 ; − 1 ; 0 ; + 1 ; + 2 − 3 ; − 2 ; − 1 ; 0 ; + 1 ; + 2 ; + 3	2 6 10 14	↑↓ ↑↓ ↑↓ ↑↓ ↑↓ ↑↓ ↑↓ ↑↓ ↑↓ ↑↓ ↑↓ ↑↓ ↑↓ ↑↓ ↑↓ ↑↓	32
etc.							

Figure 2.11 Répartition des électrons dans les **sous-couches** des quatre premiers niveaux d'énergie des **atomes**.

Les électrons sont attribués aux orbitales par ordre d'énergies croissantes, selon la règle de Klechkowski énoncée au *§ 2.2 p. 36* et schématisée sur la *figure 2.6 p. 38*. L'attribution des électrons aux orbitales doit en outre obéir à la règle de Hund :

Règle de Hund. Dans une même sous-couche, la configuration la plus stable est obtenue lorsque le nombre d'électrons ayant des spins identiques est maximal.

Autrement dit, les électrons de spin identique occupent un par un le maximum d'orbitales (ou cases quantiques), et c'est seulement lorsque toutes les cases sont occupées par un électron, qu'il convient d'apparier successivement les électrons.

S'il reste des électrons non appariés, ils sont appelés « **célibataires** ». Les électrons célibataires d'une même sous-couche ont des spins parallèles.

c) Électrons de valence

La configuration électronique permet de distinguer les électrons internes (ou de cœur) d'un atome et ses électrons périphériques (ou de valence), dont la répartition est essentielle à la compréhension de la réactivité chimique (*cf. § 2.2. p. 25*). La caractérisation des électrons de valence est explicitée dans les exemples suivants.

Configuration électronique de l'azote N. $Z = 7$, l'atome neutre a 7 électrons.

$n = 1$ (K)	$1s^2$	↑↓	
$n = 2$ (L)	$2s^2$ $2p^3$	↑↓	↑ ↑ ↑

Commentaires :

- La valeur numérique en exposant : $2s^2$ $2p^3$ représente le nombre d'électrons dans la sous-couche concernée.
- La configuration électronique s'énonce en ligne : $1s^2$ $2s^2$ $2p^3$.
- L'azote a trois électrons célibataires, susceptibles d'être impliqués chacun dans une liaison de covalence. L'azote est dit « trivalent » (*cf. § 5.2 p. 133*).
- Néanmoins, les électrons de valence, ici ceux de la couche externe : $2s^2$ $2p^3$ sont constitués d'une paire et des trois électrons célibataires. La paire pourra également être impliquée dans une liaison chimique.

Configuration électronique du manganèse Mn. $Z = 25$, l'atome neutre a 25 électrons.

$n = 1$ (K)	$1s^2$			[↑↓]		
$n = 2$ (L)	$2s^2$	$2p^6$		[↑↓]	[↑↓][↑↓][↑↓]	
$n = 3$ (M)	$3s^2$	$3p^6$	$3d^5$	[↑↓]	[↑↓][↑↓][↑↓]	[↑][↑][↑][↑][↑]
$n = 4$ (N)	$4s^2$			[↑↓]		

Configuration électronique de l'arsenic As. $Z = 33$, l'atome neutre a 33 électrons.

$n = 1$ (K)	$1s^2$			[↑↓]		
$n = 2$ (L)	$2s^2$	$2p^6$		[↑↓]	[↑↓][↑↓][↑↓]	
$n = 3$ (M)	$3s^2$	$3p^6$	$3d^{10}$	[↑↓]	[↑↓][↑↓][↑↓]	[↑↓][↑↓][↑↓][↑↓][↑↓]
$n = 4$ (N)	$4s^2$	$4p^3$		[↑↓]	[↑][↑][↑]	

Commentaires :

- Les dix-huit premiers électrons du manganèse correspondant à la configuration électronique de l'argon, il est avantageux d'utiliser la présentation : [Ar] $4s^2$ $3d^5$ où [Ar] représente la configuration électronique de l'argon. Pour l'arsenic, ce sera : [Ar] $4s^2$ $3d^{10}$ $4p^3$.
- Lorsqu'une sous-couche d est incomplète, ses électrons sont des électrons de valence. Par exemple, dans le cas du manganèse Mn, les couches K et L ainsi que les sous-couches 3s et 3p sont de cœur, et les sous-couches 3d et 4s sont de valence. Dans le cas de l'arsenic As : [Ar] $4s^2$ $3d^{10}$ $4p^3$, la sous-couche 3d, saturée, est considérée comme inerte et de cœur ; les électrons de valence sont alors : $4s^2$ $4p^3$, distribués comme les électrons périphériques de l'azote (voir ci-dessus).

Configuration électronique du sodium Na. $Z = 11$, l'atome neutre a 11 électrons.

$n = 1$	$1s^2$		[↑↓]	
$n = 2$	$2s^2$	$2p^6$	[↑↓]	[↑↓][↑↓][↑↓]
$n = 3$	$3s^1$		[↑]	

Configuration électronique du fluor F. $Z = 9$, l'atome neutre a 9 électrons.

$n = 1$	$1s^2$		[↑↓]	
$n = 2$	$2s^2$	$2p^5$	[↑↓]	[↑↓][↑↓][↑]

Configuration électronique du cation Na^+. $Z = 11$, le cation Na^+ a 10 électrons.

$n = 1$	$1s^2$		[↑↓]
$n = 2$	$2s^2$	$2p^6$	[↑↓] [↑↓][↑↓][↑↓]

soit [Ne].

Configuration électronique de l'anion F^-. $Z = 9$, l'anion F^- a 10 électrons.

$n = 1$	$1s^2$		[↑↓]
$n = 2$	$2s^2$	$2p^6$	[↑↓] [↑↓][↑↓][↑↓]

soit [Ne].

Commentaire :
Le cation Na^+, l'anion fluorure F^- et le néon sont **isoélectroniques**, c'est-à-dire qu'ils possèdent le même nombre d'électrons et la même configuration électronique, la couche externe : $2s^2$ $2p^6$ étant, en l'occurrence, saturée. La saturation de la couche externe est associée à l'absence de réactivité chimique marquée.

d) Exceptions aux règles de répartition

Les atomes d'un certain nombre d'éléments métalliques présentent des configurations électroniques non conformes à la règle de Klechkowski, les irrégularités devenant nombreuses dans les 5e, et surtout 6e et 7e lignes, appelées périodes, de la classification périodique. Cela résulte d'interactions entre les électrons et se manifeste lorsque Z augmente.

Par exemple, pour le chrome Cr ([Ar] $4s^1$ $3d^5$) et pour le molybdène Mo ([Kr] $5s^1$ $4d^5$), les sous-couches de valence sont du type ns^1, $(n-1)d^5$ au lieu de ns^2, $(n-1)d^4$). Pour le cuivre, l'argent et l'or, les sous-couches de valence sont du type ns^1, $(n-1)d^{10}$, au lieu ns^2, $(n-1)d^9$. Dans les deux cas, on attribue cette observation à la stabilité de la sous-couche demi-complète $(n-1)d^5$, ou de la couche complète $(n-1)d^{10}$.

De plus, les niveaux 4f et 5d d'une part, 5f et 6d d'autre part, ont des énergies très voisines. Des interversions entre ces sous-couches se produisent chez certains éléments parmi les lanthanides et les actinides.

Encadré 2. Une histoire de photons et d'électrons : le LASER

Des imprimantes aux lecteurs de code-barres, de la gravure ou de la découpe aux applications thérapeutiques, des télémètres aux jeux de lumière, les lasers s'imposent par leurs performances et leur adaptabilité. Depuis une soixantaine d'années, ils sont devenus omniprésents dans les activités humaines. Le faisceau laser, très directionnel, d'une couleur pure, apparaît comme un concentré de lumière. D'où tient-il son côté extraordinaire qui alimente l'imagination collective (fantastique, science-fiction,…) ?

Deux sortes d'interaction entre la matière (atomes) et la lumière (photons) sont analysées dans le cours. Ce sont l'absorption et l'émission spontanée de photons par les atomes. Bohr, en 1913, les a décrites comme le résultat d'une variation quantifiée d'énergie des atomes entre deux niveaux désignés par n' et n, sachant que la fréquence ν du rayonnement absorbé, ou émis, est telle que $h\nu = |E_{n'} - E_n|$ où h est la constante de Planck. Cette relation exprime la conservation de l'énergie lors de l'interaction. En particulier, il faut bien comprendre, dans le cas où des atomes sont exposés à un rayonnement polychromatique, que seuls les photons dont les énergies sont égales à celles des transitions électroniques seront absorbés.

Il existe en outre un troisième processus d'interaction, l'**émission stimulée**, prédite par Einstein en 1917. Ce processus est strictement inverse de l'absorption (voir *schéma*). Les lasers, dont le premier n'a fonctionné qu'en 1960, en sont le siège comme l'indique l'origine de leur nom, acronyme de « ***L****ight* ***A****mplification by* ***S****timulated* ***E****mission of* ***R****adiation* ». L'émission stimulée est observée quand un atome, préalablement excité, est exposé à un rayonnement dont la fréquence correspond à l'énergie de la transition qui ramène cet atome à son état fondamental. Un des photons incidents provoque la désexcitation de l'atome, qui se produit alors avec émission d'un second photon aux caractéristiques strictement identiques à celles du photon incident, dont il est en quelque sorte le clone. En termes d'onde, cela signifie que l'onde émise de façon stimulée a la même fréquence et la même phase que de l'onde incidente, et se propage dans la même direction ; l'effet global est donc une **amplification** de l'onde qui a traversé le milieu.

L'émission stimulée ne l'emporte sur l'absorption que si la population de l'état excité est prépondérante par rapport à celle de l'état fondamental ; cette inversion de population est réalisée, au sein d'un laser, par un processus d'excitation appelé **pompage**, soit avec

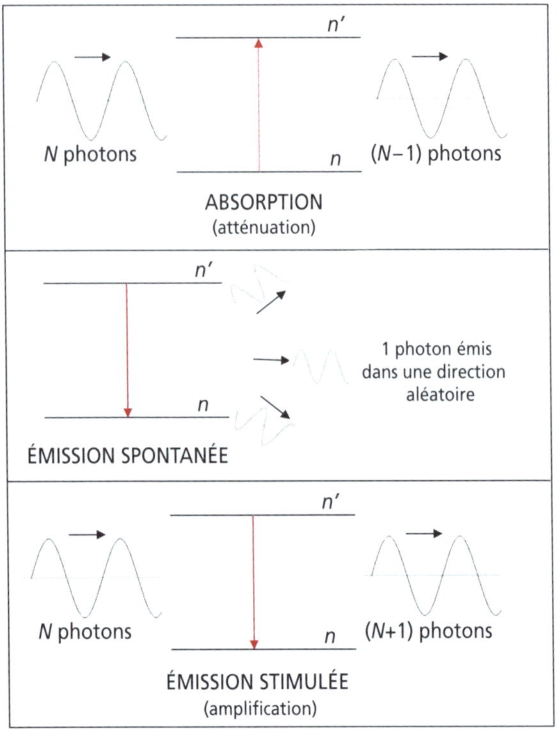

une décharge électrique, soit avec une source de lumière adéquate. Néanmoins, l'émission stimulée est aussi en compétition avec l'émission spontanée qui se produit dans toutes les directions. Pour obtenir de façon majoritaire l'émission stimulée qui constitue le rayonnement laser, la lumière émergente doit être confinée au sein d'une **cavité** optique où elle effectue plusieurs dizaines de milliers d'allers et retours dans le milieu amplificateur grâce à un jeu de miroirs ; l'un de ces derniers est conçu pour permettre la sortie d'une fraction de la lumière. C'est grâce à ce dispositif qu'est obtenu le faisceau laser, remarquable par sa directivité et sa finesse spectrale.

Les différentes variétés de lasers dépendent de la nature du milieu amplificateur : solides, gaz, liquides, semi-conducteurs dans les diodes lasers (lasers les plus vendus dans le monde), fibres dopées. En recherche, des lasers ultrapuissants et ultrarapides ont été développés afin d'étudier le comportement de la matière à très forte intensité lumineuse, ou des phénomènes fugitifs se déroulant à l'échelle de la femtoseconde (10^{-15} s).

POINTS CLEFS

- Les atomes sont les premiers corpuscules différenciés de la matière. Ils sont constitués d'un noyau formé de nucléons (Z protons + neutrons) et d'un cortège électronique formé d'électrons. Un atome neutre possède donc Z électrons.
- La taille des atomes est de l'ordre de 10^{-10} m ; la taille des noyaux, de l'ordre de 10^{-15} à 10^{-14} m. Le volume d'un atome est donc principalement le volume occupé par son cortège électronique.
- Masse d'un proton ≈ masse d'un neutron ≈ 2 000 × masse d'un électron. La masse d'un atome est donc concentrée dans son noyau.
- La lumière est constituée de grains d'énergie, appelés photons. Les échanges entre matière et rayonnement électromagnétique ont lieu par quanta d'énergie $E = h\,\nu$.
- L'énergie de l'atome est quantifiée : elle ne peut prendre que certaines valeurs E_n fonctions du nombre quantique principal n, entier ≥ 1, telles que : $E_n \propto (-1/n^2)$. Les valeurs successives de n définissent des niveaux d'énergie.
- À l'électron en mouvement est associée une onde de longueur d'onde $\lambda = h/p$. En réalité, l'électron se manifeste tantôt comme une onde, tantôt comme une particule ; c'est un quanton.
- L'onde qui est une des manifestations de l'électron possède en tout point M une amplitude Ψ(M), appelée fonction d'onde, solution de l'équation différentielle de Schrödinger. Les solutions, ou orbitales atomiques Ψ_{nlm}, dépendent des trois nombres quantiques n, l et m.
- Il n'est pas possible de connaître simultanément et avec précision la position et la quantité de mouvement d'un électron (relation d'indétermination d'Heisenberg). La localisation précise de l'électron est dorénavant remplacée par la probabilité de présence de l'électron en un point, représentée par Ψ^2.
- La forme des volumes orbitalaires, dans un niveau donné d'énergie n, est conditionnée par la valeur de l, et leur nombre pour une valeur donnée de l, par les valeurs possibles de m : une orbitales s ($l = 0, m = 0$), trois orbitales p ($l = 1, m = -1 ; 0 ; +1$), etc.
- L'état d'un électron est complètement défini par l'ensemble de ses nombres quantiques : n, nombre quantique principal : $n \geq 1$; l, nombre quantique secondaire (ou azimutal) : $0 \leq l \leq n - 1$; m, nombre quantique magnétique : $-l \leq m \leq +l$; m_s, nombre quantique (magnétique) de spin : $m_s = \pm {}^1/_2$.
- La configuration électronique d'un atome est la répartition des électrons dans les diverses couches et sous-couches de cet atome. Elle obéit au principe d'exclusion de Pauli, au principe de stabilité, à la règle de Klechkowski et la règle de Hund. Les orbitales sont représentées par des cases quantiques.

EXERCICES

Les données nécessaires à la résolution des exercices sont à choisir parmi :

Masse de l'électron : $m = 9{,}11.10^{-31}$ kg

Masse d'un nucléon : $m = 1{,}67.10^{-27}$ kg

Célérité de la lumière : $c = 3.10^{8}$ m.s^{-1}

Charge élémentaire : $e = 1{,}602.10^{-19}$ C

Constante de Planck : $h = 6{,}626.10^{-34}$ J.s

Constante de Rydberg pour l'hydrogène : $R_{\text{H}} = 1{,}096\ 776.10^{7}$ m^{-1}

Précision importante :

Quand la vitesse v d'une particule s'approche de la célérité c de la lumière (vitesse limite impossible à atteindre pour un objet matériel), cette particule ne suit plus les lois de la mécanique newtonienne, mais les lois de la mécanique relativiste. La particule est alors dite « relativiste ». On considère raisonnable d'utiliser les définitions relativistes des grandeurs cinétiques lorsque $1{,}1 \leq \gamma < 10$ sachant que :

$$\gamma = \frac{1}{\sqrt{1 - v^2/c^2}} \tag{9}$$

Pour des particules de masse m, l'expression relativiste de la quantité de mouvement est : $p = \gamma m v$, et celle de l'énergie cinétique est :

$$E_{\text{c}} = (\gamma - 1)\, mc^2.$$

2.1 Constitution de l'atome

Répondre par « oui » ou « non » aux questions ou assertions suivantes en justifiant votre réponse.

a) Un atome neutre de cobalt est composé d'un noyau contenant 27 protons, 32 neutrons et 32 électrons.

b) La masse de cet atome de cobalt est-elle de l'ordre de $9{,}85.10^{-23}$ g ?

c) Le noyau de l'ion cobalt, constituant du sel $CoBr_2$, contient 25 protons.

d) L'ion cobalt constituant du sel $Co_2(SO_4)_3$ contient 27 électrons.

2.2 Spectre d'émission et spectre d'absorption de l'hydrogène

a) Le spectre d'émission de l'hydrogène est constitué de plusieurs séries. La **série de Lyman** est un ensemble de raies correspondant au retour de l'électron au niveau fondamental d'énergie $n = 1$ depuis les niveaux d'énergie supérieurs $n' > 1$; la **série de Balmer** correspond aux transitions $n' > 2 \rightarrow n = 2$, la **série de Paschen** aux transitions $n' > 3 \rightarrow n = 3$, etc.

Lorsque l'hydrogène reçoit une illumination continue, les radiations de longueurs d'onde égales à celles des raies spectrales d'émission sont absorbées provoquant des transitions vers des niveaux excités ($n \rightarrow n'$). Le spectre d'absorption apparaît comme un ensemble de raies sombres sur le fond continu de la lumière excitatrice.

i. Calculer les longueurs d'onde (en nm) et les nombres d'ondes (en cm^{-1}) des première, deuxième et troisième raies de la série de Balmer (H_α, H_β et H_γ). Arrondir les valeurs numériques à l'unité.

ii. En absorption, la raie limite est la raie correspondant à l'ionisation de l'atome. Chaque série possède sa raie limite ; par exemple, pour la série de Balmer, la raie limite H_∞ est due à la transition de $n = 2$ vers n' infini. Calculer l'énergie en eV de cette transition, et la longueur d'onde correspondante.

b) L'hydrogène est l'élément le plus répandu de l'Univers, constituant de nombreuses étoiles.

i. La *figure 2.12* donne le spectre de la lumière émise par une étoile dont la température superficielle est de l'ordre de 7 500 K. Pourquoi observe-t-on les raies de Balmer en absorption ? Pourquoi la lumière est-elle fortement absorbée en dessous de 0,365 μm ?

ii. Soit une étoile dont le spectre ne comporte pas les raies d'absorption de Balmer, mais celles de Lyman. Que peut-on en conclure ?

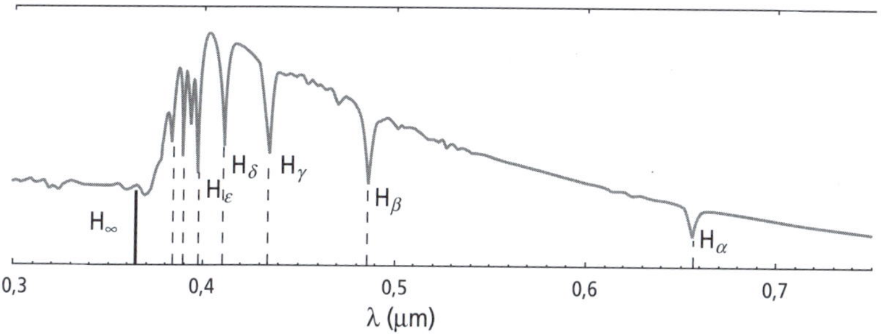

Figure 2.12 Spectre d'émission d'une étoile dont la température superficielle est environ 7 500 K.

2.3 Spectre de l'hydrogénoïde He^+ présent dans les étoiles très chaudes

Cet exercice ne doit être abordé qu'après avoir traité l'exercice 2.2.

Dans les étoiles, certains atomes peuvent se trouver ionisés au point de n'avoir plus qu'un seul électron. De tels ions sont appelés **hydrogénoïdes.**

Si Z est le numéro atomique de l'élément auxquels ils appartiennent, l'électron unique subit alors l'attraction d'un noyau contenant Z

protons. En appliquant le modèle de Bohr à de tels ions, on exprime leur énergie par la relation :

$$E_n = -Z^2 \times \frac{1}{n^2}\frac{me^4}{8\,\varepsilon_0^2 h^2} \text{ soit } E_n(\text{eV}) = -Z^2 \times \frac{13{,}6}{n^2} \qquad (\textit{formule 2.3.1})$$

La transition de l'électron d'un niveau n' à un niveau n ($n' > n$) s'accompagne alors de l'émission d'une radiation dont la longueur d'onde est telle que :

$$\frac{1}{\lambda} = Z^2 R_H\left(\frac{1}{n^2} - \frac{1}{n'^2}\right) \qquad (\textit{formule 2.3.2})$$

où R_H est la constante de Rydberg.

On s'intéressera ici à l'hélium ($Z = 2$) qui est un constituant des étoiles. Les plus chaudes d'entre elles (par exemple, les étoiles de Wolf-Rayet dont la température de surface varie de 30 000 à 200 000 K) présentent, parmi les composantes spectrales dues à l'ion He^+, la série dite de Pickering ; la longueur d'onde de sa raie limite est 364,55 nm.

a) À quelle valeur de n correspond cette série spectrale ?

b) Certaines des raies de la série de Pickering se superposent aux raies de la série de Balmer de l'hydrogène (*cf. exercice 2.2*). À quelles transitions correspondent-elles ?

c) Calculer les longueurs d'onde (en nm) des raies de la série de Pickering pour les valeurs de $n' \leq 10$. Quelles raies de cette série sont discernables des raies de Balmer de l'hydrogène (pour les étoiles contenant également de l'hydrogène) ?

d) Combien vaut, en eV et en $kJ.mol^{-1}$, l'énergie de seconde ionisation de l'hélium à son niveau fondamental, sachant que c'est l'énergie qu'il faut fournir pour arracher l'électron de l'ion He^+ à partir de son plus bas niveau d'énergie ? Pour quelle raison l'ionisation de l'hélium n'est-elle possible que dans les étoiles les plus chaudes ? La constante d'Avogadro est $N_A = 6{,}022.10^{23}\ mol^{-1}$.

2.4 Effet photoélectrique

Lorsque des rayons lumineux frappent sous certaines conditions la surface d'un métal, des électrons peuvent sortir du métal. Cela n'est possible que si l'énergie des photons est égale ou supérieure au travail d'extraction W_{extr} des électrons. W_{extr} correspond au seuil photoélectrique ν_o et dépend du métal. La différence d'énergie entre l'énergie des photons incidents et le travail d'extraction des électrons est l'énergie cinétique conférée aux électrons émis (*figure 2.13*), qui ne dépend pas de l'intensité de la lumière incidente.

Une radiation de 410 nm tombe sur du sodium placé dans le vide. Calculer l'énergie cinétique (en eV) des photoélectrons émis par le sodium, ainsi que leur vitesse. Le seuil photoélectrique du sodium correspond à la longueur d'onde $\lambda_0 = 6\,500$ Å.

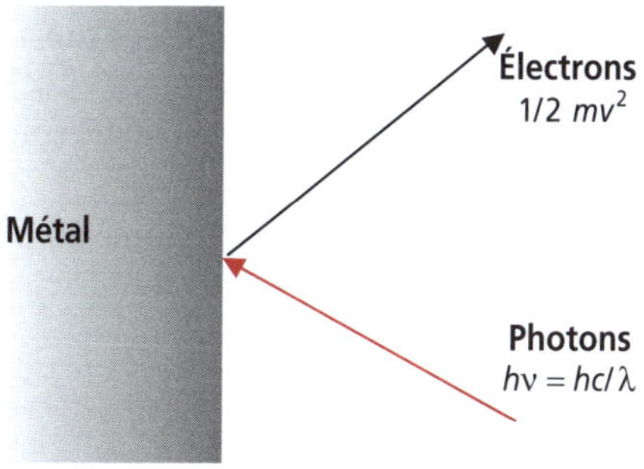

Figure 2.13 Effet photoélectrique.

2.5 Longueur d'onde associée aux électrons dans un microscope électronique

a) Soit un faisceau d'électrons accélérés par une différence de potentiel $U = 1$ kV.

i. Calculer l'énergie cinétique des électrons de ce faisceau en eV et en J. Ces électrons sont-ils relativistes ?

ii. Calculer la longueur d'onde de l'onde associée à ces électrons.

b) Mêmes questions si $U = 100$ kV. Sachant que parmi les radiations électromagnétiques, les rayons γ possèdent les longueurs d'onde les plus courtes, inférieures à 100 pm, l'onde associée aux électrons accélérés par 100 kV appartient-elle aux rayons γ ?

2.6 Relation d'indétermination d'Heisenberg

Calculer l'indétermination qu'impose l'inégalité d'Heisenberg sur la position de l'électron d'un atome d'hydrogène, sachant que sa vitesse est évaluée à 10^7 m.s^{-1} avec une erreur relative estimée à 10^{-5}. Conclure.

2.7 Modèle de l'atome en mécanique quantique

Répondre aux questions suivantes, en expliquant votre réponse.

a) Une fonction d'onde représente-t-elle une probabilité de présence ?

b) Quelles sont les orbitales possibles au niveau $n = 3$?

c) Combien d'orbitales correspondent à $l = 3$? Quel nombre maximal d'électrons peuvent-elles contenir ?

d) Le mot « orbitale » signifie-t-il : a) orbite, b) fonction d'onde, c) carré de la fonction d'onde, d) région de l'espace où la probabilité de trouver l'électron est importante, e) surface fictive délimitant un tel volume ?

2.8 Configurations électroniques et nombres quantiques des électrons

a) Énoncer les configurations électroniques des atomes de sodium, potassium, calcium, aluminium, oxygène et fluor ainsi que celles des cations sodium, potassium, calcium, aluminium, et celles des anions oxyde et fluorure. Parmi ces six derniers ions, quels sont ceux qui sont isoélectroniques ?

b) Énoncer la configuration électronique des atomes d'iridium ($Z = 77$) et préciser les nombres quantiques caractérisant les électrons 5d.

Données

Élément	Na	K	Ca	Al	O	F
Z	11	19	20	13	8	9

2.9 Spectre d'émission et énergie des transitions électroniques

Le spectre d'émission du césium ($Z = 55$) comporte deux raies bleues caractéristiques situées respectivement à 455,5 et 459,3 nm. Calculer l'énergie des transitions électroniques correspondantes (en eV), ainsi que les nombres d'onde de ces raies (en cm^{-1}).

N. B. La couleur de ces raies est à l'origine du nom de l'élément.

2.10 Niveaux d'énergie de l'atome de potassium

a) Énoncer la configuration électronique du potassium ($Z = 19$).

b) Quels sont les deux premiers niveaux d'énergie auxquels peut être excité l'atome de potassium par absorption de lumière ? (Lors d'une excitation par absorption, les transitions possibles obéissent à la règle de sélection : $\Delta l = \pm 1$).

c) Le spectre d'émission comporte un doublet de raies rapprochées pour la transition 4p $\rightarrow$ 4s, à 770,0 et 764,5 nm. Calculer, en eV, la différence d'énergie entre ces deux radiations. Un doublet rapproché est également observé pour la transition 5s $\rightarrow$ 4p. Quelle explication fut proposée pour interpréter de tels dédoublements spectraux ?

d) La radiation de plus courte longueur d'onde du doublet rapproché émis lors de la transition 5s $\rightarrow$ 4p se situe à 1250 nm. À quelle longueur d'onde se situe l'autre radiation du doublet ?

e) L'énergie d'ionisation du potassium dans son état fondamental vaut 4,34 eV. Quelle serait l'énergie à fournir pour ioniser l'atome dans l'état 5s ?

SOLUTIONS

2.1 a) Non. L'atome neutre contient autant d'électrons que de protons, soit 27 (et non 32).

b) Oui. La masse d'un atome est concentrée en son noyau. Elle doit donc être voisine de la masse de ses nucléons. Le cobalt contient 27 + 32 = 59 nucléons de masse $1{,}67.10^{-24}$ g. La masse de l'atome est donc environ $59 \times 1{,}67.10^{-24} = 9{,}85.10^{-23}$ g.

c) Non. $CoBr_2$ contient l'ion Co^{2+}. Le nombre de protons est inchangé : $Z = 27$. Le cortège électronique a perdu 2 électrons, il comporte 25 électrons.

d) Non. $Co_2(SO_4)_3$ contient l'ion Co^{3+}. Le cortège électronique a perdu 3 électrons, il comporte 24 électrons.

2.2 a) i. Les nombres d'onde et longueurs d'onde des raies d'émission de l'hydrogène peuvent être calculés selon :

$$\bar{\nu} = \frac{1}{\lambda} = R_H\left(\frac{1}{n^2} - \frac{1}{n'^2}\right)$$

où R_H est la constante de Rydberg. $R_H = 1{,}096\,776.10^7\ m^{-1} = 109\,677{,}6\ cm^{-1}$.

Les raies de la série de Balmer sont telles que $n = 2$. Les résultats sont portés dans le *tableau 2.4.*

TABLEAU 2.4 LONGUEURS D'ONDE ET NOMBRES D'ONDE DES TROIS PREMIÈRES RAIES DE LA SÉRIE DE BALMER DE L'HYDROGÈNE.

Raie	n'	n	$\bar{\nu}$ (cm^{-1})	λ (nm)
H_α (1re raie)	3	2	15 233	656
H_β (2e raie)	4		20 565	486
H_γ (3e raie)	5		23 032	434

N.B. Ces raies se situent dans le visible (*figure 2.2*). Historiquement, elles constituent la première série découverte par Johann Jakob Balmer, physicien suisse et professeur de mathématiques, en 1885.

ii. La raie limite H_∞ observée en absorption correspond à la transition $n = 2 \rightarrow n'$ infini. L'énergie d'ionisation est $-E_2$, la valeur de E_2 étant donnée par la relation (3) du cours, dans laquelle $n = 2$. Donc :

$$-E_2 = 13{,}6/2^2 = 3{,}4 \text{ eV}$$

La longueur d'onde correspondante λ_∞ est telle que :

$$1/\lambda_\infty = \bar{\nu}_\infty = R_H/2^2 \text{ soit : } \boldsymbol{\lambda_\infty = 364{,}7 \text{ nm} \approx 365 \text{ nm}}.$$

b) i. L'observation des raies de Balmer en absorption signifie que l'étoile contient certainement de l'hydrogène. Des atomes d'hydrogène des couches superficielles de cette étoile, initialement à l'état excité $n = 2$, absorbent le rayonnement thermique de l'étoile (dû à son incandescence et appelé rayonnement du « corps noir », *cf. encadré 2*). Il se produit les transitions de la série de Balmer aux dépens de la lumière émise par l'étoile, c'est pourquoi les raies H_α, H_β, H_γ, … H_∞ sont observées « en négatif » sur le spectre de la *figure 2.13*.

Toutes les radiations de longueurs d'onde inférieures à 0,365 µm (365 nm) émises par l'étoile sont absorbées par l'ionisation des atomes d'hydrogène, ce qui se traduit sur le spectre par une déplétion continue.

ii. Une étoile dont le spectre ne comporte pas les raies d'absorption de Balmer, mais celles de Lyman, est le siège de transitions d'absorption de l'hydrogène à partir de $n = 1$, ce qui signifie que les atomes d'hydrogène superficiels sont uniquement à l'état fondamental. La température de l'étoile n'est donc pas suffisante pour que l'énergie d'agitation thermique peuple le niveau d'énergie $n = 2$.

2.3 a) La longueur d'onde de la raie limite He^+_∞ de la série de Pickering est $\lambda_\infty = 364{,}55$ nm . Elle correspond à la transition $n \to n'$ infini (ionisation de He^+ à partir de n). Sachant que pour l'hélium Z = 2, elle est telle que :

$$\frac{1}{\lambda_\infty} = Z^2 \times R_H \times \frac{1}{n^2} \qquad \text{soit} \qquad n = Z \times (R_H \lambda_\infty)^{1/2}$$

Application numérique :

$$n = 2 \times (1{,}096776.10^7 \times 364{,}55.10^{-9})^{1/2} \qquad \boxed{n = 4}$$

b) *Dans cette question les symboles des éléments sont portés en indice pour différencier les paramètres propres à chacun.*

La série de Pickering de l'ion hélium He^+ (Z = 2) correspond donc aux transitions :

$$4 \to n'_{He^+} \text{ (en absorption) ou } n'_{He^+} \to 4 \text{ (en émission)}$$

La série de Balmer de l'hydrogène (Z = 1) correspond aux transitions :

$$2 \to n'_H \text{ (en absorption) ou } n'_H \to 2 \text{ (en émission)}$$

Les raies superposées ont la même longueur d'onde λ.

Sachant que $\frac{1}{\lambda} = Z^2 R_H\left(\frac{1}{n^2} - \frac{1}{n'^2}\right)$ (*formule 2.3.2*), on en déduit :

$$4 \times R_H\left(\frac{1}{16} - \frac{1}{n'_{He^+}{}^2}\right) = R_H\left(\frac{1}{4} - \frac{1}{n'_H{}^2}\right)$$

$$n'_{He^+} = 2n'_H$$

La série de Balmer de l'hydrogène étant observée pour $n'_H = 3, 4, 5, \ldots$, les raies de la série de Pickering de l'ion hélium He^+ qui se superposent à ces dernières correspondent aux transitions :

$$\boxed{n'_{He+} = 6, 8, 10, \ldots \rightarrow n_{He+} = 4}$$

c) Le calcul des longueurs d'onde correspondant aux transitions de l'ion He^+ : $n' \leq 10 \rightarrow n = 4$ est réalisé en utilisant la *formule 2.3.2*. On obtient :

n'	$\lambda (n' \rightarrow n = 4)$ (nm)
5	1013*
6	656
7	541*
8	486
9	454*
10	434

Les raies discernables de celles de l'hydrogène sont marquées par *.

d) L'énergie de seconde ionisation de l'hélium initialement à son niveau fondamental ($n = 1$) est l'énergie requise pour effectuer l'ionisation :

$$He^+ \ (n = 1) \rightarrow He^{2+}$$

c'est-à-dire pour réaliser la transition $n = 1 \rightarrow n'$ infini. Elle sera symbolisée par $E_{ion\,2}$.

Elle s'exprime par la différence entre :

- l'énergie de He^+ quand son électron est à l'infini et qu'il est devenu He^{2+}, qui est nulle selon la convention adoptée pour obtenir la *formule 2.3.1* (voir cours),
- et l'énergie de He^+ quand l'électron est au niveau $n = 1$.

On obtient donc

$$E_{ion\,2}(\text{eV}) = 0 - \left(-4 \times \frac{13{,}6}{1^2}\right) = 4 \times 13{,}6 \quad \text{soit} \quad \boxed{E_{ion\,2} = 54{,}4 \text{ eV}}$$

Sachant que : (i) 1 eV = $1{,}6.10^{-19}$ J, (ii) le passage à l'échelle molaire nécessite la multiplication par la constante d'Avogadro N_A, (iii) 1 J = 10^{-3} kJ

$$E_{\text{ion }2} = 54{,}4 \times 1{,}6.10^{-19} \times 6{,}022.10^{23} \times 10^{-3}$$

$$\text{soit } \boxed{E_{\text{ion }2} \approx 5\ 240 \text{ kJ.mol}^{-1}}$$

En raison du facteur $Z^2 = 4$ dans les formules relatives à l'hydrogénoïde He^+, les énergies d'ionisation de He^+ sont toujours 4 fois supérieures à celles de l'hydrogène, à niveau de départ n identique. L'énergie provoquant l'ionisation est thermique, elle est fournie par l'incandescence de l'étoile. L'ionisation de l'hélium a donc lieu dans les étoiles les plus chaudes, contrairement à celle de l'hydrogène qui nécessite quatre fois moins d'énergie.

Complément concernant les hydrogénoïdes. L'équation de Schrödinger a pu être résolue de manière exacte pour les hydrogénoïdes. Cela a permis l'introduction de concepts utiles dans la description des atomes polyélectroniques (non abordée dans cet ouvrage).

2.4 La longueur d'onde correspondant au seuil photoélectrique est λ_0 ; c'est la longueur d'onde maximale d'un photon susceptible d'arracher un électron ; l'électron est alors arraché sans vitesse initiale, et l'énergie du photon de longueur d'onde λ_0 est exactement égale au travail d'extraction : $hc/\lambda_0 = W_{\text{extr}}$, où c est la célérité de la lumière et h la constante de Planck. Les photons lumineux de longueur d'onde $\lambda < \lambda_0$ sont des quanta d'énergie hc/λ supérieurs au travail d'extraction. La différence entre leur énergie et le travail d'extraction représente l'énergie cinétique E_c des électrons émis, de telle sorte que :

$$E_c = \frac{1}{2}mv^2 = hc\left(\frac{1}{\lambda} - \frac{1}{\lambda_0}\right)$$

Ici : $\lambda = 410.10^{-9}$ m $\qquad \lambda_0 = 6\,500.10^{-10}$ m

Application numérique :

$$E_c = 6{,}626.10^{-34} \times 3.10^{8}\left(\frac{1}{410.10^{-9}} - \frac{1}{6\ 500.10^{-10}}\right) = 1{,}79.10^{-19}\text{ J}$$

En divisant par $1{,}602.10^{-19}$, on obtient :

$$\boxed{E_c = 1{,}12 \text{ eV}}$$

La vitesse des électrons est : $v = (2\,E_c/m)^{1/2}$

$$v = (2 \times 1{,}79.10^{-19} / 9{,}11.10^{-31})^{1/2}$$

$$\boxed{v = 6{,}3.10^{5}\text{ m.s}^{-1}}$$

Cette valeur est suffisamment éloignée de la valeur de c pour que le mouvement des électrons relève du domaine d'application de la mécanique newtonienne, ce qui valide la résolution ci-dessus.

2.5 a) i. L'énergie cinétique d'un électron de charge e (en valeur absolue) accéléré par une ddp U est : $E_c = eU$.

Il découle de la définition de l'électron-volt qu'un électron accéléré par une ddp de 1 kV = 10^3 V a une énergie cinétique de : $\boldsymbol{E_c = 10^3}$ **eV** soit, en multipliant par $1{,}602.10^{-19}$:

$$\boxed{E_c = 1{,}602.10^{-16}\ \text{J}}$$

Si l'électron était relativiste, l'énergie cinétique s'exprimerait selon : $E_c = (\gamma - 1)\,mc^2$, soit :

$$\gamma = \frac{E_c}{mc^2} + 1$$

Application numérique : $\gamma = \dfrac{1{,}602.10^{-16}}{9{,}11.10^{-31} \times (3.10^8)^2} + 1 = 1{,}002$

$\gamma \ll 1{,}1$. Les électrons accélérés par 1 kV ne sont pas relativistes.

ii. L'énergie cinétique des électrons s'exprime alors par $E_c = 1/2\ mv^2$, si v est leur vitesse. On a donc :

$E_c = eU = \dfrac{1}{2}mv^2 = \dfrac{1}{2}\dfrac{p^2}{m}$ où p est la quantité de mouvement : $p = mv$

Par conséquent $p = (2meU)^{1/2}$, et l'onde associée a pour longueur d'onde :

$$\lambda = \frac{h}{(2meU)^{1/2}}$$

Application numérique :

$$\lambda = \frac{6{,}626.10^{-34}}{(2 \times 9{,}11.10^{-31} \times 1{,}602.10^{-19} \times 10^3)^{1/2}}\text{, soit :}$$

$$\boxed{\lambda = 39\ \text{pm}\ (= 0{,}39\ \text{Å})}$$

b) $U = 100$ kV $= 10^5$ V. La démarche est la même que précédemment. On trouve :

$$\boxed{\begin{array}{c} E_c = 10^5\ \text{eV} = 1{,}602.10^{-14}\ \text{J} \\ \gamma = 1{,}195 \approx 1{,}2. \end{array}}$$

$\gamma > 1{,}1$. Les électrons accélérés par 100 kV sont relativistes. Compte tenu de la relation (9) donnant γ, la vitesse des électrons s'exprime par :

$$v = c\left(1 - \frac{1}{\gamma^2}\right)^{1/2}$$

Application numérique : $v = 1{,}645.10^8\ \text{m.s}^{-1}$

La longueur d'onde de l'onde associée à ces électrons est : $\lambda = h/p = h/\gamma mv$

Application numérique :

$$\lambda = \frac{6{,}626.10^{-34}}{1{,}195 \times 9{,}11.10^{-31} \times 1{,}645.10^{8}} = 3{,}69.10^{-12}\ \text{m, soit}$$

$$\boxed{\lambda = 3{,}7\ \text{pm}\ (= 0{,}037\ \text{Å})}$$

Si les relations newtoniennes avaient été appliquées, le résultat aurait été 3,9 pm, ce qui est peu différent (l'écart n'est que de 5 %) ; en effet, la valeur numérique de γ n'est pas très supérieure à 1,1, nous sommes à la frontière des domaines d'application des deux mécaniques, relativiste et newtonienne.

L'onde associée à l'électron est une onde de matière, et non une onde électromagnétique qui, elle, est associée au photon. Une onde de matière de longueur d'onde ≈ 4 pm n'est donc pas un rayonnement γ.

2.6 La relation d'indétermination d'Heisenberg sur la position x et sur la quantité de mouvement $p = mv$ s'exprime par :

$$\Delta p . \Delta x \geq \frac{\hbar}{2} \quad \text{où} \quad \hbar = \frac{h}{2\pi}$$ (*relation (6)* du cours)

La marge de précision que l'on peut espérer sur la position de l'électron est donc telle que :

$$\Delta x \geq \frac{h}{4\pi \Delta p}, \quad \text{soit} \quad \Delta x \geq \frac{h}{4\pi\, m \Delta v}$$

Application numérique :

$$\Delta x \geq \frac{6{,}626.10^{-34}}{4\pi \times 9{,}11.10^{-31} \times 10^{-5} \times 10^{7}}$$

$$\boxed{\Delta x \geq 5{,}8.10^{-7}\ \text{m (soit 580 000 pm ou 5 800 Å)}}$$

Une localisation de l'électron à 580 000 pm près pour un atome dont le rayon est de 53 pm n'a évidemment aucun sens !

2.7 a) Non. La probabilité de présence de l'électron en un point de l'espace dans le champ d'attraction du noyau est le carré Ψ^2.

b) Lorsque $n = 3$, l peut valoir : 0 (sous-couche s) ; 1 (sous-couche p) ; 2 (sous-couche d). Le *tableau 2.3* explique le nombre d'orbitales par sous-couche, selon les valeurs de m. Le nombre total d'orbitales correspondant à $n = 3$ est donc : 1 + 3 + 5 = 9 orbitales (soit n^2).

c) $l = 3$ correspond à une sous-couche f qui contient 7 orbitales correspondant aux 7 valeurs de m possibles : – 3 ; – 2 ; – 1 ; 0 ; +1 ;

+2 ; +3. Le nombre maximal d'électrons qu'elles peuvent contenir est 7 × 2 = 14 électrons (soit 2 (2*l* + 1), *cf. figure 2.11 p. 23*).

d) b) et par extension d).

2.8 a)

Espèce	Configuration électronique	
Na Na^+	$1s^2\,2s^2\,2p^6\,3s^1$ $1s^2\,2s^2\,2p^6$	soit [Ne] $3s^1$ soit [Ne]
K K^+	$1s^2\,2s^2\,2p^6\,3s^2\,3p^6\,4s^1$ $1s^2\,2s^2\,2p^6\,3s^2\,3p^6$	soit [Ar] $4s^1$ soit [Ar]
Ca Ca^{2+}	$1s^2\,2s^2\,2p^6\,3s^2\,3p^6\,4s^2$ $1s^2\,2s^2\,2p^6\,3s^2\,3p^6$	soit [Ar] $4s^2$ soit [Ar]
Al Al^{3+}	$1s^2\,2s^2\,2p^6\,3s^2\,3p^1$ $1s^2\,2s^2\,2p^6$	soit [Ne] $3s^2\,3p^1$ soit [Ne]
O O^{2-}	$1s^2\,2s^2\,2p^4$ $1s^2\,2s^2\,2p^6$	 soit [Ne]
F F^-	$1s^2\,2s^2\,2p^5$ $1s^2\,2s^2\,2p^6$	 soit [Ne]

Les ions Na^+, Al^{3+}, O^{2-} et F^- sont isoélectroniques (cortèges électroniques identiques, analogues à celui du néon).
Les ions K^+ et Ca^{2+} le sont également (cortèges électroniques analogues à celui de l'argon)

b) Ir : $1s^2\,2s^2\,2p^6\,3s^2\,3p^6\,4s^2\,3d^{10}\,4p^6\,5s^2\,4d^{10}\,5p^6\,6s^2\,4f^{14}$ $\mathbf{5d^7}$

Les sept électrons de la sous-couche 5d sont caractérisés par :

- la même valeur de n : $n = 5$ (niveau 5)
- la même valeur de l : $l = 2$ (sous-couche d)
- si $l = 2$, 5 valeurs de m sont possibles : –2 ; –1 ; 0 ; +1 ; +2. Le peuplement des cinq cases quantiques correspondantes avec 7 électrons obéit à la règle de Hund et se représente par :

	↑↓	↑↓	↑	↑	↑
m	–2	–1	0	+1	+2

Les sept électrons possèdent donc les quadruplets de nombres quantiques suivants, respectivement :

{5 ;2 ;–2 ; +1/2} {5 ;2 ;–1 ; +1/2} {5 ;2 ;0 ; +1/2} {5 ;2 ;+1 ; +1/2} {5 ;2 ;+2 ; +1/2}

{5 ;2 ;–2 ; –1/2} {5 ;2 ;–1 ; –1/2}

2.9 L'énergie d'un photon de longueur d'onde λ est :

$$E = h\frac{c}{\lambda}$$

$$E(\text{eV}) = \frac{6{,}626 \cdot 10^{-34} \times 3 \cdot 10^{8}}{1{,}602 \cdot 10^{-19}} \times \frac{1}{\lambda(\text{nm}) \times 10^{-9}} = \frac{1\,240{,}82}{\lambda(\text{nm})}$$

Le nombre d'onde est :

$$\bar{\nu}(\text{cm}^{-1}) = \frac{1}{\lambda(\text{nm}) \times 10^{-7}}$$

Application numérique :

λ (nm)	E(eV)	$\bar{\nu}$ (cm^{-1})
455,5	2,72	21954
459,3	2,70	21772

2.10 a) [Ar] $4s^1$

b) Sachant que $\Delta l = \pm 1$, l'électron célibataire $4s^1$ peut être promu dans la sous-couche 4p ($\Delta l = +1$), puis dans la sous-couche 5s au niveau d'énergie immédiatement supérieur ($\Delta l = -1$).

c) Soit : $\lambda_1 = 770$ nm, $\lambda_2 = 764{,}5$ nm. La différence d'énergie entre ces deux radiations est :

$$\Delta E = hc\left(\frac{1}{\lambda_2} - \frac{1}{\lambda_1}\right)$$

Application numérique :

$$\Delta E = 6{,}626.10^{-34} \times 3.10^{8}\left(\frac{1}{764{,}5.10^{-9}} - \frac{1}{770.10^{-9}}\right) = 1{,}857.10^{-21}\ \text{J}$$

En divisant par $1{,}602.10^{-19}$, on obtient :

$$\boxed{\Delta E = 0{,}0116\ \text{eV}}$$

L'existence d'un premier doublet lors de la transition 4p → 4s, et d'un second doublet lors de la transition 5s → 4p indique un dédoublement observable des niveaux d'énergie de la sous-couche 4p, que nous appellerons $4p_1$ et $4p_2$. Cette observation expérimentale est l'une de celles qui ont conduit à proposer que l'électron possède un moment cinétique intrinsèque, appelé spin.

d) Le diagramme d'énergie indique les niveaux 4s, $4p_1$, $4p_2$ et 5s. Les énergies correspondantes seront symbolisées par $E(4s)$, $E(4p_1)$, $E(4p_2)$ et $E(5s)$.

Si la première raie du doublet 5s → 4p est celle qui se situe à la plus courte longueur d'onde ($\lambda'_1 = 1\,250$ nm), elle correspond à la transition la plus énergétique, c'est-à-dire à la transition 5s → $4p_1$; la seconde raie à la longueur d'onde $\lambda'_2 > \lambda'_1$ correspondra à la transition 5s → $4p_2$.

La différence d'énergie entre les photons de longueurs d'onde λ'_1 et λ'_2 est la même qu'entre les photons de longueurs d'onde λ_2 et λ_1. C'est $\Delta E = E(4p_2) - E(4p_1)$. Ainsi :

$$hc\left(\frac{1}{\lambda'_1} - \frac{1}{\lambda'_2}\right) = hc\left(\frac{1}{\lambda_2} - \frac{1}{\lambda_1}\right)$$

$$\lambda'_2 = \left(\frac{1}{\lambda'_1} - \frac{1}{\lambda_2} + \frac{1}{\lambda_1}\right)^{-1}$$

Application numérique :

$$\boxed{\lambda'_2 = 1264{,}8 \text{ nm}}$$

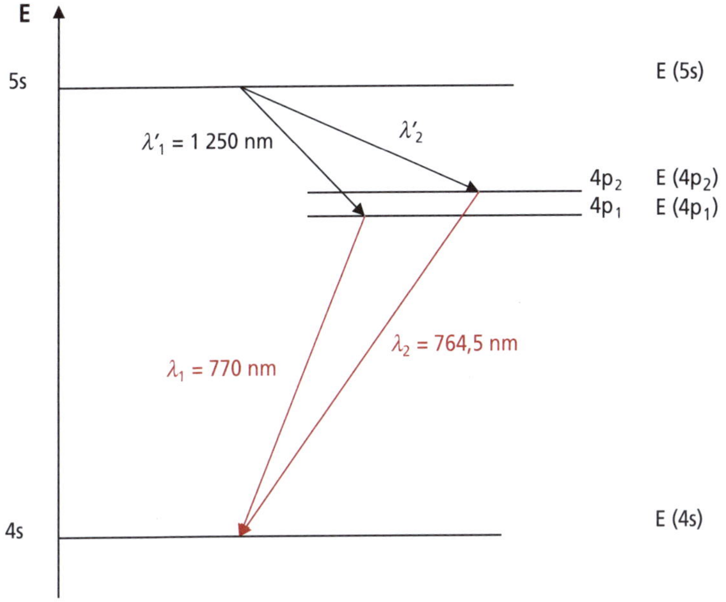

e) L'énergie d'ionisation de l'atome de K lorsque l'électron est dans la sous-couche 5s est moins importante que lorsqu'il se trouve dans la sous-couche 4s (état fondamental de l'atome). La différence est $\Delta E'$ $= E(5s) - E(4s)$.

$\Delta E'$ est la somme des énergies des photons de longueurs d'onde λ_1 et λ'_1, ou de longueurs d'onde λ_2 et λ'_2. Le calcul donne $\Delta E' = 2{,}6$ eV

L'énergie nécessaire pour ioniser l'atome de K excité dans l'état 5s est donc : 4,34 – 2,6, soit :

$$\boxed{E_{5s \to \infty} = 1{,}74 \text{ eV}}$$

CHAPITRE 3

Éléments et classification périodique

PLAN

OBJECTIFS

- Associer configuration électronique d'un atome et place de l'élément dans la classification périodique.
- Connaître la structure de la classification périodique et en savoir par cœur les trois premières périodes.
- Connaître l'évolution des rayons atomiques, de l'énergie d'ionisation, de l'affinité électronique et de l'électronégativité au sein de la classification périodique.
- Relier succinctement la position dans la classification périodique aux tendances de réactivité chimique.

L'histoire de l'humanité est indissociable de la pratique de nombreux « arts chimiques », de la métallurgie à la peinture, de l'art du verre aux savons et cosmétiques. Les hommes se sont progressivement familiarisés avec les éléments chimiques, soufre, or, cuivre, puis au fur et à mesure que la maîtrise de l'énergie s'améliorait, ils ont appris à extraire les métaux des minerais, et ont découvert de nouveaux éléments.

Les noms que portent les éléments nous dévoilent des moments de cette histoire, qui continue aujourd'hui avec les éléments superlourds, espèces fugaces créées dans les antres des physiciens de Dubna, Darmstadt, de Berkeley ou de Livermore en Californie, du laboratoire Riken près de Tokyo, …

Le classement des éléments que recherchaient les chimistes du XIXe siècle était une nécessité pour améliorer la connaissance, prévoir des propriétés, identifier des familles. Le classement rationnel utilisé aujourd'hui repose sur la connaissance de l'atome et de sa configuration électronique.

Il est néanmoins étonnant que tous les atomes que nous connaissons n'appartiennent qu'à une centaine d'éléments. La classification périodique des éléments est ainsi le fondement de la chimie, parce que l'alphabet de notre monde.

3.1 LES ÉLÉMENTS ET LEURS SYMBOLES

Éléments : langage et histoire

a) « Élément », un mot chargé d'histoire

Le mot « **élément** » en chimie, tire son origine de la philosophie des quatre éléments d'Empédocle (vers 480-vers 430 av. J.-C.) : la terre, l'eau, l'air et le feu, considérés comme les « racines » de la matière. **Aristote** (384-322 av. J.-C.) assortira ces quatre éléments de quatre propriétés : chaud, sec, humide et froid, et il ajoutera un cinquième élément, l'éther, constituant du monde céleste.

Cette doctrine aura des prolongations jusqu'au XVIIIe siècle, bien qu'ayant été mise en doute par Robert Boyle (*figure 3.1.a*). Antoine Laurent de **Lavoisier** (*figure 3.1.b*) donne la première définition rigoureuse de l'élément : « si nous attachons au nom d'élémens [...] l'idée du dernier terme auquel parvient l'analyse, toutes les substances que nous n'avons encore pu décomposer par aucun moyen sont pour nous des élémens »[1]. L'élément est alors le corps simple.

(a) (b) (c)

Figure 3.1 Portraits de : **(a)** R. Boyle (1627-1691), **(b)** A. L. de Lavoisier (1743-1794) et **(c)** J. J. Berzelius (1779-1848).

1. A. L. de Lavoisier, *Traité élémentaire de chimie*, Discours préliminaire, 1793. L'orthographe de « élémens » est celle de l'époque.

Aujourd'hui, il convient de faire la différence entre corps simple et élément. Par exemple, il n'existe pas un corps simple « oxygène », mais deux corps simples, le dioxygène O_2 et l'ozone O_3 qui appartiennent à l'élément oxygène O ($Z = 8$), et sont constitués d'atomes d'oxygène.

b) Chronologie de la découverte des éléments

Le soufre, l'or et l'argent furent découverts dès les premiers âges de l'humanité. Au début de l'ère chrétienne, s'y joignent le carbone, le cuivre, l'étain, le fer, le mercure, l'antimoine, le plomb. En y ajoutant le zinc, l'arsenic et le phosphore, seulement treize éléments étaient connus en 1700.

Du XVIIIe au XXe siècle, une centaine d'éléments seront découverts, dont plus de 50 au XIXe siècle grâce à l'évolution des techniques, électrolytiques en particulier. Au XXe siècle seront isolés ou préparés de nombreux éléments radioactifs, naturels ou artificiels (*cf. chapitre 4*).

Aujourd'hui, on dénombre 93 éléments naturels ; trois d'entre eux, le technétium ($Z = 43$), le prométhium ($Z = 61$) et le neptunium ($Z = 93$), n'ayant été trouvés qu'à l'état de traces infimes dans des minerais, sont parfois considérés comme uniquement artificiels.

Tous les éléments de numéro atomique supérieurs à 93 sont exclusivement artificiels. Les atomes des éléments dits **superlourds** ($Z \geq 110$), hautement instables car de durée de vie très courte, sont créés dans des réacteurs nucléaires ou dans des accélérateurs de particules.

En novembre 2016, l'Union internationale de chimie pure et appliquée (UICPA, ou IUPAC en anglais) a définitivement adopté les noms des quatre éléments qui complètent la septième période de la classification périodique. Ce sont : le nihonium (en référence au mont *Nihon* « Japon », Nh ($Z = 113$) ; le moscovium, Mc ($Z = 115$) ; le tennesse (*tennessine* en anglais) Ts ($Z = 117$) ; l'oganesson, Og ($Z = 118$). Les noms des trois premiers évoquent la nationalité des équipes ou des institutions qui les ont découverts en 2004, 2003 et 2010, respectivement. Le dernier, synthétisé pour la première fois en 2002, a été nommé en hommage au physicien russe Youri Oganessian, pionnier dans le domaine de la physique nucléaire.

c) Noms et symboles des éléments

L'étymologie des noms des éléments est très diverse et raconte souvent l'histoire de ces derniers. Par exemple, « cuivre » vient de *cuprum*, dérivé de « *Kupros* », l'île de Chypre où le cuivre était extrait pendant l'Antiquité ; « phosphore » signifie « qui porte la lumière », en raison de la luminescence[1] émise lors de l'oxydation superficielle du phosphore au contact de l'air.

Les **symboles** utilisés aujourd'hui sont postérieurs à Lavoisier. Ils furent proposés par le Suédois Jöns Jacob **Berzelius** (*figure 3.1.c*) en 1813 et 1814.

Abondance des éléments

Écorce terrestre et atmosphère. Dix éléments en représentent plus de 90 %. L'oxygène présent sous forme de dioxygène O_2 dans l'air, sous forme d'eau H_2O dans les océans, et sous forme d'oxydes dans la croûte terrestre est l'élément le plus abondant, suivi du silicium et de l'aluminium, constituants des argiles et des roches (*figure 3.2.a*).

Corps humain. L'oxygène reste prépondérant, suivi des trois autres éléments essentiels de la matière vivante : le carbone, l'hydrogène et l'azote (*figure 3.2.b*).

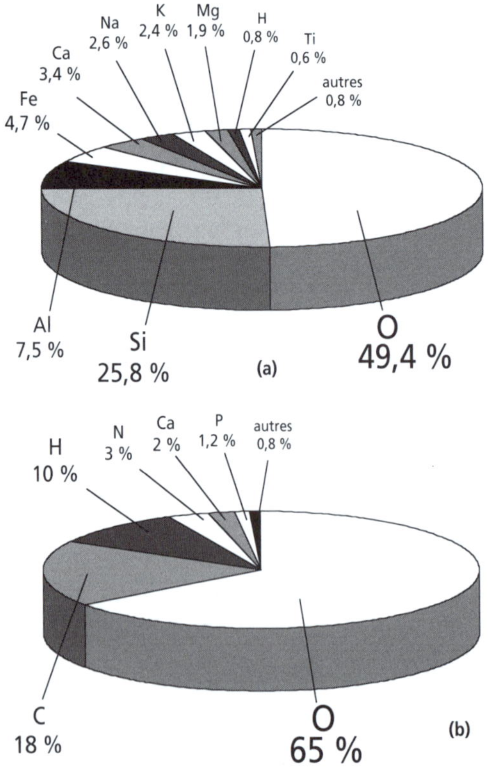

Figure 3.2 Abondance des éléments.
(a) Écorce terrestre et atmosphère.
(b) Corps humain.

1. Cette luminescence n'est pas de la phosphorescence.

3.2 LA CLASSIFICATION PÉRIODIQUE DES ÉLÉMENTS

Classification et périodicité

Après les tentatives d'Alexandre Béguyer de Chancourtois, John Newlands et Lothar Meyer, Dimitri **Mendeleïev** (1834-1907) proposa en 1869 un tableau où les 63 éléments alors connus étaient énoncés par masse croissante, et disposés de façon à faire apparaître nettement la périodicité ; les colonnes étaient alors les lignes du tableau d'aujourd'hui, et inversement.

Dans le tableau actuel, le classement des éléments est effectué par **numéro atomique Z** croissant, et ce jusqu'à 118 (*figure 3.3*). Les éléments sont donc rangés par nombre d'électrons croissant de leurs atomes. L'organisation en lignes et colonnes est associée à la configuration des électrons de valence.

Les lignes, ou **périodes**, correspondent aux valeurs successives de n des couches de valence. Sur une même ligne, donc pour une valeur donnée de n, sont disposés de façon itérative les éléments dont les sous-couches ns puis, selon les atomes, $(n-2)$f, et/ou $(n-1)$d, et/ou np, sont occupées successivement jusqu'à saturation (*cf. règle de Klechkowski, figure 2.6 p. 38*). La plus grande valeur observée de n étant 7, la classification comporte 7 lignes.

Il devrait par conséquent y avoir autant de colonnes que d'électrons possibles dans la couche de valence. Or, les couches de valence qui sont les plus peuplées correspondent à $n = 6$ et $n = 7$. Elles sont saturées quand les sous-couches 6s, 4f, 5d, 6p, d'une part, et 7s, 5f, 6d et 7p, d'autre part, sont pleines. Cela correspond pour chaque couche à 32 électrons. La classification devrait donc comporter 32 colonnes, ce qui est matériellement irréaliste.

La classification comporte en fait 18 colonnes correspondant, pour un niveau n donné, au remplissage jusqu'à saturation des sous-couches $(n-1)$d, ns et np. Les éléments des niveaux $n = 6$ et $n = 7$ dont la sous-couche f est incomplète sont portés dans deux lignes supplémentaires.

Blocs, groupes et familles chimiques

La classification est subdivisée en **blocs s, p, d, f,** du nom de la sous-couche partiellement occupée, ou juste saturée des éléments correspondants (*figure 3.4*). Par exemple :

- le sodium ([Ne] $\mathbf{3s^1}$) et le magnésium ([Ne] $\mathbf{3s^2}$) sont des éléments du **bloc s**,

Groupe

	Période
83	*Z*
Bi	Symbole
209,0	Masse
Bismuth	Nom

Période	1	2	3	4	5	6	7	8	9
1	1 **H** 1,008 Hydrogène								
2	3 **Li** 6,941 Lithium	4 **Be** 9,012 Béryllium							
3	11 **Na** 22,99 Sodium	12 **Mg** 24,30 Magnésium							
4	19 **K** 39,10 Potassium	20 **Ca** 40,08 Calcium	21 **Sc** 44,96 Scandium	22 **Ti** 47,87 Titane	23 **V** 50,94 Vanadium	24 **Cr** 52,00 Chrome	25 **Mn** 54,94 Manganèse	26 **Fe** 55,85 Fer	27 **Co** 58,93 Cobalt
5	37 **Rb** 85,47 Rubidium	38 **Sr** 87,62 Strontium	39 **Y** 88,91 Yttrium	40 **Zr** 91,22 Zirconium	41 **Nb** 92,91 Niobium	42 **Mo** 95,95 Molybdène	43 **Tc** 98,91 Technétium	44 **Ru** 101,1 Ruthénium	45 **Rh** 102,9 Rhodiu
6	55 **Cs** 132,9 Césium	56 **Ba** 137,3 Baryum	*La-Lu*	72 **Hf** 178,5 Hafnium	73 **Ta** 180,9 Tantale	74 **W** 183,8 Tungstène	75 **Re** 186,2 Rhénium	76 **Os** 190,,2 Osmium	77 **Ir** 192,2 Iridiu
7	87 **Fr** 223,0 Francium	88 **Ra** 226,0 Radium	*Ac-Lr*	104 **Rf** 261,11 Rutherfordium	105 **Db** 262,11 Dubnium	106 **Sg** 263,12 Seaborgium	107 **Bh** 264,11 Bohrium	108 **Hs** 265,13 Hassium	109 **Mt** (268) Meitnériu

6	57 **La** 138,9 Lanthane	58 **Ce** 140,1 Cérium	59 **Pr** 140,9 Praséodyme	60 **Nd** 146,2 Néodyme	61 **Pm** 144,9 Prométhium	62 **Sm** 150,4 Samarium	63 **Eu** 152,0 Europium	64 **Gd** 157,2 Gadolinium	65 **Tb** 158 Terbi
7	89 **Ac** 227,0 Actinium	90 **Th** 232,0 Thorium	91 **Pa** 231,0 Protactinium	92 **U** 238,0 Uranium	93 **Np** 237,0 Neptunium	94 **Pu** 239,1 Plutonium	95 **Am** 241,1 Américium	96 **Cm** 244,1 Curium	97 **Bk** 249 Berké

Figure 3.3 Classification périodique des éléments. Les métaux sont les éléments situés à droite du trait noir épais, les non métaux sont à gauche de ce trait.

10	11	12	13	14	15	16	17	18
								2 **He** 4,003 Hélium
			5 **B** 10,81 Bore	6 **C** 12,01 Carbone	7 **N** 14,01 Azote	8 **O** 16,00 Oxygène	9 **F** 19,00 Fluor	10 **Ne** 20,18 Néon
			13 **Al** 26,98 Aluminium	14 **Si** 28,09 Silicium	15 **P** 30,97 Phosphore	16 **S** 32,07 Soufre	17 **Cl** 35,45 Chlore	18 **Ar** 39,95 Argon
28 **Ni** 58,69 Nickel	29 **Cu** 63,55 Cuivre	30 **Zn** 65,39 Zinc	31 **Ga** 69,72 Gallium	32 **Ge** 72,61 Germanium	33 **As** 74,92 Arsenic	34 **Se** 78,96 Sélénium	35 **Br** 79,90 Brome	36 **Kr** 83,80 Krypton
46 **Pd** 106,4 Palladium	47 **Ag** 107,9 Argent	48 **Cd** 112,4 Cadmium	49 **In** 114,8 Indium	50 **Sn** 118,7 Étain	51 **Sb** 121,8 Antimoine	52 **Te** 127,6 Tellure	53 **I** 126,9 Iode	54 **Xe** 131,3 Xénon
78 **Pt** 195,1 Platine	79 **Au** 197,0 Or	80 **Hg** 200,6 Mercure	81 **Tl** 204,4 Thallium	82 **Pb** 207,2 Plomb	83 **Bi** 209,0 Bismuth	84 **Po** 210,0 Polonium	85 **At** 210,0 Astate	86 **Rn** 222,0 Radon
110 **Ds** (271) Darmstadtium	111 **Rg** (272) Roentgenium	112 **Cn** (285) Copernicium	113 **Nh** (286) Nihonium	114 **Fl** (289) Flerovium	115 **Mc** (288) Moscovium	116 **Lv** (293) Livermorium	117 **Ts** (294) Tennesse	118 **Og** (294) Oganesson

66 **Dy** 162,5 Dysprosium	67 **Ho** 164,9 Holmium	68 **Er** 167,3 Erbium	69 **Tm** 168,9 Thulium	70 **Yb** 173,0 Ytterbium	71 **Lu** 175,0 Lutétium
98 **Cf** 252,1 Californium	99 **Es** 252,1 Einsteinium	100 **Fm** 257,1 Fermium	101 **Md** 258,1 Mendélévium	102 **No** 259,1 Nobélium	103 **Lr** 262,1 Lawrencium

Figure 3.3 Classification périodique des éléments. Les métaux sont les éléments situés à droite du trait noir épais, les non métaux sont à gauche de ce trait. *(Suite)*

- le phosphore ([Ne] $3s^2$ **$3p^3$**) et l'iode ([Kr] 4 d^{10} $5s^2$ **$5p^5$**) sont des éléments du **bloc p**,
- le fer ([Ar] **$3d^6$** $4s^2$) et le nickel ([Ar] **$3d^8$** $4s^2$) sont des éléments du **bloc d**,
- le cérium ([Xe] **$4f^2$** 5 d^0 $6s^2$) et l'ytterbium ([Xe] **$4f^{14}$** 5 d^0 $6s^2$) sont des éléments du **bloc f**.

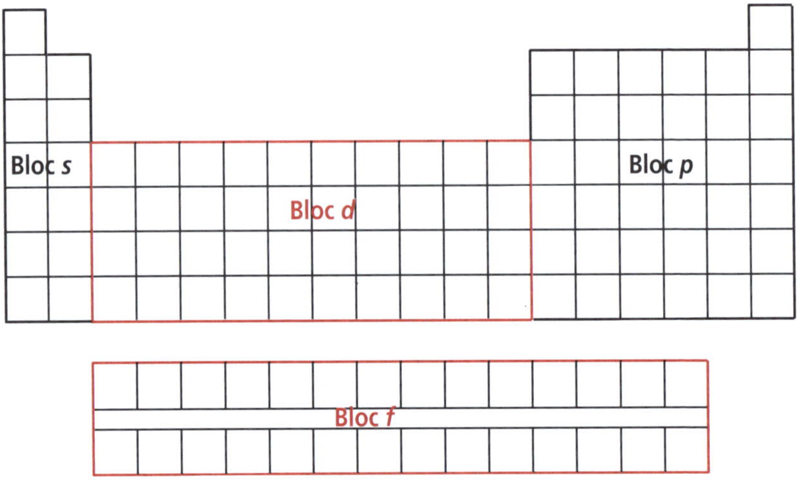

Figure 3.4 Subdivision de la classification périodique en blocs.

Les colonnes sont numérotées de 1 à 18, numérotation préconisée par l'UICPA. Les éléments d'une même colonne constituent un **groupe**.

> Les sous-couches externes des éléments d'une même colonne ont en général la même configuration (sauf exceptions à la règle de Klechkowski). Il en résulte des analogies de propriétés telles que certains groupes portent des noms spécifiques (*tableau 3.1*).

D'autres regroupements plus larges d'éléments ont été également effectués : métaux de transition, lanthanides, actinides, comme l'indique le *tableau 3.1*.

Tableau 3.1 Quelques familles chimiques portant des noms spécifiques.

Colonnes	Groupe ou famille	Couche externe
1 (sauf l'hydrogène)	Alcalins	ns^1
2 (IIA)	Alcalino-terreux (au sens large)[a]	ns^2
16 (VIA)	Chalcogènes	$ns^2\,np^4$
17 (VIIA)	Halogènes	$ns^2\,np^5$
18 (0)	Gaz nobles	$ns^2\,np^6$
3 à 12 (IIIB à VIII, IB, IIB)	Métaux de transition	$(n-1)d^{1\text{ à }10}, ns^{0\text{ à }2}$

Éléments de numéro atomique	Nom	Couche externe
58 à 71	Lanthanides (au sens strict)[b]	$(n-2)f^{0\text{ à }14}$, $(n-1)d^{0\text{ ou }1*}, ns^2$
90 à 103	Actinides (au sens strict)[c]	
≥ 93	Transuraniens (placés après U)	

a. Les alcalino-terreux au sens strict sont le calcium, le strontium et le baryum.
b. Les lanthanides au sens large incluent le lanthane ($Z = 57$, [Xe] $4f^0\,5d^1\,6s^2$).
c. Les actinides au sens large incluent l'actinium ($Z = 89$, [Rn] $5f^0\,6d^1\,7s^2$).
* Sauf le thorium : [Rn] $5f^0\,6d^2\,7s^2$.

Caractère métallique

75 % des éléments sont des métaux. Ils sont situés à gauche et au centre de la classification périodique (*figure 3.3*). L'hydrogène n'en fait pas partie.

Le caractère métallique décroît quand on se déplace de gauche à droite dans une période, et croît en allant du haut vers le bas d'une colonne.

Les métaux ont des propriétés communes : optiques (éclat métallique), mécaniques (malléabilité, ductilité), électriques (conductivité supérieure à 10^5 S.m^{-1} diminuant quand la température augmente), bonne conduction de la chaleur, etc. La très grande majorité des métaux ont une électronégativité inférieure ou égale à 1,8 (*cf. § 3.3 p. 85*).

Les éléments les plus abondants du règne minéral comme animal (oxygène, carbone et silicium) sont pourtant des non-métaux (*figure 3.2 p. 72*). C'est aussi le cas de l'hydrogène qui est l'élément le plus abondant de l'Univers.

Encadré 3. La Classification périodique des éléments : science, imagination, art et même… marketing

La classification périodique des éléments est aujourd'hui l'outil de base des chimistes.

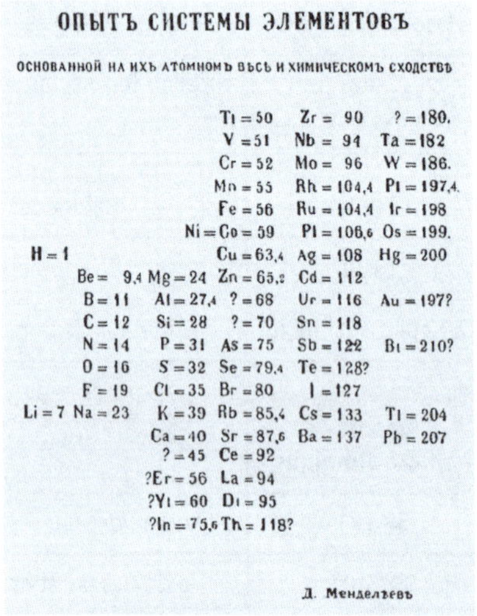

ОПЫТЪ СИСТЕМЫ ЭЛЕМЕНТОВЪ

ОСНОВАННОЙ НА ИХЪ АТОМНОМЪ ВѢСѢ И ХИМИЧЕСКОМЪ СХОДСТВѢ

			Ti = 50	Zr = 90	? = 180.
			V = 51	Nb = 94	Ta = 182
			Cr = 52	Mo = 96	W = 186.
			Mn = 55	Rh = 104,4	Pt = 197,4.
			Fe = 56	Ru = 104,4	Ir = 198
			Ni = Co = 59	Pl = 106,6	Os = 199.
H = 1			Cu = 63,4	Ag = 108	Hg = 200
	Be = 9,4	Mg = 24	Zn = 65,2	Cd = 112	
	B = 11	Al = 27,4	? = 68	Ur = 116	Au = 197?
	C = 12	Si = 28	? = 70	Sn = 118	
	N = 14	P = 31	As = 75	Sb = 122	Bi = 210?
	O = 16	S = 32	Se = 79,4	Te = 128?	
	F = 19	Cl = 35	Br = 80	I = 127	
Li = 7	Na = 23	K = 39	Rb = 85,4	Cs = 133	Tl = 204
		Ca = 40	Sr = 87,6	Ba = 137	Pb = 207
		? = 45	Ce = 92		
		?Er = 56	La = 94		
		?Yt = 60	Di = 95		
		?In = 75,6	Th = 118?		

Д. Менделѣевъ

Tableau périodique original de Mendeleïev (1869)

Elle est née de l'observation, dans les années 1850, qu'une disposition judicieuse des éléments alors connus en fonction du seul paramètre mesurable, leur poids atomique, pouvait faire apparaître une périodicité de leurs propriétés. Plus perspicace encore, la démarche du russe D. Mendeleïev qui, en 1869, a cherché à mettre en évidence par sa disposition des éléments l'ordre qui sous-tendait ces derniers, l'amenant à inclure dans son tableau certains éléments non encore découverts. Son système périodique représenté ci-dessus a été modifié dès 1870 sous une forme plus proche de notre tableau actuel. Les intuitions de Mendeleïev ont été confirmées par la suite avec la découverte des éléments représentés par des points d'interrogation.

D'autres classements ont précédé ou suivi celui de Mendeleïev ; on ne peut les ignorer car chacun a apporté un éclairage différent. Citons, par exemple, A. E. Béguyer de Chancourtois et sa spirale tellurique (1862), J. A. R Newlands et sa loi des octaves (1864), W. Odling et sa table périodique (1864), J. Lothar Meyer qui a constaté que la valence est une fonction périodique du poids atomique (1868), W. Crookes et sa spirale à deux lobes incluant les gaz nobles nouvellement découverts (1898), etc.

En 1913, les expériences du physicien britannique H. Moseley ont établi que les éléments étaient caractérisés par leur numéro atomique, et qu'ils devaient donc être classés par valeurs croissantes de cette grandeur. Par ailleurs, l'émergence de la mécanique quantique et la compréhension de la structure électronique ont donné son sens actuel à la classification des éléments.

Néanmoins, cette dernière a sans cesse continué d'être l'objet de nouvelles propositions et de remises en cause quant à sa présentation. Selon Eric Scerri, auteur de « *The Periodic Table, its Story an dits Significance* » paru en 2007, environ 700 versions différentes de la classification périodique auraient été ainsi publiées[1]. Tableaux, cercles concentriques, mais aussi spirales, hélices, cônes, sphères ont été imaginés pour représenter cette icône de notre culture de chimiste.

Les tenants des représentations à trois dimensions font valoir qu'il est ainsi possible de faire ressortir, tant la continuité des éléments, que certaines analogies entre éléments de groupes différents. Par exemple le système en forme d'arbre, *Element Tree,* conçu en 1990 par le chimiste canadien Fernando Dufour (*http://www.3dfernando.com/Periodic_Table.html*) permet de rapprocher dans un même plan des éléments des groupes 3 et 13, présentant tous une valence de 3. D'autres auteurs recherchent dans la succession du nombre d'éléments par période du tableau classique : 2, 8, 8, 18, 18, 32, 32, une source d'inspiration numérique à une nouvelle représentation, telle que la pyramide périodique suggérée en juin 2013 par J. N. Henningan et W. T. Grubbs dans le *Journal of Chemical Education.*

Certaines représentations sont de réelles créations artistiques. Une des premières à visée esthétique est due au concepteur d'affiches Edgar Longman, qui fit de la classification une représentation elliptique pour le *Festival of Britain Science Exhibition* en 1951. Cette œuvre a inspiré Philip J. Stewart qui a inventé *The Chemical Galaxy.* En 2005, il en donne une représentation où les éléments apparaissent en une spirale d'étoiles sur fond bleu, évoquant le fait que la chimie relève de l'univers entier et que la substance dont nous-mêmes et notre planète sommes constitués provient des étoiles (*http://www.chemicalgalaxy.co.uk/*). Destinée aux scolaires, comme aux non-chimistes, une telle représentation exprime une vision attirante de la science et suscite la curiosité.

Ainsi, les multiples facettes de la classification périodique, qui est même mise à profit dans des produits dérivés de musées des sciences (mugs, assiettes, carnets, etc.), rappellent à chacun que cette liste d'éléments est l'alphabet de notre monde et que son organisation exprime la façon dont le cortège électronique des atomes est associé aux propriétés chimiques des éléments auxquels ils appartiennent.

1. Une base de données des classifications périodiques est accessible à l'adresse : *http://www.meta-synthesis.com/webbook/35_pt/pt_database.php?Button=All*

3.3 ÉVOLUTION DE PROPRIÉTÉS AU SEIN DE LA CLASSIFICATION PÉRIODIQUE

Dimensions des atomes

L'évaluation de rayons atomiques est importante pour prévoir les formes, volumes et surfaces des molécules et macromolécules.

a) Définitions

La notion de **rayon d'un atome** n'a de sens que si les atomes sont modélisés par des sphères. Un atome isolé n'a pas de frontière matérielle, la notion de rayon n'a de sens que dans un assemblage ou un empilement.

Le **rayon covalent** est la demi-distance entre deux noyaux d'atomes identiques associés par une liaison covalente.

Ce peut être au sein d'un cristal covalent comme le diamant, ou dans des molécules comme par exemple le dibrome Br_2 sur la *figure 3.5*.

Le **rayon de Van der Waals** est la demi-distance entre deux noyaux d'atomes identiques appartenant à deux molécules homonucléaires distinctes, à leur distance minimale d'approche (*figure 3.5*).

Le **rayon métallique** est la demi-distance entre deux noyaux d'atomes identiques dans un cristal métallique.

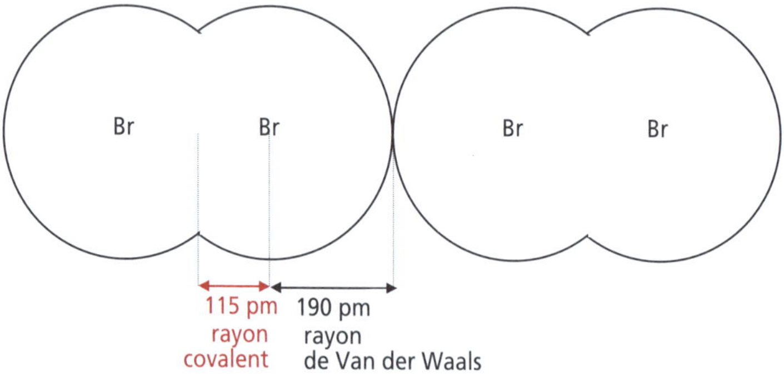

Figure 3.5 Rayon covalent et rayon de Van der Waals de l'atome de brome.

Le **rayon ionique** est le rayon apparent d'un ion, déterminé à partir de la distance internucléaire entre ions voisins dans un cristal ionique.

Les rayons ioniques sont évalués de proche en proche à partir des données cristallographiques concernant les solides ioniques.

b) Évolution au sein de la classification périodique

Dans une période donnée, le rayon *r* diminue quand *Z* augmente, donc quand on se déplace de gauche à droite. Cette contraction est attribuée à la prédominance de l'augmentation de la force d'attraction du noyau (dont le nombre de protons croît) sur le cortège électronique (dont le nombre d'électrons croît également), par rapport à l'augmentation de taille due au nombre croissant d'électrons.

Dans un groupe donné, *r* augmente quand on se déplace de haut en bas, en raison de l'augmentation du nombre *n* de couches électroniques.

La *figure 3.6.a* résume ces observations. Les rayons des gaz nobles ne sont pas portés car ces derniers, dont la couche externe est saturée, manifestent une grande inertie chimique et les données expérimentales manquent.

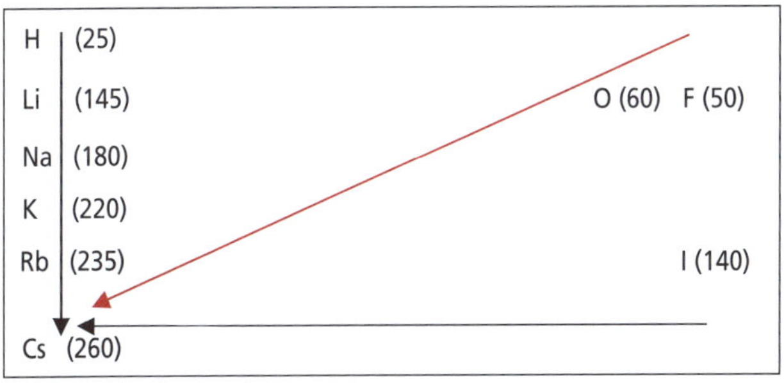

(a) Évolution des rayons atomiques, donnés entre parenthèses en pm

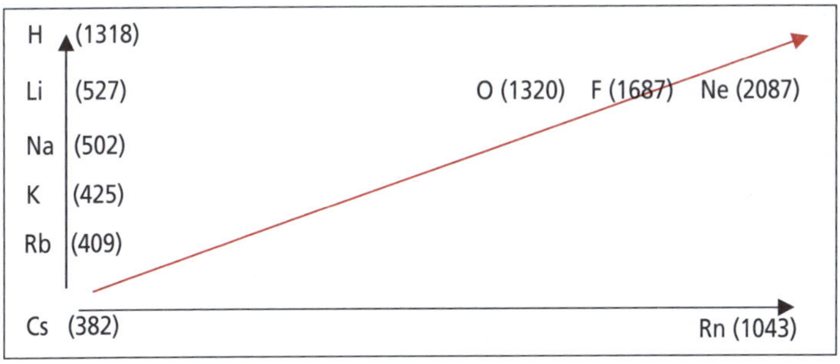

(b) Évolution des énergies d'ionisation, données entre parenthèses en kJ.mol^{-1} à 298 K

Figure 3.6 Évolution des rayons atomiques et des énergies d'ionisation au sein de la classification périodique.

Énergie d'ionisation

a) Définitions

L'**énergie de première ionisation** (ou **potentiel d'ionisation**[1]) I_1 d'un atome est l'énergie minimale qu'il faut fournir à cet atome isolé à l'état gazeux pour lui arracher un électron, selon

$$A(g) \rightarrow A^+(g) + e^-(g)$$

A(g) et A^+(g) étant dans leur état fondamental.

Le processus est endothermique : $I_1 > 0$.

À l'échelle atomique, l'énergie d'ionisation est exprimée en eV et, à l'échelle molaire, en $kJ.mol^{-1}$:

Échelle atomique		Échelle molaire
$1\ eV = 1{,}6.10^{-19}\ J$	$\times N_A \ \Rightarrow$	$96{,}485\ kJ.mol^{-1}$

De façon analogue, on définit les énergies d'ionisation pour les ionisations successives d'un atome ; par exemple, l'**énergie de deuxième ionisation** I_2 correspond à :

$$A^+(g) \rightarrow A^{2+}(g) + e^-(g)$$

La tendance à l'ionisation des atomes est d'autant plus grande que la valeur de l'énergie d'ionisation est faible.

b) Évolution au sein de la classification périodique

L'énergie d'ionisation I_1 varie de façon périodique dans le sens inverse des rayons atomiques ***(figure 3.6.b)***.

- ***I_1 croît généralement de gauche à droite dans une période donnée*** : plus les électrons externes évoluent près du noyau, plus ils sont difficiles à arracher.
- ***I_1 diminue de haut en bas dans un groupe donné*** : les électrons externes appartiennent à des couches d'énergie représentées par des valeurs croissantes de *n*, leur énergie E_n augmente, l'énergie d'ionisation $-E_n$ diminue *(cf. § 2.2 p. 29)*. Les niveaux d'énergie se

1. Ce terme, qui rigoureusement est inadapté, est une réminiscence des expériences de James Franck et Gustav Hertz effectuées entre 1915 et 1920, où des électrons émis par un filament chauffé dans une ampoule contenant un gaz, et accélérés par une différence de potentiel, étaient susceptibles, si la tension accélératrice était suffisante, d'ioniser les atomes du gaz présent dans l'ampoule. Lorsque la ddp était progressivement augmentée, un signal électrique était enregistré lorsqu'étaient atteintes les valeurs particulières des « potentiels d'ionisation » successifs du gaz, signal provenant des électrons arrachés aux atomes.

rapprochant quand n croît, il en est de même des énergies d'ionisation, comme on le constate sur la *figure 3.6.b* avec les métaux alcalins.

Énergie de fixation électronique et affinité électronique

a) Définitions

> L'**énergie de première fixation (ou premier attachement) électronique** A_1 est l'énergie dégagée (ou absorbée) lors de la fixation d'un électron à l'état gazeux, par un atome à l'état gazeux selon :
>
> $$X(g) + e^-(g) \rightarrow X^-(g)$$

Comme précédemment pour l'énergie d'ionisation, A_1 est exprimée en eV à l'échelle atomique, et en kJ.mol^{-1} à l'échelle molaire.

Lorsque la capture de l'électron libère de l'énergie (processus exothermique), A_1 est comptée négativement. La tendance à capter un électron est alors d'autant plus grande que la valeur absolue de A_1 est élevée.

La capture ultérieure d'électrons par $X^-(g)$ est toujours un processus endothermique en raison de la répulsion électrostatique anion-électron ($A_n > 0$). Par exemple, pour l'oxygène :

$$O(g) + e^-(g) \rightarrow O^-(g) \qquad A_1 = -141 \text{ kJ.mol}^{-1}$$

$$O^-(g) + e^-(g) \rightarrow O^{2-}(g) \qquad A_2 = +798 \text{ kJ.mol}^{-1}$$

L'énergie de fixation électronique est une grandeur qui est également utilisée pour la fixation d'un électron par une molécule ou un radical. Par exemple :

$$I_2(g) + e^-(g) \rightarrow I_3^-(g) \qquad A_1 = -246 \text{ kJ.mol}^{-1}$$

> L'**affinité électronique** ***EA*** est une grandeur qui représente la différence d'énergie entre l'état initial et l'état final, lors de la capture d'un électron.

Par exemple, lors de la première fixation électronique, EA est la différence entre l'énergie de X (g) et celle de X^-(g). $EA = -$A1. EA est usuellement exprimée en eV. C'est une grandeur positive lorsque la capture électronique est favorable (A_1 négatif).

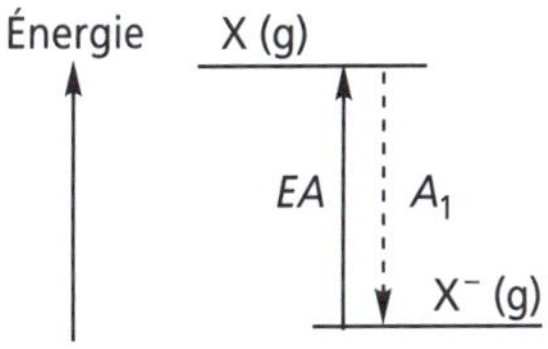

À l'échelle molaire, l'enthalpie molaire standard ΔH^0_m accompagnant la capture de l'électron (en $kJ.mol^{-1}$) à la température T est reliée à l'énergie de fixation électronique A_1 (en $kJ.mol^{-1}$) ou à l'affinité électronique EA (en eV) par :

$$\Delta H^0_m(\mathrm{T}) = A_1 - 5/2\,RT = (-\,EA \times 96{,}485) - 5/2\,RT$$

où R est la constante des gaz parfaits, $R = 8{,}314.10^{-3}\ kJ.K^{-1}.mol^{-1}$. Si la contribution de 5/2 RT est négligée,

$$\Delta H^0_m(\mathrm{kJ.mol^{-1}}) = A_1 = -\,(EA \times 96{,}485)$$

Certains définissent l'affinité électronique (alors exprimée en $kJ.mol^{-1}$) par l'enthalpie molaire de fixation électronique. L'affinité électronique possède, dans ce cas, le même signe que A_1.

b) Valeurs de l'affinité électronique

Les mesures d'affinité électronique sont délicates. Les gaz nobles et les alcalino-terreux dont les sous-couches externes occupées sont saturées (*tableau 3.1*) ont une affinité électronique négative, c'est-à-dire aucune affinité pour un électron qu'ils ne fixent qu'à condition qu'il leur soit fourni de l'énergie. La grande majorité des autres éléments ont une affinité électronique positive.

Le *tableau 3.2* donne les valeurs de EA pour les éléments des colonnes 1, 16 et 17. Ce tableau reflète une augmentation de l'affinité électronique quand on se déplace vers la droite de la classification périodique. En particulier les halogènes, qui sont les éléments dont les atomes sont les plus difficiles à ioniser, possèdent une tendance marquée à former des ions halogénures X^- (dont la configuration électronique est celle du gaz noble qui les suit).

Tableau 3.2 Affinités électroniques (en eV) des éléments des groupes 1, 16 et 17.

H 0,754		
Li 0,618	O 1,461	F 3,555
Na 0,548	S 2,077	Cl 3,5
K 0,501	Se 2,021	Br 3,52
Rb 0,486	Te 1,971	I 3,08
Cs 0,471	Po 1,9	At 2,8

c) Cas de l'hydrogène

Avec une énergie d'ionisation I_1 = 1318 kJ.mol^{-1}, l'hydrogène est aussi difficile à ioniser que l'oxygène (I_1 = 1320 kJ.mol^{-1}) (*figure 3.6.b*).

En revanche, son affinité électronique est la plus importante de celles de tous les éléments du bloc s. Cela explique qu'il n'existe dans la nature aucun sel de l'ion H^+, alors qu'il existe des sels de l'ion hydrure H^- (NaH, CaH_2, etc.). L'ion H^+ libre est une espèce rencontrée dans les espaces interstellaires, et non en phase condensée. Cette réflexion est importante en vue du cours sur l'acido-basicité.

Électronégativité

a) Définition

L'**électronégativité** χ est une grandeur qui mesure la tendance d'un atome d'un élément donné à attirer les électrons lorsqu'il est engagé dans une liaison covalente.

Dans une liaison A–B, la densité électronique de liaison est déplacée vers l'atome le plus électronégatif B ; la liaison acquiert un **caractère ionique partiel** ; elle est dite **polarisée** (*cf. § 5.4 p. 152*).

$$\overset{+\delta}{\mathrm{A}} \rightarrow\!\!- \overset{-\delta}{\mathrm{B}}$$

b) Échelles d'électronégativité

L'électronégativité ne peut pas être mesurée directement. Plusieurs échelles d'électronégativité ont été proposées. Les plus connues sont :

- l'**échelle de Mulliken** qui exprime l'électronégativité comme la demi-somme de l'énergie de première ionisation I_1 et de l'affinité électronique EA :

$$\chi = \frac{I_1 + EA}{2}$$

- l'**échelle de Pauling** obtenue indirectement à partir d'énergies de liaison de molécules diatomiques (*cf. § 7.4 p. 205*).

L'échelle de Pauling est la plus répandue. Les valeurs d'électronégativité sont relatives à l'électronégativité du fluor qui a été fixée arbitrairement à 4 (*tableau 3.3* pour les éléments des blocs s et p). Elles sont données sans unité.

Il existe une formule de conversion d'une échelle à l'autre, et les deux échelles sont à peu près concordantes.

c) Évolution au sein de la classification périodique

Les évolutions des valeurs numériques lorsqu'on se déplace dans le tableau sont les mêmes dans toutes les échelles. Les points saillants sont :

- le plus électronégatif de tous les éléments est le fluor, suivi de l'oxygène, puis du chlore et de l'azote.
- le moins électronégatif de tous les éléments est le césium, suivi des métaux alcalins, du baryum, du strontium et du calcium.
- l'électronégativité varie comme l'énergie d'ionisation, et augmente en allant vers la partie supérieure droite de la classification.

H 2,1						
Li 1,0	Be 1,5	B 2,0	C 2,5	N 3,0	O 3,5	F 4,0
Na 0,9	Mg 1,2	Al 1,5	Si 1,8	P 2,1	S 2,5	Cl 3,0
K 0,8	Ca 1,0	Ga 1,6	Ge 1,8	As 2,0	Se 2,4	Br 2,8
Rb 0,8	Sr 1,0	In 1,7	Sn 1,8	Sb 1,9	Te 2,1	I 2,5
Cs 0,7	Ba 0,9	Tl 1,8	Pb 1,8	Bi 1,9	Po 2,0	At 2,2

TABLEAU 3.3 ÉCHELLE D'ÉLECTRONÉGATIVITÉ DES ÉLÉMENTS DE PAULING.

3.4 TENDANCES DE RÉACTIVITÉ CHIMIQUE

La position des éléments dans le tableau périodique évoque certaines tendances de comportement chimique, liées à la configuration électronique de la couche de valence.

Pour les éléments des 2e et 3e périodes, la réactivité chimique est généralement associée à la **règle de l'octet** (*cf. § 5.3 p. 136*) : les atomes tendent à acquérir, lors de leurs combinaisons, la structure électronique du gaz noble le plus proche, avec 8 électrons périphériques.

Pour les éléments des autres périodes, on observe une tendance à évoluer vers une situation où les sous-couches de valence sont saturées.

Tendance à l'ionisation

Les métaux et les halogènes ont une tendance naturelle à former des ions.

➤ **Les métaux alcalins donnent des cations monovalents** M^+ (Li^+, Na^+, K^+,...), ce qui leur confère la configuration électronique du gaz noble qui les précède.

➤ **Les métaux alcalino-terreux donnent des cations bivalents** M^{2+} (Mg^{2+}, Ca^{2+},...), pour la même raison.

➤ **Les halogènes donnent les anions halogénure monovalents** X^- (F^-, Cl^-, Br^-,...), ce qui leur confère la configuration électronique du gaz noble qui les suit.

Dans tous les cas, les ions formés manifestent une grande stabilité chimique.

La formation de cations par les métaux du bloc p conduit à la perte des électrons de valence s et p (*exercice 3.7*), dans la mesure où cela n'est pas trop énergétiquement exigeant, comme le montre le diagramme des niveaux d'énergie des atomes polyélectroniques (*figure 3.7*).

Les métaux du bloc d ont la caractéristique de former une grande variété de cations avec des charges différentes. Les plus stables d'entre eux correspondent souvent, mais pas toujours, aux configurations, soit $(n-1)d^0$, soit $(n-1)d^5$, soit $(n-1)d^{10}$, pour un métal appartenant à une période n.

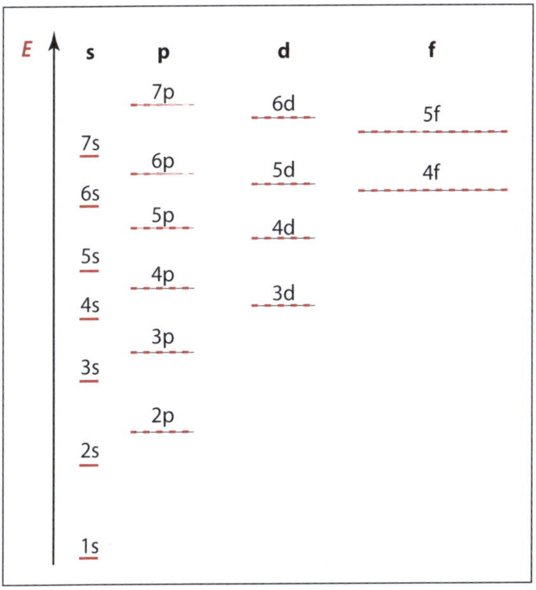

Figure 3.7 Niveaux d'énergie d'un atome polyélectronique.

Caractère oxydant ou réducteur

Un **oxydant** est une espèce chimique qui a tendance à capter des électrons, et un **réducteur** une espèce chimique qui a tendance à en libérer.

Autrement dit, les atomes qui ont une tendance naturelle à former des ions révèlent le caractère oxydant ou réducteur de l'élément auquel ils appartiennent.

Quand l'atome d'un élément est ionisé, la charge de l'ion représente le **degré d'oxydation** de l'élément : par exemple, dans Na^+, le sodium est au degré d'oxydation + I ; dans Br^-, le brome est au degré d'oxydation – I.

Des considérations sur la tendance à l'ionisation des éléments, il résulte que :

- **les métaux sont généralement des réducteurs**. Les alcalins et les alcalino-terreux sont des réducteurs puissants, ce qui leur confère une grande réactivité chimique et les rend inexploitables en métallurgie. Le caractère réducteur des autres métaux se traduit par le fait que leur état naturel est toujours oxydé, sous forme d'oxydes et de sulfures notamment. Le préalable à leur utilisation est l'extraction à partir des minerais, ce qui requiert de l'énergie. Seuls quelques métaux dits « nobles » ne sont pas réducteurs (or, argent, cuivre,...).
- **les halogènes sont des oxydants**, en particulier le fluor qui est un oxydant extrêmement puissant et dangereux, ainsi que le chlore et le brome, dans une moindre mesure.

Notons que l'**oxygène** qui manifeste, conformément à la règle de l'octet, une tendance naturelle à passer au degré d'oxydation – II, est également un oxydant notable. Sa prépondérance, qui a été déjà soulignée (*figure 3.2*), se traduit en particulier par le fait que de nombreux minerais métalliques sont des oxydes (Fe_2O_3, Al_2O_3, TiO_2, etc.).

POINTS CLEFS

- L'élément, entité immatérielle aujourd'hui caractérisée par un symbole et un numéro atomique est un concept qui remonte à Empédocle (Ve siècle avant J.-C.). Lavoisier lui a donné la signification de corps simple, signification qui n'est plus adaptée aujourd'hui, mais qui a fait progresser la chimie par la clarification qu'elle a apportée.
- Mis à part une dizaine d'éléments connus depuis l'Antiquité, les éléments ont été découverts du XVIIIe au XXe siècle.

- Les nouveaux éléments fabriqués aujourd'hui, appelés superlourds, le sont dans des réacteurs nucléaires ou dans des cyclotrons. Ce sont des espèces radioactives à durée de vie courte.
- Les éléments les plus abondants de l'écorce terrestre et de l'atmosphère sont l'oxygène et le silicium. Dans le corps humain, ce sont l'oxygène et le carbone.
- La classification périodique des éléments range les éléments par Z croissant, dans des lignes appelées périodes, et des colonnes appelées groupes.
- Une période comporte tous les éléments dont la sous-couche s externe est au même niveau d'énergie. La période est numérotée avec la valeur de n correspondant à cette sous-couche s.
- Un groupe contient les éléments ayant même configuration électronique externe. Il y a 18 groupes. Les groupes constituent des familles chimiques dont certaines portent des noms spécifiques : alcalins, alcalino-terreux, halogènes, gaz nobles, etc.
- Les rayons atomiques (dont la définition, arbitraire, dépend de l'assemblage auquel les atomes appartiennent) augmentent en descendant dans la classification et en s'y déplaçant de droite à gauche. Les énergies (ou potentiels) de première ionisation I_1 varient en sens inverse des rayons.
- L'électronégativité χ sert à évaluer la probabilité de localisation des électrons de liaison dans une liaison covalente, et l'éventuel caractère ionique partiel en résultant. C'est une grandeur non mesurable directement.
- Parmi les échelles d'électronégativité disponibles, l'échelle de Pauling est l'une des plus utilisées.
- L'élément le plus électronégatif est le fluor.
- Presque tous les métaux ont tendance à former des cations. Ce sont des réducteurs. Cette propriété est très marquée pour les alcalins et les alcalino-terreux.
- Les éléments de la partie droite de la classification ont tendance à former des anions. Ce sont des oxydants. Cette propriété est très marquée pour les halogènes et l'oxygène.
- Les gaz nobles, dont les sous-couches externes sont saturées, s'avèrent beaucoup plus inertes chimiquement que les autres éléments.

EXERCICES

La résolution de ces exercices nécessite de consulter la classification périodique, et d'utiliser le dictionnaire et/ou internet.

3.1 Noms des éléments

a) Certains éléments portent des noms évoquant des lieux. En citer cinq et rechercher la raison pour laquelle ces éléments ont été ainsi nommés.

b) Certains éléments portent des noms en rapport avec la mythologie, ou avec des légendes. En citer cinq et rechercher l'origine de leurs noms.

3.2 Classification périodique et configuration électronique

a) Sans utiliser la règle de Klechkowski, déduire de leur position dans la classification périodique la configuration électronique des éléments suivants : gallium ($Z = 31$), strontium ($Z = 38$), iridium ($Z = 77$), plomb ($Z = 82$).

b) Établir la configuration électronique des éléments suivants puis, sans regarder la classification périodique, prévoir la période et le groupe auxquels ils appartiennent : béryllium ($Z = 4$), silicium ($Z = 14$), vanadium ($Z = 23$), xénon ($Z = 54$), tungstène ($Z = 74$).

3.3 Familiarisation avec la classification périodique

Corriger les erreurs éventuelles :

a) Les éléments du groupe 14 sont : C, Si, Se, Sn, Pb, Fl.

b) L'hydrogène, l'hélium, l'argon et le krypton sont des gaz nobles.

c) Les métaux précieux que sont Cu, Ag et Au appartiennent à la même période.

d) Le néodyme ($Z = 60$), l'europium ($Z = 63$) et l'erbium ($Z = 68$) sont des lanthanides. Ils diffèrent par le remplissage de leur sous-couche 4f.

e) Le corps humain contient les cations des métaux alcalins suivants : sodium, potassium et calcium.

f) L'étain ($Z = 50$) et le tungstène ($Z = 74$) sont des métaux de transition.

3.4 Rayons atomiques

a) L'azote a un rayon covalent de 75 pm et un rayon de Van der Waals de 155 pm. Pourquoi ces rayons sont-ils différents ?

b) Commenter les différences observées entre les rayons covalents des atomes suivants :

	Be	B	Al	O	Mg	Cl	P
rayon (pm)	125	90	130	73	145	99	110

3.5 Énergies d'ionisation, affinité électronique, électronégativité

a) Indiquer les propositions exactes, et corriger les fausses :

i. L'énergie d'ionisation, comme l'affinité électronique sont toujours positives.

ii. L'énergie d'ionisation est aussi appelée potentiel d'ionisation, bien que s'exprimant en eV ou kJ.mol^{-1}.

iii. Les métaux sont les éléments doués de la plus grande électronégativité.

iv. L'énergie de première ionisation du scandium est inférieure à celle de l'yttrium.

v. L'élément le plus électronégatif est le fluor.

b) Le tableau suivant donne les énergies molaires de première, deuxième et troisième ionisations, I_1, I_2 et I_3, du sodium, du magnésium et de l'aluminium, en kJ.mol^{-1}. Comparer et commenter :

- les énergies successives d'ionisation pour un même élément,
- les valeurs de I_1 pour les trois éléments. Relever éventuellement toute anomalie par rapport aux évolutions générales énoncées dans le cours.

Z	Élément	I_1	I_2	I_3
11	Na	502	4 569	6 918
12	Mg	744	1 457	7 739
13	Al	584	1 823	2 751

c) Les énergies de première fixation électronique du sodium, du magnésium et de l'aluminium valent respectivement : – 52,9 kJ.mol^{-1}, + 232 kJ.mol^{-1} et – 42,5 kJ.mol^{-1}. Calculer l'affinité électronique de ces éléments en eV. Comment interpréter ces valeurs ?

3.6 Énergies d'ionisation

Soient les éléments Li, Na, K, Be, Mg et Ca. Identifiez-les à partir des valeurs de leurs énergies de première et deuxième ionisations I_1 et I_2 portées dans le tableau ci-dessous.

	A	B	C	D	E	F
I_1 (eV)	5,4	9,3	5,1	7,6	6,1	4,3
I_2 (eV)	75,6	18,2	47,3	15,0	11,8	31,8

3.7 Des atomes aux cations

a) i. Quelles sont les configurations électroniques de l'étain (Z = 50) et du plomb (Z = 82) ?

ii. À quel groupe et à quelle période appartiennent-ils ?

iii. Pourquoi peuvent-ils former chacun des ions M^{2+} et M^{4+} ? Expliquer le fait que les ions les plus stables sont Sn^{4+} et Pb^{2+}. Quels caractères, oxydant ou réducteur, peut-on par conséquent prévoir pour les ions Sn^{2+} et Pb^{4+} ?

b) i. Quels éléments du groupe 13 sont des métaux ?

ii. Comment expliquer que l'indium et le thallium donnent des cations monovalents et des cations trivalents, contrairement à l'aluminium et au gallium qui ne donnent que des cations trivalents ?

c) Le manganèse (Z = 25) est très stable au degré d'oxydation +II (soit sous forme du cation Mn^{2+}, soit engagé dans des combinaisons, comme l'hydroxyde $Mn(OH)_2$). Quant à l'europium (Z = 63), et à l'ytterbium (Z = 70), ils donnent des composés tels que $EuSO_4$, YbS et $YbCl_2$ stables, manifestant également une bonne stabilité de leur degré d'oxydation +II. Comment l'expliquer pour chacun d'eux à partir de leur configuration électronique ?

3.8 Exercice de synthèse sur les chapitres 2 et 3

a) Les cinq éléments les plus abondants dans le corps humain sont, par ordre décroissant d'abondance, l'oxygène (Z = 8), le carbone (Z = 6), l'hydrogène (Z = 1), l'azote (Z = 7) et le calcium (Z = 20) (*fig. 3.2.b.*).

– De quelle grandeur Z est-il le symbole, et que représente cette grandeur ?
– Énoncer la configuration électronique des atomes de chacun de ces cinq éléments, et en déduire la position dans la classification périodique de ces derniers en justifiant.
– Préciser la valeur des nombres quantiques de chacun des électrons p de l'azote.
– L'un de ces cinq éléments est métallique. Lequel ?

b) Déduire de la configuration électronique de l'hydrogène la nature du cation et celle de l'anion que cet élément peut engendrer (expliquer). Préciser de même la formule de l'ion calcium en justifiant. En déduire la formule et le nom du composé ionique formé de calcium et d'hydrogène.

SOLUTIONS

3.1 **a)** Voici 5 exemples d'éléments qui doivent leur nom à un lieu :

- Le *magnésium* (Z = 12) tire son nom de celui de la ville de Magnesia en Thessalie (Grèce). Aux alentours de cette ville, on exploitait dans l'Antiquité la stéatite, un minerai tendre principalement composé de talc $Mg(OH)_2Si_4O_{10}$.
- Le *scandium* (Z = 21) doit sa découverte en 1879 au chimiste suédois L. F. Nilson qui en obtint l'oxyde à partir d'euxénite et de gadolinite, minéraux qu'on ne trouve qu'en Scandinavie.
- Le *cuivre* (Z = 29) tire son nom de celui de l'île de Chypre (*Kupros* en grec), en raison des gisements réputés de cuivre qui y étaient exploités dans l'Antiquité.
- L'*yttrium* (Z = 39) a été identifié par le chimiste suédois Johan Gadolin dans une roche ramassée près du village d'Ytterby, sur l'île de Resarö, dans l'archipel de Stockholm (Suède). Gadolin a publié ce résultat en 1794.
- L'*hafnium* (Z = 72), dont l'existence avait été prévue par N. Bohr, fut découvert par G. de Hevesy et D. Coster au laboratoire de Bohr à Copenhague en 1923. Son nom dérive de *Hafnia*, le nom latin de Copenhague (Danemark).

Et encore : les éléments *germanium*, *strontium*, *ruthénium*, *holmium*, *thulium*, etc.

b) Voici 7 exemples d'éléments qui doivent leur nom à un personnage mythologique ou à un être de légende :

- Le *vanadium* (Z = 23), possède un nom tiré de *Vanadis*, la déesse nordique de la beauté, car les couleurs de ses composés sont remarquables et variées.
- Le *cobalt* (Z = 27), et le *nickel* (Z = 28) coexistent dans les dépôts miniers. Pour les mineurs suédois et allemands, depuis le Moyen Âge, les *Kobolds,* et les *Nickels,* désignaient des esprits maléfiques accusés de corrompre les minerais de nickel ou de cobalt, respectivement.
- Le *tantale* (Z = 73) a été ainsi appelé par le chimiste suédois A. G. Ekeberg en 1802 ; ce dernier eut beaucoup de difficultés à en dissoudre l'oxyde Ta_2O_5, les acides utilisés pour l'attaque étant inefficaces et refluant sur le minerai. Le nom « tantale » évoque l'analogie entre ce reflux et la façon dont les aliments se dérobaient

devant la bouche du demi-dieu grec Tantale, condamné au supplice d'une faim et d'une soif inextinguibles. Notons que le *niobium* (Z = 41), élément qui précède le tantale dans le groupe 5, fut observé dans les minerais de tantale par H. Rose en 1844 et ainsi baptisé parce que Niobé est la fille de Tantale dans la mythologie grecque.

- Le *mercure* (Z = 80), métal liquide et très mobile, porte le nom du dieu romain Mercure, dieu des messagers, des voyageurs et des marchands ambulants, toujours en mouvement.

3.2 a) Le raisonnement est le suivant :

- Le *gallium* est dans la quatrième période ; donc sa couche externe est $n = 4$.
- Il se trouve dans le bloc p, donc sa sous-couche 3d est pleine.
- Il se trouve dans le groupe 13 (IIIA). Il a 3 électrons périphériques, qui ne peuvent être que $4s^2\ 4p^1$.
- Sa configuration est donc : [Ar] $4s^2\ 3d^{10}\ 4p^1$.

De façon similaire, on établit que :

Sr : [Kr] $4s^2$ Ir : [Xe] $6s^2\ 4f^{14}\ 5d^7$ Pb : [Xe] $6s^2\ 4f^{14}\ 5d^{10}\ 6p^2$

b) Les résultats sont :

Élément	Be	Si	V	Xe	W
Configuration électronique	$1s^2\ 2s^2$	[Ne] $3s^2\ 3p^2$	[Ar] $4s^2\ 3d^3$	[Kr] $5s^2\ 4d^{10}\ 5p^6$	[Xe] $6s^2\ 4f^{14}\ 5d^4$
Période	2	3	4	5	6
Groupe	2 (IIA)	14 (IVA)	5 (VB)	18 (0)	6 (VIB)

3.3 a) Le sélénium Se n'appartient pas au groupe 14, mais au groupe 16. Il doit être remplacé par le germanium Ge dans l'énumération des éléments du groupe 14.

b) L'hydrogène n'est pas un gaz noble.

c) Cu, Ag et Au appartiennent au même groupe 11, et non à une même période.

d) Exact.

e) Le calcium n'est pas un métal alcalin mais un métal alcalino-terreux (*cf. tableau 3.1*).

f) Le tungstène ([Xe] $4f^{14}\ 5d^4\ 6s^2$), dont la sous-couche 5d est incomplète, est un métal de transition, mais pas l'étain ([Kr] $4d^{10}\ 5s^2\ 5p^2$).

3.4 a) Voir *§ 3.3 p. 80* et *figure 3.5*.

b) Plaçons les éléments (en rouge) dans leurs périodes :

Groupe	1	2	13	14	15	16	17	18
2e période	Li	Be	B	C	N	O	F	Ne
Rayon (pm)		125	90			73		
3e période	Na	Mg	Al	Si	P	S	Cl	Ar
Rayon (pm)		145	130		110		99	

Les rayons évoluent comme indiqué dans la *figure 3.6.a* (*cf.* *§ 3.3 p. 80*).

3.5 a) i. I est positif ; EA est le plus souvent positif, mais peut être négatif.

ii. Exact.

iii. Les métaux sont les éléments doués des électronégativités les plus faibles.

iv. Non. Sc et Y appartiennent au groupe 3, et respectivement aux 4e et 5e périodes. Or, quand on descend dans un groupe, I_1 décroît (*figure 3.6.b*). Donc, I_1 (Y) < I_1 (Sc).

v. Exact.

b) Les configurations électroniques sont :

Na : [Ne] $3s^1$ Mg : [Ne] $3s^2$ Al : [Ne] $3s^2\ 3p^1$

Les trois ionisations successives correspondent à :

$$M(g) + I_1 \rightarrow M^+(g) + e^-(g)$$
$$M^+(g) + I_2 \rightarrow M^{2+}(g) + e^-(g)$$
$$M^{2+}(g) + I_3 \rightarrow M^{3+}(g) + e^-(g)$$

Comparaison des énergies d'ionisation successives pour un même élément :

– La première ionisation de Na donne Na^+, isoélectronique du néon. Arracher un 2e électron nécessite beaucoup d'énergie parce que Na^+ possède la configuration d'un gaz noble, et est chargé positivement : la charge positive du noyau, non totalement compensée par la charge du cortège électronique, s'oppose donc au départ d'un électron négatif. Donc $I_2 >> I_1$. Ensuite, Na^{2+} retenant fortement l'électron : $I_3 > I_2$.

– Dans le cas de Mg, les 1re et 2e ionisations sont plutôt « faciles » car elles conduisent à l'ion Mg^{2+} isoélectronique du néon. Pour la raison évoquée ci-dessus d'attraction électrostatique du noyau sur les électrons, $I_2 > I_1$. La troisième ionisation nécessite une très grande quantité d'énergie pour les raisons cumulées de stabilité de la structure Mg^{2+} et d'attraction électrostatique noyau-électron : $I_3 >> I_2$.

– Dans le cas de Al, les trois ionisations successives sont « faciles » car elles conduisent à l'ion Al^{3+} isoélectronique du néon. $I_3 > I_2 > I_1$, pour les raisons d'attraction électrostatiques déjà évoquées.

Comparaison des énergies d'ionisation I_1 des trois éléments :
L'énergie d'ionisation augmente généralement quand le rayon de l'atome diminue, donc quand on se déplace de gauche à droite dans le tableau. L'aluminium manifeste donc un comportement atypique.

c) EA (eV) = $-A_1/96{,}485$ avec A_1 en kJ.mol^{-1}.

	Na	Al	Mg
***EA* (eV)**	0,548	0,440	– 2,405
	EA (Na) > *EA* (Al), car la capture d'un électron par Na le conduit à compléter sa sous-couche 3s		*EA* < 0 : couche externe $3s^2$ pleine

3.6 Les potentiels I_2 sont plus élevés pour les alcalins que pour les alcalino-terreux (*cf. exercice 3.5*). Donc, A, C, et F sont donc les alcalins ; B, D et E, les alcalino-terreux

Dans chaque groupe I_1 augmente quand on monte dans la colonne. L'identification des éléments est donc :

	Li	Be	Na	Mg	Ca	K
I_1 (eV)	5,4	9,3	5,1	7,6	6,1	4,3
I_2 (eV)	75,6	18,2	47,3	15,0	11,8	31,8

3.7 a) i. Sn : [Kr] $5s^2\ 4d^{10}\ 5p^2$ Pb : [Xe] $6s^2\ 4f^{14}\ 5d^{10}\ 6p^2$

ii. Groupe 14 (IVA), 5e période pour Sn, 6e période pour Pb.

iii. Ces atomes (M) peuvent perdre leurs 2 électrons p pour donner l'ion M^{2+} (Sn^{2+} ou Pb^{2+}), puis leurs 2 électrons s pour donner l'ion M^{4+} (Sn^{4+} ou Pb^{4+}).

La *figure 3.7* montre que la différence d'énergie entre les sous-couches 5s et 5p est beaucoup plus faible que la différence d'énergie entre 6s et 6p. L'étain forme aisément l'ion Sn^{4+}, où la présence de la sous-couche 4d pleine lui confère de la stabilité. C'est l'inverse pour le plomb, qui est plus stable sous forme Pb^{2+} à cause de la dénivellation entre 6p et 6s.

- Si Sn^{4+} est plus stable que Sn^{2+}, Sn^{2+} a tendance à libérer deux électrons pour se transformer en Sn^{4+} ; Sn^{2+} est un réducteur.
- Si Pb^{2+} est plus stable que Pb^{4+}, Pb^{4+} a tendance à capter deux électrons pour se transformer en Pb^{2+} ; Pb^{4+} est un oxydant.

b) i. Al, Ga, In et Tl.

ii. Raisonnements similaires à ceux de la partie **a) iii**.

c) Mn : $Z = 25$[Ar] $3d^5$ $4s^2$ Mn^{2+} : [Ar] $3d^5$

↑	↑	↑	↑	↑

Eu : $Z = 63$ [Xe] $4f^7$ $5d^0$ $6s^2$ Eu^{2+} : [Xe] $4f^7$

↑	↑	↑	↑	↑	↑	↑

Yb : $Z = 70$ [Xe] $4f^{14}$ $5d^0$ $6s^2$ Yb^{2+} : [Xe] $4f^{14}$

↑↓	↑↓	↑↓	↑↓	↑↓	↑↓	↑↓

L'ionisation par perte des deux électrons s, avec la formation d'un cation divalent, est favorisée dans chaque cas par la stabilité de la sous-couche externe du cation formé. En effet :

– dans le cas du manganèse, élément du bloc d, la sous-couche d de Mn^{2+} est à moitié remplie avec 5 électrons de spins parallèles. Cette configuration est plus stable que toute autre configuration où la sous-couche est d partiellement remplie (*voir cours*).

– dans le cas de l'ytterbium et de l'europium, éléments du bloc f, on observe de façon similaire qu'au sein de Eu^{2+} et de Yb^{2+}, les configurations : $4f^7$ (où la sous-couche f est à moitié remplie avec 7 électrons de spins parallèles) et $4f^{14}$ (où la sous-couche f est pleine) sont plus stables que toute autre configuration où la sous-couche f est partiellement remplie.

3.8 a) - *Z* représente le **numéro atomique**, c'est-à-dire le nombre de protons présents dans les noyaux des atomes de l'élément considéré.

- Connaissant la configuration électronique comment trouver la position de l'élément dans la classification périodique ?
  - recherche le nombre quantique principal ***n*** caractérisant la couche externe ⇒ il indique n° de la période
  - compter le nombre d'électrons externes de l'atome et identifier le bloc auquel appartient l'élément. Pour les éléments du bloc *s* (ici H et Ca), le n° du groupe est représenté par le nombre d'électrons externes. Pour les éléments du bloc *p* (ici O, C et N), le

n° du groupe est constitué de 1 suivi du nombre d'électrons externes. Voir *figure 3.4*.

Élément	Z	Configuration électronique	Période	Nb électrons externes	Bloc	Groupe
O	8	$1s^2\,2s^2\,2p^4$	2	6	p	16
C	6	$1s^2\,2s^2\,2p^2$	2	4	p	14
H	1	$1s^1$	1	1	s	1
N	7	$1s^2\,2s^2\,2p^3$	2	5	p	15
Ca	20	$1s^2\,2s^2\,2p^6\,3s^2\,3p^6\,4s^2$ ou $[Ar]\,4s^2$	4	2	s	2

- Pour chacun des trois électrons $2p^3$ de l'azote, $n = 2$, $l = 1$ (car ce sont des électrons p). Le nombre quantique magnétique m obéit à : $-l \leq m \leq +l$, soit $-1 \leq m \leq +1$; m étant un entier il peut prendre les trois valeurs –1 ; 0 ; +1, correspondant aux trois cases quantiques successives $\boxed{\uparrow}\boxed{\uparrow}\boxed{\uparrow}$; les valeurs de m pour les trois électrons sont donc respectivement –1 ; 0 ; +1. Ces électrons ont des spins identiques en vertu de la règle de Hund, ils possèdent donc le même nombre quantique de spin $m_s = +\ 1/2$.

  En conclusion, les trois électrons ne diffèrent que par la valeur de m. Leurs nombres quantiques sont respectivement : $\{2,1,-1,+1/2\}$, $\{2,1,0,+1/2\}$, $\{2,1,+1,+1/2\}$.
- Ca appartient au groupe 2 constitué des métaux alcalino-tereux. **Le calcium est donc un métal**.

b) L'atome d'hydrogène gagne en stabilité en perdant ou en acquérant un électron. Il se trouve alors :

- soit sous forme d'ion hydron H^+ (configuration électronique $1s^0$),
- soit sous forme d'ion hydrure H^- (configuration électronique de l'hélium $1s^2$).

L'atome de calcium gagne en stabilité en perdant ses deux électrons externes. Il se trouve alors sous forme d'ion Ca^{2+} (avec la configuration électronique $[Ar]\,4s^0$ ou [Ar], identique à celle de l'argon).

Le composé ionique formé de calcium et d'hydrogène est **CaH_2, hydrure de calcium**.

CHAPITRE 4

Noyau atomique, radioactivité, masse et énergie

PLAN

OBJECTIFS

- Posséder les notions de numéro atomique *Z*, nombre de masse *A*, isotopes.
- Comprendre l'origine de la radioactivité, sa nature et son évolution temporelle.
- Acquérir une vision succincte des applications des radio-isotopes.
- Assimiler la dualité matière – énergie : $\Delta E = (\Delta m)c^2$ depuis de la cohésion des noyaux jusqu'à la production d'énergie dans les centrales nucléaires.
- Réfléchir à la notion de masse atomique et à la valeur numérique attribuée à cette grandeur selon la précision désirée.
- Revoir la notion de quantité de matière et la définition de la mole.

Le noyau de l'atome est essentiel pour le chimiste. Il est de 100 000 à 10 000 fois plus petit que l'atome, mais en concentre la masse car les nucléons (protons et neutrons) sont environ 2 000 fois plus lourds que les électrons. La densité du noyau est gigantesque.

La composition d'un noyau peut être telle que ce noyau soit instable. Il se décompose alors en émettant de la radioactivité. Connaître les paramètres d'évolution dans le temps d'une population d'atomes radioactifs est essentiel lors d'une exposition ou d'une irradiation, voulue ou accidentelle.

Les réactions modifiant la composition des noyaux, appelées réactions nucléaires, sont accompagnées d'une perte infime de masse ou défaut de masse : Δm, associée pourtant à un dégagement d'énergie considérable : $\Delta E = (\Delta m)c^2$. Il sera montré que cette relation permet de quantifier la cohésion des noyaux, et qu'elle permet d'évaluer les dégagements d'énergie lors des processus de fission ou de fusion nucléaires.

Le mot « masse » est un mot-clé du noyau atomique. Ce chapitre comporte une réflexion sur la notion de masse atomique, aboutissant à l'introduction de la masse molaire, grandeur couramment utilisée en chimie.

4.1 NOYAU ATOMIQUE, RADIOACTIVITÉ ET ÉNERGIE NUCLÉAIRE

Représentation du noyau et définitions

a) Composition et représentation du noyau

Le noyau d'un atome est constitué de ***A* nucléons : *Z* protons** et ***N* = *A* – *Z* neutrons**.
La **représentation du noyau** de l'atome d'un élément (noté « El ») est par convention : $^{A}_{Z}\mathbf{El}$.

Exemple. Un noyau d'uranium noté $^{235}_{92}\mathrm{U}$ comporte $Z = 92$ protons et $N = A - Z = 143$ neutrons.

b) Définitions

Le **numéro atomique *Z*** est le nombre de protons dans le noyau.

La charge du noyau est donc $(Z \times 1{,}6.10^{-19})$ C.

Le numéro atomique est également le numéro d'ordre de l'élément dans la classification périodique, où il détermine sa place (*cf. chapitres 2 et 3).*

Exemple. L'uranium ($Z = 92$) est le 92e élément de la classification périodique.

Le **nombre de masse *A*** représente le nombre de nucléons (protons + neutrons).

La raison pour laquelle *A* représente également la masse de l'atome sera expliquée au *§ 4.2*.

Un **nucléide** est un ensemble de noyaux identiques $^{A}_{Z}\mathrm{El}$ d'atomes du même élément.

Des **isotopes** sont des atomes appartenant à un même élément, mais différant par le nombre *N* de neutrons dans leur noyau.

Ils possèdent nécessairement le même nombre de protons Z. L'étymologie (en grec, *iso-topos*, même place) signifie d'ailleurs que des isotopes occupent la même case dans la Classification périodique. En revanche, ils ont des nombres de masse $A = N + Z$ différents.

Exemple. ${}^{35}_{17}\text{Cl}$ et ${}^{37}_{17}\text{Cl}$ représentent les noyaux d'atomes isotopes du chlore. Ils comportent chacun $Z = 17$ protons et, respectivement, $A = 35$ ou 37 nucléons, soit $N = 18$ ou 20 neutrons.

c) Remarque relative au symbolisme ${}^{A}_{Z}\text{El}$

Prenons l'exemple du chlore : les atomes neutres possèdent 17 électrons mais les ions chlorure Cl^- en possèdent 18, quel que soit l'isotope. Par convention, le symbolisme ${}^{35}_{17}\text{Cl}$ ou ${}^{37}_{17}\text{Cl}$, qui se rapporte au seul noyau, ne donne aucune information sur le fait que le noyau est celui d'un atome neutre, ou d'un ion. Cette remarque est transposable à tous les éléments.

C'est pourquoi, le symbolisme ${}^{A}_{Z}\text{El}$ peut aussi être utilisé, par extension, pour représenter l'atome complet neutre. Ce symbole est affecté d'une charge s'il s'agit d'un ion.

Exemples

- les ions chlorure des isotopes 35 et 37 du chlore peuvent être écrits ${}^{35}_{17}\text{Cl}^-$ et ${}^{37}_{17}\text{Cl}^-$.
- le noyau d'hélium ${}^{4}_{2}\text{He}$, qui est un atome d'hélium qui a perdu deux électrons, peut aussi être écrit : ${}^{4}_{2}\text{He}^{2+}$.

Représentation des particules élémentaires

Une notation semblable à la notation ${}^{A}_{Z}\text{El}$ a été adoptée pour les particules élémentaires telles que proton, neutron, électron, etc. (*tableau 4.1*).

➤ À la place de A, on trouve : soit 1 si la particule a une masse égale à m_p ou m_n, masses du proton ou du neutron ; soit 0 si sa masse est négligeable par rapport à m_p ou m_n.

➤ À la place de Z, on trouve une valeur numérique (affectée du signe moins, si nécessaire) qui, multipliée par $1{,}6.10^{-19}$ C, indique la charge de la particule.

Exemple. L'électron dont la masse m_e est négligeable par rapport à celle d'un nucléon ($m_p \approx m_n \approx 2000\, m_e$) et dont la charge est $-1{,}6.10^{-19}$ C, est représenté ${}^{0}_{-1}\text{e}$.

TABLEAU 4.1 NOTATION DES PARTICULES ÉLÉMENTAIRES RENCONTRÉES EN CHIMIE.

particule	proton	neutron	électron	positon[a]	neutrino[b]	antineutrino[b]
notation	${}^{1}_{1}p$	${}^{1}_{0}n$	${}^{0}_{-1}e$	${}^{0}_{+1}e$	${}^{0}_{0}\nu$	${}^{0}_{0}\bar{\nu}$

a. Les positons (ou positrons, condensé de *positive electrons*) sont des particules de même masse de l'électron, mais de charge + 1,602.10^{-19} C.
b. Le neutrino et l'antineutrino sont des particules de masse excessivement faible et de charge nulle, très pénétrantes et indétectables par les moyens conventionnels. Ces particules véhiculent une partie de l'énergie émise par les noyaux radioactifs émetteurs β (*cf. tableau 4.2, pp. 104 et 105*).

Radioactivité

a) Stabilité ou instabilité nucléaire

Dans la nature, la plupart des noyaux des divers atomes sont stables.

Les noyaux stables les plus petits sont tels que $N \approx Z$. Quand Z augmente, N croît davantage pour atteindre environ 1,5 Z, comme le montre la *figure 4.1*, où un grand nombre d'isotopes stables sont représentés par un point. L'enveloppe de ces points constitue le **domaine de stabilité nucléaire** des atomes.

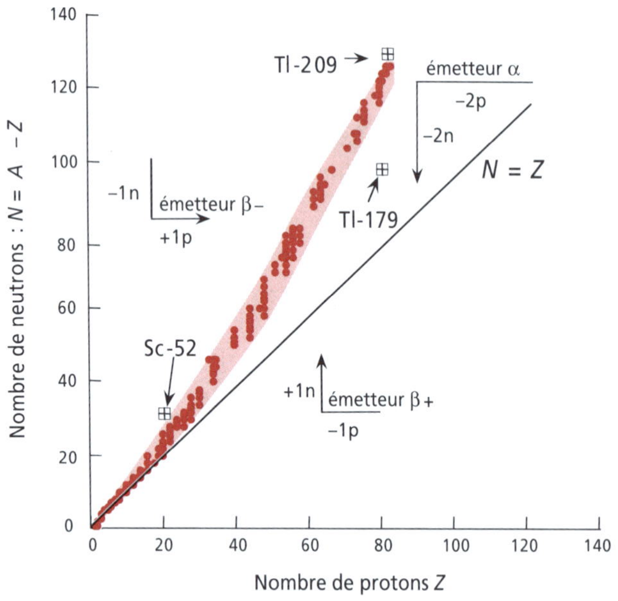

Figure 4.1 Domaine de stabilité nucléaire des atomes.
Les noyaux de thallium 179 et 209, et de scandium 52, à la limite ou à l'extérieur du domaine de stabilité sont des exemples de noyaux instables.

L'instabilité des noyaux des **isotopes naturels** résulte, en général, soit d'un excès de neutrons, soit d'un excès de nucléons. L'excès de nucléons concerne tous les éléments de $Z > 83$ (éléments suivant le bismuth dans la classification périodique) qui sont tous instables.

Les noyaux des **isotopes artificiels** sont, eux, toujours instables (*cf. § 4.1 p. 109*).

b) Désintégrations et désexcitations

Les noyaux instables se transforment spontanément par **désintégrations** et **désexcitations**, avec émission de rayonnements, corpusculaires et électromagnétiques, constituant la **radioactivité**.

Les éléments de $Z > 83$ sont donc des éléments naturellement **radioactifs**.

Une **désintégration** est la transformation d'un noyau « père » en un noyau « fils » appartenant à autre élément.

Les désintégrations sont donc des transmutations qui peuvent se produire en cascade jusqu'à ce que soit atteint un noyau stable. Elles sont toujours accompagnées de l'émission de corpuscules.

Une **désexcitation** est la transition d'un état énergétiquement excité à un état fondamental.

Dans le cas présent, ce sont les noyaux fils qui en sont fréquemment le siège après une désintégration. La perte de l'énergie d'excitation ΔE_{exc} se produit avec émission d'un quantum d'énergie sous forme d'une radiation électromagnétique (ou photon) de fréquence ν (et de longueur d'onde λ), telle que :

$$\Delta E_{exc} = h\nu = h\frac{c}{\lambda}$$

où h est la constante de Planck : $6{,}626.10^{-34}$ J.s, et c la célérité de la lumière, $c \approx 2{,}998.10^8$ m.s^{-1} $\approx 3.10^8$ m.s^{-1}. La radiation émise est ici une radiation de type γ ; ces radiations sont les plus énergétiques des radiations électromagnétiques, et possèdent les longueurs d'onde les plus courtes (*tableau 4.2*).

c) Rayonnements constituant la radioactivité

Le *tableau 4.2* résume les différents types de rayonnements radioactifs.

TABLEAU 4.2 RAYONNEMENTS CONSTITUANT LA **RADIOACTIVITÉ**.

Rayonnement	alpha (α)	bêta moins (β^-)	bêta plus (β^+)	gamma (γ)
Particularité des noyaux émetteurs	noyau père comportant une surcharge en protons et en neutrons	noyau père comportant une surcharge en neutrons	noyau père comportant une surcharge en protons	noyau fils généré par une désintégration dans un état énergétiquement excité (symbolisé par *)
Nature de la transformation et de l'émission	Désintégration avec émission de noyaux d'hélium $^{4}_{2}He$	Désintégration avec émission d'électrons $^{0}_{-1}e$ + antineutrinos $^{0}_{0}\bar{\nu}$	Désintégration avec émission de positons $^{0}_{+1}e$ + neutrinos $^{0}_{0}\nu$	Désexcitation avec émission d'une radiation électromagnétique (ou photon) de très haute énergie (0,4 pm $\leq \lambda \leq$ 20 pm)
Propriétés du rayonnement	• vitesse $\approx$ 0,1 *c* • peu pénétrant : une feuille de papier ou la couche cornée de l'épiderme l'arrête • très ionisant • dangereux en cas de contamination interne de l'organisme • sans risque en cas d'exposition externe	• vitesse $\approx$ 0,9 *c* • plus pénétrant que le rayonnement α : une feuille d'aluminium l'arrête • dangereux en cas de contamination externe de l'organisme	• propriétés identiques à celles du rayonnement β^-	• vitesse = *c* • accompagne souvent, mais pas toujours, les désintégrations • émis instantanément pour ramener le noyau fils à son état fondamental • très pénétrant : n'est arrêté que par plusieurs centimètres de plomb • dangereux en cas d'exposition et de contamination externe

TABLEAU 4.2 RAYONNEMENTS CONSTITUANT LA **RADIOACTIVITÉ**. *(SUITE)*

Schéma	${}^{A}_{Z}X \rightarrow {}^{4}_{2}He + {}^{A-4}_{Z-2}Y$	${}^{A}_{Z}X \rightarrow {}^{0}_{-1}e + {}^{A}_{Z+1}Y + {}^{0}_{0}\bar{\nu}$ [a] se résume à : ${}^{1}_{0}n \rightarrow {}^{1}_{1}p + {}^{0}_{-1}e + {}^{0}_{0}\bar{\nu}$	${}^{A}_{Z}X \rightarrow {}^{0}_{+1}e + {}^{A}_{Z-1}Y + {}^{0}_{0}\nu$ [a] se résume à : ${}^{1}_{1}p \rightarrow {}^{1}_{0}n + {}^{0}_{+1}e + {}^{0}_{0}\nu$ [b]	${}^{A'}_{Z'}Y^{*} \rightarrow {}^{A'}_{Z'}Y + \gamma$
Exemples ***s'entraîner à écrire***	désintégration du thallium 179 en or 175	désintégrations du thallium 209 en plomb 209, ou du scandium 52 en titane 52	désintégration du carbone 11 en bore 11	désexcitation du nickel 60 produit par désintégration du cobalt 60 *(exercice 4.4)*

a. Ou : ${}^{A}_{Z}X \rightarrow \beta^{-} + {}^{A}_{Z+1}Y$ avec $\beta^{-} = {}^{0}_{-1}e + {}^{0}_{0}\bar{\nu}$,
et ${}^{A}_{Z}X \rightarrow \beta^{+} + {}^{A}_{Z-1}Y$ avec $\beta^{+} = {}^{0}_{+1}e + {}^{0}_{0}\nu$.

b. Il existe également un mode de désintégration dit par **capture électronique**, où un proton du noyau capte un électron interne du cortège électronique pour donner un neutron et un neutrino : ${}^{1}_{1}p + {}^{0}_{-1}e \rightarrow {}^{1}_{0}n + {}^{0}_{0}\nu$. La capture de l'électron a donc le même effet pour la transmutation que l'émission d'un positon : ${}^{A}_{Z}X + {}^{0}_{-1}e \rightarrow {}^{A}_{Z-1}Y + {}^{0}_{0}\nu$. Le réarrangement du cortège électronique se fait avec passage d'un électron « externe » vers les couches internes, et est généralement accompagné d'un rayonnement X.

L'émission de type β^- est l'émission la plus souvent observée lors de la désintégration des éléments naturels radioactifs.

Les noyaux correspondants, en général surchargés en neutrons, sont représentés soit en limite supérieure, soit au-dessus du domaine de stabilité sur la *figure 4.1* (exemple : Tl-209 ou Sc-52).

Quant aux noyaux émetteurs α, trop chargés en protons et en neutrons, ils se trouvent en majorité entre la bissectrice $N = Z$, et le domaine de stabilité (exemple : Tl-179).

La radioactivité de type β^+ n'est observée qu'avec les isotopes artificiels.

Cela se produit lorsqu'ils sont trop chargés en protons ; ces noyaux sont représentés sous le domaine de stabilité, de part et d'autre de la bissectrice $N = Z$.

d) Évolution temporelle d'une désintégration radioactive

Soit une population de N_0 atomes radioactifs identiques, considérée à un instant initial $t = 0$. Combien d'atomes radioactifs N restera-t-il au bout d'un temps t ?

Un déclin radioactif obéit à une cinétique d'ordre 1 : la vitesse de désintégration, $-\dfrac{\mathrm{d}N}{\mathrm{d}t}$, est à tout instant t proportionnelle au nombre d'atomes radioactifs N présents à cet instant t.

$$-\frac{\mathrm{d}N}{\mathrm{d}t} = \lambda N \qquad (1)$$

La constante de proportionnalité λ est la **constante de vitesse de désintégration**, et a la dimension temps^{-1}.

Contrairement à une constante de vitesse de réaction chimique d'ordre 1, **λ ne dépend pas de la température**. λ ne dépend que de la nature du noyau radioactif.

Cette remarque est importante, car il est impossible d'accélérer ou de ralentir une désintégration radioactive en modifiant la température.

De l'*équation (1)* il résulte que : $-\dfrac{\mathrm{d}N}{N} = \lambda\,\mathrm{d}t$

L'intégration de cette équation différentielle entre l'instant initial $t = 0$ où $N = N_0$, et l'instant t où il reste N atomes, conduit à :

$$\int_{N_0}^{N}\left[-\frac{\mathrm{d}N}{N}\right] = \lambda\int_0^t \mathrm{d}t$$

soit :
$$\ln \frac{N_0}{N} = \lambda t \qquad (2)$$

ou :
$$\boxed{N = N_0 e^{-\lambda t}} \qquad (3)$$

La *figure 4.2* illustre la *relation (3)*, dans le cas de la désintégration d'atomes radioactifs de cobalt 60.

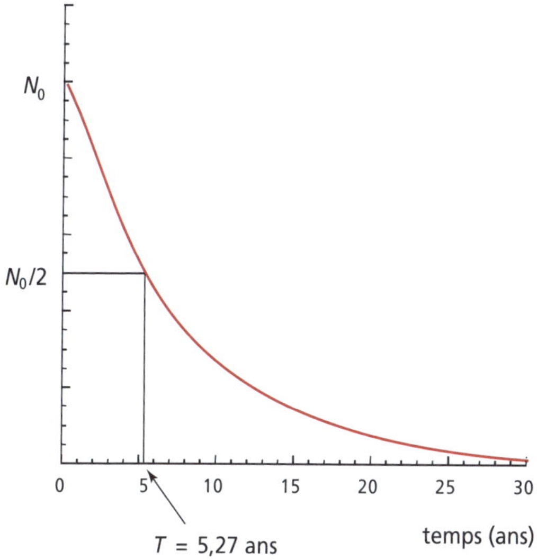

Figure 4.2 Décroissance radioactive d'un échantillon de cobalt 60.

La **période *T*** est le temps au bout duquel le nombre initial d'atomes radioactifs a été divisé par 2.

Lorsque $t = T$, $N = N_0/2$ et la relation (2) s'écrit :

$$\ln \frac{N_0}{\frac{N_0}{2}} = \ln 2 = \lambda T$$

$$\text{d'où } \boxed{T = \frac{\ln 2}{\lambda}}$$

La période est indépendante de la quantité initiale N_0 de noyaux radioactifs. Elle ne dépend que de λ, et donc que de la nature de l'espèce radioactive.

Selon les espèces, la période varie d'une fraction de seconde à des milliards d'années (*tableau 4.3*). Dans ce dernier cas, tous les atomes radioactifs dont la création est antérieure ou remonte à la formation du système solaire (4,6 milliards d'années) n'ont pas encore eu le temps de se désintégrer. C'est le cas notamment de $^{238}_{92}U$ ou de $^{232}_{90}Th$.

TABLEAU 4.3 PÉRIODES DE QUELQUES NOYAUX RADIOACTIFS.

Élément	Noyau radioactif	Période
Polonium	$^{213}_{84}Po$	$4{,}2.10^{-6}$ s
Oxygène	$^{15}_{8}O$	2,04 min
Iode	$^{123}_{53}I$	13,27 h
Iode	$^{131}_{53}I$	8,05 jours
Cobalt	$^{60}_{27}Co$	5,27 ans
Césium	$^{137}_{55}Cs$	30,2 ans
Carbone	$^{14}_{6}C$	5 730 ans
Potassium	$^{40}_{19}K$	$1{,}3.10^{9}$ ans
Uranium	$^{238}_{92}U$	$4{,}5.10^{9}$ ans
Thorium	$^{232}_{90}Th$	$14{,}1.10^{9}$ ans

e) Activité d'une source radioactive

L'**activité** A d'une source radioactive (ou **radioactivité**) est égale à la vitesse de désintégration des noyaux radioactifs qui la constituent (*cf. relation (1)*) :

$$A = -\frac{dN}{dt} = \lambda N$$

A est une grandeur instantanée proportionnelle à la quantité N de noyaux radioactifs présents à tout temps t[1].

L'unité de A est le **becquerel (Bq)** ; 1 Bq = 1 désintégration par seconde. La radioactivité s'exprime généralement en multiples du becquerel : kBq, MBq, GBq et TBq. L'ancienne unité était le curie (Ci), correspondant à l'activité de 1 g de $^{226}_{88}Ra$; 1 Ci = $3{,}7.10^{10}$ Bq = 37 GBq.

L'activité est une grandeur extensive. Pour comparer les sources entre elles, il peut être utile de rapporter l'activité à l'unité de masse (activité spécifique ou massique), ou à l'unité de volume (activité volumique) de l'échantillon (*tableau 4.4*).

1. Il résulte de cette définition que la période T est le temps au bout duquel la radioactivité A d'un échantillon a diminué de moitié.

TABLEAU 4.4 EXEMPLES D'ACTIVITÉ RADIOACTIVE.

	Activité (spécifique)	Commentaires
Iridium 192	370 GBq	Activité maximale d'une source d'iridium 192 lors de son implantation au voisinage d'une tumeur en curiethérapie.
Granite (roche)	1 000 $Bq.kg^{-1}$	Activité due à l'uranium 238, au thorium 232, au potassium 40 et au radon présents dans la roche. Compte tenu de la période des trois premiers nucléides, cette activité est pratiquement constante à l'échelle de la vie humaine.
Être humain en vie	110 à 120 $Bq.kg^{-1}$	Activité due essentiellement à ^{40}K et à ^{14}C en concentrations stationnaires (vitesse d'absorption = vitesse de disparition).

Radio-isotopes : traceurs et sources radioactives

a) Radio-isotopes, naturels ou artificiels

On appelle **radio-isotopes** les **isotopes radioactifs,** par opposition aux isotopes stables.

Certains isotopes naturels et tous les isotopes artificiels sont des radio-isotopes.

Les **isotopes artificiels** résultent du bombardement d'atomes naturels avec des protons, des neutrons ou des noyaux d'hélium dans des cyclotrons ou des réacteurs nucléaires. Le premier exemple rencontré dans ce cours est celui des éléments superlourds (*cf.* *§ 3.1*). Un second exemple est celui du cobalt 60 qui est produit industriellement par bombardement neutronique de l'isotope stable $^{59}_{27}Co$.

b) Traceurs radioactifs

De nombreux radio-isotopes sont utilisés comme **traceurs radioactifs** en recherche, en biologie et en médecine, dans l'environnement ou dans l'industrie.

Exemples

- Le carbone possède trois isotopes naturels dont deux sont stables : $^{12}_{6}C$ (98,89 %) et $^{13}_{6}C$(1,11 %) ; le troisième, **carbone 14** ou radiocarbone $^{14}_{6}C$($\approx$ 1,2.10^{-10} %) est radioactif. Il est utilisé pour des datations (*voir encadré 4*).

Encadré 4. Carbone 14 et datation

L'isotope ${}^{14}_{6}C$ a été découvert par hasard en 1934, lorsque le physicien américain F.-N.-F. Kurie le produisit artificiellement en exposant de l'azote à un flux de neutrons. Le carbone 14 naturel a été identifié en 1940. Entre 1946 et 1950, Willard Franck Libby a expliqué la formation continue de ce radio-isotope dans l'atmosphère et a inventé le procédé de datation des objets fondé sur la mesure de son activité. Cela lui valut le prix Nobel de chimie en 1960.

Le carbone 14 est formé en permanence par l'action des neutrons générés dans l'atmosphère par les rayons cosmiques sur des noyaux d'azote :

$${}^{14}_{7}N + {}^{1}_{0}n \rightarrow {}^{14}_{6}C + {}^{1}_{1}p\,.$$

Il entre dans la constitution de dioxyde de carbone (CO_2) et est assimilé par les plantes au cours de la photosynthèse. Les plantes sont ensuite consommées par les animaux. Lors du temps de vie du système ouvert qu'est un organisme vivant, il s'établit un régime stationnaire entre l'absorption et l'élimination du carbone 14. La radioactivité de cet organisme due au carbone 14 est alors identique à celle du dioxyde de carbone atmosphérique.

Après la mort, les échanges cessent : l'organisme devient un système fermé. Le carbone 14 ne disparaît plus que par désintégration β^- selon :

$${}^{14}_{6}C \rightarrow {}^{0}_{-1}e + {}^{14}_{7}N + {}^{0}_{0}\bar{\nu}\,.$$

La teneur en carbone 14 décline selon la loi de désintégration radioactive. Il est alors possible en mesurant l'activité du radiocarbone de réaliser des datations de matériaux organiques, à condition que l'âge n'excède pas environ 50 000 années, la période du carbone 14 valant 5 730 ± 40 années (*tableau 4.3 et exercice 4.6*).

Les applications sont nombreuses en archéologie, anthropologie, histoire ou environnement. Citons par exemple que des charbons et fusains ont permis de dater des peintures rupestres âgées de 31 000 ans dans la grotte Chauvet de Vallon-Pont-d'Arc, ou d'identifier deux périodes d'occupation de la grotte Cosquer (dans les calanques de Cassis), remontant respectivement à 27 000 ans, et à 18 500-19 200 ans.

- Le potassium possède trois isotopes naturels dont deux sont stables : $^{39}_{19}K$ (93,2581 %) et $^{41}_{19}K$ (6,7302 %) ; le troisième $^{40}_{19}K$ ($1{,}17.10^{-2}$ %) est radioactif (*tableaux 4.3* et *4.4*). Le **potassium 40** est utilisé comme traceur en médecine pour suivre l'itinéraire de potassium ingéré, ainsi que pour la datation de roches très anciennes (roches lunaires).
- L'**iode 123**, l'un des isotopes artificiels de l'iode, est notamment utilisé pour des scintigraphies. Compte tenu de sa période, il disparaît en cinq à six jours (*tableau 4.3*).

c) Sources radioactives

Certains radio-isotopes artificiels sont aussi des **sources de rayonnements** pour des radiographies, en radiothérapie ou pour des applications industrielles.

Exemples

- Le **cobalt 60** est connu pour avoir été longtemps utilisé en radiothérapie anticancéreuse ; il possède maintenant de nombreuses applications industrielles : stérilisation des récoltes, des aliments, des boues d'égouts, des matériels médicaux, des produits pharmaceutiques et cosmétiques, et même des œuvres d'art (élimination des moisissures, parasites et bactéries), durcissement de certains plastiques, etc.
- L'**iode 131** est utilisé en thérapie du cancer de la thyroïde. Administré oralement, il se fixe dans les cellules thyroïdiennes et détruit localement la tumeur.

Énergie nucléaire

a) Défaut de masse et énergie de cohésion du noyau

En toute rigueur, la **masse** d'un noyau donné n'est pas exactement la somme des masses des nucléons (protons et neutrons) qui le composent ; en effet, si la formation du noyau par réunion de ces particules se produisait, elle se ferait avec un « **défaut de masse** » Δm au profit de la libération d'une énergie ΔE, calculable avec la relation d'Einstein :

$$\boxed{\Delta E = (\Delta m)c^2}$$

où $\Delta m = \Sigma$ (masses des nucléons) – masse du noyau ; c est la célérité de la lumière.

Selon cette formulation, ΔE est comptée positivement.

Si Δm est en kg, ΔE s'exprime en joules. Rappelons qu'il est cependant habituel de convertir ΔE en électron-volts, unité d'énergie adaptée à l'échelle élémentaire :

$$1\ \text{eV} \approx 1{,}602.10^{-19}\ \text{J}$$

$$\boxed{1\ \text{MeV (mégaélectron-volt)} = 10^{6}\ \text{eV} \approx 1{,}6.10^{-13}\ \text{J}}$$

La quantité ΔE est d'autant plus grande que le noyau considéré est stable. C'est pourquoi ΔE est appelée **énergie de cohésion** (ou **énergie de liaison**) du noyau. Pour comparer entre elles les stabilités des noyaux de divers éléments, **l'énergie de cohésion est rapportée à 1 nucléon**, et donc divisée par le nombre de nucléons.

Exemple. Énergie de cohésion du carbone 12. La masse du noyau est $m({}^{12}_{6}\text{C}) = 19{,}92102.10^{-27}$ kg. La constitution du noyau à partir de ses nucléons serait :

$$6\ \text{p} + 6\ \text{n} \rightarrow {}^{12}_{6}\text{C} + \Delta E$$

$\Delta m = [6\ m_{\text{p}} + 6\ m_{\text{n}}] - m({}^{12}_{6}\text{C})$

$= 6 \times 1{,}6726.10^{-27} + 6 \times 1{,}6749.10^{-27} - 19{,}92102.10^{-27}$

$= 0{,}16398.10^{-27}$ kg

Quantité d'énergie ΔE correspondant à la formation du noyau :

$\Delta E = (\Delta m)c^2 = 0{,}16398.10^{-27} \times (3.10^8)^2 = 1{,}476.10^{-11}$ J

$$\Delta E = \frac{1{,}476.10^{-11}}{1{,}602.10^{-19}} = 9{,}213.10^{7}\ \text{eV soit } 92{,}13\ \text{MeV.}$$

L'énergie de cohésion par nucléon du carbone 12 est :

$$\frac{92{,}13}{12} = 7{,}68\ \text{MeV/nucléon.}$$

b) Courbe d'Aston

La stabilité relative des noyaux est illustrée par la courbe donnant l'énergie de cohésion par nucléon en fonction du nombre de masse, appelée **courbe d'Aston** (*figure 4.3*). Le maximum de la courbe correspond à ${}^{56}_{26}\text{Fe}$: 8,79 MeV/nucléon, ${}^{59}_{27}\text{Co}$: 8,77 MeV/nucléon et ${}^{58}_{28}\text{Ni}$: 8,73 MeV/nucléon. Ces noyaux sont les plus stables connus.

Aux petites valeurs de A, l'énergie de cohésion et donc la stabilité, diminuent rapidement ; des maxima relatifs sont néanmoins observés pour ${}^{4}_{2}\text{He}$, ${}^{12}_{6}\text{C}$ et ${}^{16}_{8}\text{O}$. De l'autre côté, la stabilité décroît moins vite ; rappelons qu'au-delà du bismuth ($A = 209$), tous les isotopes de tous les éléments sont radioactifs.

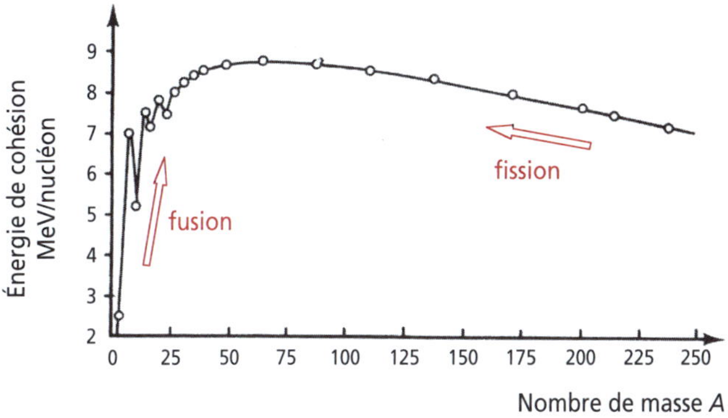

Figure 4.3 Courbe d'Aston. Énergie de cohésion des noyaux (en MeV/nucléon) en fonction de *A*.

En conclusion, l'examen de la courbe d'Aston indique que l'évolution vers un maximum de stabilité peut se produire soit par fission de noyaux lourds en noyaux plus petits, soit par fusion de noyaux légers en noyaux plus volumineux.

c) Fission, fusion et énergie nucléaire

La **fission** est due à l'impact d'un neutron sur un noyau lourd fissile, c'est-à-dire un noyau susceptible d'être fragmenté comme, par exemple, celui de l'uranium 235. La réaction se fait avec perte de masse Δm et dégagement d'énergie $\Delta E = (\Delta m)c^2$.

La fission de l'uranium 235 peut se produire selon de nombreuses réactions qui fournissent en moyenne 200 MeV par atome d'uranium 235 fragmenté. Voici l'une d'entre elles :

$$^{235}_{92}\mathrm{U} + {}^{1}_{0}\mathrm{n} \rightarrow {}^{141}_{56}\mathrm{Ba} + {}^{92}_{36}\mathrm{Kr} + 3\ {}^{1}_{0}\mathrm{n}\ \ (+\ 170\ \mathrm{MeV})$$

Les réactions de fission absorbent un neutron, mais en génèrent plus d'un. Les neutrons excédentaires, s'ils ne sont pas absorbés, peuvent induire d'autres réactions, et le processus dit « en chaîne ramifiée » devient explosif. C'est le principe d'une bombe atomique, dite bombe A.

En revanche, dans les **centrales nucléaires**, la fission est contrôlée par absorption des neutrons excédentaires, et l'énergie dégagée sert à produire de l'électricité.

La comparaison à l'énergie de réactions chimiques de combustion (*exercice 4.8*) montre que la fission d'1 g d'uranium 235 libère autant d'énergie que la combustion de 2,7 tonnes de charbon ou de 1,5 tonne de méthane. En terme d'énergie dégagée, les ordres de grandeur sont donc totalement différents entre une réaction nucléaire, et une réaction chimique de combustion.

Par analogie cependant, l'uranium (souvent sous forme d'oxyde) est qualifié de combustible nucléaire. Notons que l'uranium est constitué des deux isotopes naturels : $^{235}_{92}U$ (0,72 %) et $^{238}_{92}U$ (99,28 %). Seul, l'uranium 235 est fissible. C'est pourquoi le mélange constituant le combustible est préalablement **enrichi** en $^{235}_{92}U$ à des teneurs allant de 3,5 à 4 %. Le degré d'enrichissement dépend de la technologie du réacteur concerné.

Quant à la **fusion** de noyaux légers, elle conduit à former des noyaux de nombres de masse plus élevés, et donc plus stables. Or, le rapprochement des noyaux positifs est défavorisé par la répulsion électrostatique. Ce n'est qu'au prix de températures de l'ordre d'une centaine de millions de degrés que l'agitation thermique permet de vaincre la répulsion des noyaux ; c'est pourquoi on parle de **fusion thermonucléaire**, qui elle-même libère une quantité considérable d'énergie. La fusion est à l'origine du rayonnement des étoiles (*voir encadré 5 et exercice 4.7*).

En revanche, la fusion n'a pas à ce jour d'application industrielle pour la production d'électricité, car elle n'est pas encore contrôlée. Depuis une trentaine d'années, les recherches sont actives pour mettre à profit la fusion du deutérium et du tritium[1]. L'énergie produite est, par gramme de combustible, de l'ordre de quatre fois supérieure à celle de la fission de l'uranium 235[2]. Notons que les ressources terrestres en deutérium sont quasiment inépuisables, alors que le tritium doit être produit à partir du lithium.

La maîtrise de telles réactions ouvrirait la voie à des ressources en énergie quasi illimitées sur notre planète. Après le JET (Joint European Torus), implanté à Culham en Angleterre, le réacteur ITER (International Thermonuclear Experimental Reactor) en cours de construction sur le site de Cadarache, est une étape importante vers l'exploitation à grande échelle de l'énergie de fusion.

---

1. L'hydrogène naturel est composé de trois isotopes : $^{1}_{1}H$ (99,984 %), $^{2}_{1}H$ ou deutérium, souvent noté D (0,016 %) et $^{3}_{1}H$ ou tritium, radioactif, souvent noté T ($< 10^{-7}$ %). Le deutérium est présent dans l'eau de mer sous forme de D_2O (eau lourde).
2. La fusion du deutérium et du tritium a été mise à profit dans la bombe H, amorcée par une bombe A pour atteindre la température nécessaire au déclenchement de la fusion.

Encadré 5. Le Soleil, une énergie libérée par la fusion

Au cœur des étoiles, et en particulier du **Soleil** ont lieu des réactions de fusion nucléaire au cours desquelles **l'hydrogène est transformé en hélium**, en libérant une énergie telle que la température atteint quinze millions de degrés. Il n'y a pourtant que 0,7 % de la masse d'hydrogène fusionnant qui est convertie en énergie. L'un des mécanismes du processus, connu sous le nom de cycle de Critchfield, comporte les étapes de fusion suivantes :

$$^{1}_{1}H + ^{1}_{1}H \rightarrow ^{2}_{1}H + ^{0}_{+1}e + ^{0}_{0}\nu$$

$$^{2}_{1}H + ^{1}_{1}H \rightarrow ^{3}_{2}He + \gamma$$

$$^{3}_{2}He + ^{3}_{2}He \rightarrow ^{4}_{2}He + 2\,^{1}_{1}H$$

Quelques chiffres illustrent le fabuleux fonctionnement du Soleil, dû aux fusions nucléaires :

- en une seconde, 600 millions de tonnes d'hydrogène sont converties en hélium, 4,2 millions de tonnes disparaissant en lumière,
- compte tenu de sa masse énorme, le Soleil n'a perdu que quelques centièmes de pour cent depuis sa formation (4,6 milliards d'années),
- chaque transformation de 1 kg d'hydrogène en hélium libère l'équivalent en énergie de 5 jours de production d'une centrale nucléaire. Or il se transforme 600 millions de tonnes d'hydrogène par seconde...

4.2 MASSE ATOMIQUE

Masse d'un atome : masse de son noyau ou masse de ses nucléons ?

Si on néglige la masse des électrons, ce qui fait commettre une erreur maximale de 5.10^{-2} %, on peut assimiler la masse d'un atome à celle de son noyau (*cf. § 2.1 p. 24*). Or, la masse du noyau n'est pas strictement égale à la somme des masses des nucléons, en raison du défaut de masse Δm (*cf. § 4.1 p. 111*) :

$$\text{masse du noyau} = \Sigma\, m_{\text{nucléons}} - \Delta m = \Sigma\, m_{\text{nucléons}}(1 - \Delta m/\Sigma\, m_{\text{nucléons}})$$

Quelles sont les valeurs relatives de Δm et de $\Sigma\, m_{\text{nucléons}}$?

Envisageons le cas du noyau de fer 56 ($^{56}_{26}Fe$) dont l'énergie de cohésion, 8,79 MeV/nucléon correspond au sommet de la courbe d'Aston (*figure 4.3*). Il s'agit, par conséquent, du noyau pour lequel le rapport $\Delta m/\Sigma m_{\text{nucléons}}$ est le plus élevé. Le calcul montre que ce rapport vaut 0,93 %.

L'ordre de grandeur du défaut de masse est tel qu'assimiler la masse de tout noyau atomique à la somme des masses de ses nucléons fait commettre une erreur relative maximale de 0,93 %.

La suite de la discussion montrera qu'il n'est néanmoins pas déraisonnable de faire une telle approximation, et d'évaluer la masse de l'atome selon :

$$\text{masse de l'atome} \approx \text{masse du noyau} \approx \Sigma(\text{masse des nucléons})$$

Masse atomique et unité de masse atomique (u)

Les masses des atomes sont de l'ordre de 10^{-27} à 10^{-25} kg ; pour manipuler des valeurs numériques plus simples, il est possible de convertir les masses des atomes en unité de masse atomique (u). Par convention internationale, la masse d'un atome de carbone 12 a été prise exactement égale à 12 unités de masse atomique.

L'**unité de masse atomique**[1] est donc le 1/12e de la masse d'un atome de carbone 12. Sachant que cette dernière vaut $19{,}92648.10^{-27}$ kg (noyau + électrons) :

$$1\ \text{u} = 1/12\ (\text{masse d'un atome de } {}^{12}_{6}\text{C})$$

$$= 19{,}92648.10^{-27}/12 = 1{,}66054.10^{-27}\ \text{kg}$$

Les masses de tous les atomes et particules élémentaires peuvent être exprimées avec cette unité, en divisant la valeur en kg par $1{,}66054.10^{-27}$.

Pour le proton et le neutron (*tableau 4.5*), on constate que :

$$m_p \approx m_n \approx 1\ \text{u (à moins de 1 \% près)}$$

La masse atomique d'un isotope quelconque (ou **masse isotopique**) obtenue en sommant les masses des nucléons prises égales à 1 u est très voisine de la valeur réelle, comme on le constate par exemple pour les isotopes 35 et 37 du chlore (*tableau 4.5*) :

1. Le terme exact est « unité de masse atomique unifiée ». Cette unité porte également le nom de dalton (Da).

TABLEAU 4.5 MASSES DES ISOTOPES 35 ET 37 DU CHLORE, DU PROTON ET DU NEUTRON EN kg ET EN u.

	Masse (kg)	Masse (u)
$^{35}_{17}Cl$	$58{,}06718.10^{-27}$	34,969
$^{37}_{17}Cl$	$61{,}38337.10^{-27}$	36,966
p	$1{,}6726.10^{-27}$	1,0073
n	$1{,}6749.10^{-27}$	1,0087

- $m(^{35}_{17}Cl) = 35 \times 1 = 35$ **u** (au lieu de 34,969 ; écart 0,09 %),
- $m(^{37}_{17}Cl) = 37 \times 1 = 37$ **u** (au lieu de 36,966 ; écart 0,09 %).

Les masses isotopiques en u ont une valeur numérique sensiblement égale à celle du nombre *A* de nucléons de l'atome. C'est pourquoi ***A est appelé « nombre de masse »***.

En conclusion, la masse isotopique, exprimée en unités de masse atomique (u), peut être prise égale au nombre de masse de l'isotope considéré.

4.3 MOLE, MASSE MOLAIRE ET QUANTITÉ DE MATIÈRE

La mole : un changement d'échelle

La pratique de la chimie a conduit à introduire la grandeur **quantité de matière**, et à adapter son unité à l'échelle humaine. Cette unité, qui représente un ensemble d'un nombre donné de corpuscules (atomes, molécules, électrons, etc.), est appelée **mole** (du latin *moles :* amas, gros tas). Par définition :

La **mole** est la quantité de matière d'un système contenant autant d'entités élémentaires qu'il y a d'atomes dans 12 grammes de carbone 12 ; son symbole est « mol ».

Sachant que la masse d'un atome de $^{12}_{6}C$ est $19{,}92648.10^{-24}$ g, le nombre d'entités élémentaires constituant une mole, c'est-à-dire le nombre d'atomes dans 12 g de carbone 12 est :

$$\frac{12}{19{,}92648.10^{-24}} = 6{,}022.10^{23}$$

Ce nombre est la valeur numérique de la **constante d'Avogadro N_A** :

$$N_A = 6{,}022.10^{23}\ \text{mol}^{-1}$$

Ce nombre est phénoménal. Par exemple, $6{,}022.10^{23}$ cm représentent 40 milliards de fois la distance Terre-Soleil, soit 40 milliards de fois 150 millions de km !

Examinons le cas des électrons. La charge d'une mole d'électrons est une quantité d'électricité appelée **constante de Faraday *F*** :

$$1\ F = N_A \times 1{,}602.10^{-19} = 96\,485\ \text{C.mol}^{-1}$$

$$\boxed{1\ F \approx 96\,500\ \text{C.mol}^{-1}}$$

La constante d'Avogadro et la constante de Faraday sont des constantes fondamentales.

Passer de l'entité élémentaire à la mole d'entités élémentaires constitue un changement d'échelle : de l'échelle élémentaire à l'échelle molaire.

Masse molaire

a) Masse molaire et masse isotopique

La **masse molaire *M*** est, en règle générale, la masse d'une mole de corpuscules. Elle s'exprime en g.mol^{-1}. Si la masse des corpuscules est m (en g) :

$$M = N_A\, m$$

Par exemple, la masse molaire isotopique du carbone 12 est, par définition :

$$\boxed{M({}^{12}_{6}\text{C}) = 12\ \text{g.mol}^{-1}}$$

Or, à l'échelle élémentaire : 1 atome de ${}^{12}_{6}\text{C}$ a une masse de 12 u (définition de u). Les valeurs numériques sont les mêmes dans les deux échelles, molaire ou élémentaire ; seules les unités diffèrent.

Comme pour le carbone 12, la masse en g.mol^{-1} d'une mole d'isotopes d'un élément quelconque s'exprime par la même valeur numérique que la masse en u d'un atome de cet isotope à l'échelle élémentaire.

b) Abondance isotopique

Un échantillon naturel d'un corps simple est en réalité un mélange, dans des proportions déterminées, de différents isotopes naturels de l'élément constituant le corps simple.

L'**abondance isotopique** d'un isotope particulier dans un échantillon naturel d'atomes appartenant à un élément donné est représentée par la fraction molaire, ou le pourcentage molaire, de cet isotope dans l'échantillon.

c) Masse molaire d'un élément

La **masse molaire** M d'un élément est la masse d'une mole d'atomes naturels de cet élément. On la calcule en effectuant la moyenne des masses molaires des isotopes naturels, pondérée par leur abondance isotopique.

Les valeurs numériques des masses molaires figurent, pour chaque élément, dans la classification périodique.

Exemple. Masse molaire du chlore :

- La masse molaire du chlore 35 est : $M({}^{35}_{17}\mathrm{Cl}) = 34{,}969$ g.mol^{-1}
- La masse molaire du chlore 37 est : $M({}^{37}_{17}\mathrm{Cl}) = 36{,}966$ g.mol^{-1}
- Sachant que l'abondance isotopique de ces deux isotopes naturels est respectivement 75,77% pour ${}^{35}_{17}\mathrm{Cl}$ et 24,23 % pour ${}^{37}_{17}\mathrm{Cl}$, la masse molaire du chlore M(Cl) est :

$$M(\mathrm{Cl}) = 34{,}969 \times \frac{75{,}77}{100} + 36{,}966 \times \frac{24{,}23}{100} \text{ g.mol}^{-1}$$

35,45 est la valeur numérique qui figure dans la classification périodique dans la case $Z = 17$ à côté du symbole Cl de l'élément.

Quantité de matière

La **quantité de matière**, symbolisée par n, s'exprime en mol. Dans un échantillon de masse m d'une substance de masse molaire M, cette quantité est :

$$\boxed{n = \frac{m}{M}}$$

avec m en g, et M en g.mol^{-1}.

POINTS CLEFS

- Des isotopes sont des atomes d'un même élément (El) dont les noyaux diffèrent par le nombre de neutrons *N*. ${}^{A}_{Z}\text{El}$ représente le noyau d'un isotope donné de El.
  - *Z*, numéro atomique, caractérise l'élément. C'est le nombre de protons du noyau, identique pour tous les isotopes du même élément.
  - *A*, nombre de masse, caractérise l'isotope. C'est le nombre de nucléons : $A = Z + N$.
- Les isotopes peuvent être naturels (stables ou radioactifs) ou artificiels (toujours radioactifs). Les radio-isotopes (ou isotopes radioactifs) sont utilisés comme traceurs ou comme sources de rayonnement.
- Un noyau radioactif se transforme spontanément en un noyau final stable. Chaque étape de cette transformation est la désintégration d'un noyau père en un noyau fils.
- Une désintégration se produit, soit avec émission α (noyaux d'hélium ${}^{4}_{2}\text{He}$), soit avec émission β^- (électrons ${}^{0}_{-1}\text{e}$ + antineutrinos ${}^{0}_{0}\bar{\nu}$), soit avec émission β^+ (positons ${}^{0}_{+1}\text{e}$ + neutrinos ${}^{0}_{0}\nu$). Elle est généralement accompagnée de rayonnement γ dû à la désexcitation du noyau fils.
- Le déclin d'une population de *N* atomes radioactifs identiques suit une loi exponentielle : $N = N_0 \mathrm{e}^{-\lambda t}$. Les paramètres essentiels sont la période de l'isotope radioactif considéré, et l'activité (ou radioactivité) de l'échantillon (*cf.* § *4.1. p. 106*).
- L'énergie de cohésion du noyau ΔE est associée au défaut de masse Δm par $\Delta E = (\Delta m)c^2$. Δm ne dépasse jamais 0,93 % de la masse des nucléons, mais la multiplication par c^2 conduit à des valeurs considérables de ΔE.
- Toute réaction nucléaire se fait avec une perte de masse Δm et un dégagement d'énergie $\Delta E = (\Delta m)c^2$. L'importance de l'énergie dégagée est illustrée par la fission de l'uranium 235 (centrales nucléaires) . Quant à la fusion, à l'origine du rayonnement des étoiles, la maîtriser ouvrirait la voie à des ressources en énergie quasi illimitées.
- L'unité de masse atomique u est le 1/12e de la masse d'un atome de carbone 12 : 1 u = $1{,}66054.10^{-27}$ kg. En chimie, la masse atomique d'un isotope donné (masse isotopique) exprimée en u, peut être prise égale à son nombre de masse *A*.
- La mole (mol) est la quantité de matière d'un système contenant $6{,}022.10^{23}$ entités élémentaires. $N_A = 6{,}022.10^{23}$ mol^{-1} est la constante d'Avogadro.

- La masse molaire M (en $g.mol^{-1}$) d'un isotope donné d'un élément quelconque s'exprime par la même valeur numérique que la masse en u de cet isotope à l'échelle élémentaire.
- Pour chaque élément, la masse molaire qui apparaît dans la classification périodique est la moyenne des masses molaires des différents isotopes naturels, pondérée par leur abondance isotopique.

EXERCICES

La classification périodique et les chapitres 1 et 2 du cours doivent être consultés pour en extraire certaines données non précisées dans les énoncés.

4.1 Numéro atomique et nombre de masse

Les indications portées dans le tableau suivant sont-elles exactes ? Si non, corriger en expliquant.

Noyau	Nombre de protons	Nombre de neutrons
$^{1}_{1}H$	1	1
$^{3}_{2}He$	3	2
$^{40}_{19}K$	19	21
$^{39}_{19}K$	18	22
$^{1}_{1}H^{+}$	0	1

4.2 Désintégrations radioactives

a) Formuler les désintégrations radioactives transformant les noyaux pères portés dans le tableau en leurs noyaux fils (rechercher les numéros atomiques dans la classification périodique). Classer ces désintégrations en fonction du type de rayonnement observé.

Père	^{35}S	^{13}N	^{137}Cs	^{18}F	^{131}I	^{226}Ra
Fils	^{35}Cl	^{13}C	^{137}Ba	^{18}O	^{131}Xe	^{222}Rn

b) Le sélénium 82 est un isotope radioactif de période très longue ($\approx 10^{20}$ ans). Comme pour certains isotopes de période très longue, sa désintégration est une double désintégration de type β^{-}. La formuler.

4.3 Énergie libérée lors d'une désintégration

Calculer l'énergie libérée lors de la désintégration de 1 atome, puis de 1 g de radium 226 en radon 222 par émission α. L'exprimer dans l'unité la mieux adaptée.

Données :

Masses des noyaux : ${}^{226}_{88}Ra$: 226,025410 u ; ${}^{222}_{86}Rn$: 222,017578 u ; ${}^{4}_{2}He$: 4,002603 u

4.4 Désintégration du cobalt 60

a) Le cobalt 60, émetteur β^-, se désintègre pour donner un atome de nickel excité. La désexcitation simultanée du nickel provoque les émissions successives de deux photons γ_1 et γ_2, d'énergie $E_1 = 1{,}173$ MeV et $E_2 = 1{,}332$ MeV.

i. Écrire la réaction de désintégration du cobalt 60. Sachant que l'énergie totale libérée au cours de la désintégration est $E = 2{,}824$ MeV, calculer l'énergie de l'électron émis.

ii. Calculer les longueurs d'onde des radiations γ_1 et γ_2.

b) La période du cobalt 60 est $T = 5{,}27$ ans et son activité spécifique à la sortie du réacteur où il est préparé : $4{,}2.10^4$ TBq.kg^{-1}.

i. Une source neuve de cobalt a une activité $A_0 = 4.10^5$ GBq. Calculer la masse de cette source, et le nombre de noyaux N_0 de cobalt 60 qu'elle contient.

ii. Quelle est l'activité de cette source au bout de 1 ; 2 ; 5 et 10 ans ?

iii. Utilise-t-on le rayonnement du cobalt 60 pour débactériser des crèmes de beauté ?

Données : $h = 6{,}626.10^{-34}$ J.s ; $c = 3.10^8$ m.s^{-1} ; durée d'une année : 365,26 jours

4.5 Activités des constituants d'un mélange d'isotopes radioactifs

Un échantillon de strontium radioactif est constitué avec une mole de l'isotope 85 (période : 64 jours) et une mole de l'isotope 90 (période 28,1 ans). Combien de temps après la constitution de cet échantillon les activités de ces deux isotopes sont-elles égales ? (1 an = 365 jours)

4.6 Datations au carbone 14

Les datations au carbone 14 obéissent à des protocoles et des calculs régis par convention internationale. En particulier l'activité de référence du carbone 14, correspondant à l'activité naturelle aujourd'hui, a été fixée à :

$A_0 = 13{,}56$ dpm.g^{-1} (soit : désintégrations par minute et par g de carbone naturel)

a) Montrer que cette valeur est compatible avec une proportion de l'ordre de $1{,}2.10^{-10}$ % de carbone 14 dans le carbone naturel, dont la masse molaire est 12,01 g.mol^{-1}.

b) Déterminer l'âge d'un morceau de bois dont l'activité est : $A = 5{,}0$ dpm.g^{-1}. Sans tenir compte de l'incertitude sur la mesure, ni des diverses corrections liées à l'évolution de la valeur de A_0 dans le temps, évaluer la marge d'erreur sur l'âge due à l'incertitude sur la période du radiocarbone.

c) En 2002, il a été découvert dans les Carpates une mandibule appartenant à un homme moderne archaïque. Sa datation au carbone 14 lui a donné un âge de 34950 ans. Calculer le pourcentage d'atomes de ^{14}C restant dans cet ossement.

Données : période du carbone 14 : 5 730 ± 40 ans ; durée d'une année : 365,26 jours.

4.7 Fusion nucléaire dans les étoiles : cycle de Bethe

Le cycle carbone-azote-oxygène (cycle CNO ou cycle de Bethe) est un des processus de fusion nucléaire au sein des étoiles, responsable de l'énergie qu'elles dégagent.

a) Compléter les éléments manquants de ce cycle.

$$^{12}_{6}C + \ldots \rightarrow {}^{13}_{7}N \rightarrow {}^{13}_{6}C + \ldots$$

$$^{13}_{6}C + \ldots \rightarrow {}^{14}_{7}N$$

$$^{14}_{7}N + \ldots \rightarrow {}^{15}_{8}O \rightarrow {}^{15}_{7}N + \ldots$$

$$^{15}_{7}N + \ldots \rightarrow {}^{12}_{6}C + {}^{4}_{2}He$$

b) Formuler la réaction globale, et la commenter.

4.8 Énergie de fission de l'uranium 235

En considérant que les diverses réactions de fission de l'uranium 235 fournissent en moyenne 200 MeV par atome d'uranium fragmenté, calculer la quantité d'énergie dégagée par g d'uranium soumis à la fission (masse de l'uranium 235 = 235,04393 u). Calculer ensuite les masses de charbon et de méthane dont la combustion libère la même quantité d'énergie.

Données : pouvoir calorifique moyen du charbon : 30 000 kJ.kg^{-1} ; pouvoir calorifique moyen du méthane (principal constituant du gaz de ville) : 55 000 kJ.kg^{-1}.

4.9 Isotopes et masse molaire du magnésium, énergie de cohésion

a) Le magnésium naturel comporte trois isotopes, qui seront représentés par I_1, I_2 et I_3. L'isotope I_1 possède 12 neutrons, I_2 en possède 13 et I_3 en possède 14. Leurs abondances isotopiques valent : 78,99 % pour I_1, 10,00 % pour I_2, 11,01 % pour I_3.

i. Symboliser les noyaux des trois isotopes en faisant apparaître pour chacun le numéro atomique et le nombre de masse.

ii. En arrondissant la masse molaire du proton et celle du neutron à 1 g.mol^{-1}, calculer la masse molaire du magnésium naturel (l'exprimer avec une décimale).

b) Calculer l'énergie de cohésion (en MeV/nucléon) de l'isotope I_1.

c) Lorsque dans une roche on trouve une proportion de l'isotope I_3 du magnésium supérieure à 11,01 %, on l'explique par le fait que cette roche a été le siège de la désintégration de l'isotope radioactif ^{26}Al. Ce dernier, disparu aujourd'hui de la roche compte tenu de la valeur de sa période, serait lui-même majoritairement provenu de l'explosion d'une supernova lors de la formation du système solaire.

i. Formuler la réaction de désintégration de ^{26}Al en I_3.

ii. Combien d'années après sa formation l'isotope ^{26}Al a-t-il disparu à 99 % ? Comparer à l'âge du système solaire qui est de 4,55 Ga.

Données : 1 eV = 1,6.10^{-19} J

Numéro atomique du magnésium 12
Numéro atomique de l'aluminium 13
Masse du proton .... 1,6726.10^{-27} kg
Masse du neutron .... 1,6749.10^{-27} kg
Masse isotopique de I_1 .... 23,9850 u
Masse en kg de l'unité de masse atomique . 1,66054.10^{-27} kg
Célérité de la lumière .... 3.10^{8} m.s^{-1}
Période de désintégration de ^{26}Al .... 0,73 million d'années

SOLUTIONS

4.1 Les valeurs corrigées sont en gras.

Noyau	Nombre de protons = Z	Nombre de neutrons = A – Z
$^{1}_{1}H$	1	**0**
$^{3}_{2}He$	**2**	**1**
$^{40}_{19}K$	19	21
$^{39}_{19}K$	**19**	**20**
$^{1}_{1}H^{+}$	**1**	**0**

4.2 a) • Désintégration avec émission de rayonnement α

$$^{226}_{88}Ra \rightarrow {}^{222}_{86}Rn + {}^{4}_{2}He$$

- Désintégrations avec émission de rayonnement β^-

$^{35}_{16}S \rightarrow ^{35}_{17}Cl + ^{0}_{-1}e + ^{0}_{0}\bar{\nu}$ $\quad$ $^{137}_{55}Cs \rightarrow ^{137}_{56}Ba + ^{0}_{-1}e + ^{0}_{0}\bar{\nu}$

$^{131}_{53}I \rightarrow ^{131}_{54}Xe + ^{0}_{-1}e + ^{0}_{0}\bar{\nu}$

- Désintégrations avec émission de rayonnement β^+

$^{13}_{7}N \rightarrow ^{13}_{6}C + ^{0}_{+1}e + ^{0}_{0}\nu$ $\quad$ $^{18}_{9}F \rightarrow ^{18}_{8}O + ^{0}_{+1}e + ^{0}_{0}\nu$

b) $^{82}_{34}Se \rightarrow ^{82}_{36}Kr + 2\,^{0}_{-1}e + 2\,^{0}_{0}\bar{\nu}$

4.3 $^{226}_{88}Ra \rightarrow ^{4}_{2}He + ^{222}_{86}Rn$

$\Delta m = 226{,}025\,410 - 4{,}002\,603 - 222{,}017\,578 = 5{,}229.10^{-3}$ u,

soit $\Delta m = 8{,}682\,96.10^{-30}$ kg

$\Delta E = (\Delta m)c^2 = 8{,}68296.10^{-30} \times (3.10^8)^2 = 7{,}815.10^{-13}$ J, soit :

$$\boxed{\Delta E = 4{,}878 \text{ MeV (par atome de } ^{226}_{88}\text{Ra)}}$$

Cela correspond à :

$$\frac{7{,}815.10^{-13}}{226{,}025\,410 \times 1{,}660\,54.10^{-24}} = \boxed{2{,}08.10^{9} \text{ J (par gramme de } ^{226}_{88}\text{Ra)}}$$

4.4 a) i. $^{60}_{27}Co \rightarrow ^{0}_{-1}e + ^{60}_{28}Ni^{*} + ^{0}_{0}\bar{\nu}$

$^{60}_{28}Ni^{*} \rightarrow ^{60}_{28}Ni + \gamma_1 + \gamma_2$

Énergie de l'électron émis $= E - E_1 - E_2 = 2{,}824 - 1{,}173 - 1{,}332 = 0{,}319$ MeV

ii. Une radiation γ correspond à un quantum d'énergie $E = hc/\lambda$, où h est la constante de Planck et c la célérité de la lumière.

Donc : $\lambda = hc/E$

L'application numérique donne :

$$\lambda_1 = \frac{6{,}626.10^{-34} \times 3.10^{8}}{1{,}173 \times 1{,}6.10^{-13}} = 1{,}06.10^{-12} \text{ m}$$

$$\lambda_2 = \frac{6{,}626.10^{-34} \times 3.10^{8}}{1{,}332 \times 1{,}6.10^{-13}} = 9{,}33.10^{-13} \text{ m}$$

$$\text{soit } \boxed{\lambda_1 = 1{,}06 \text{ pm et } \lambda_2 = 0{,}93 \text{ pm}}$$

b) i. Soit $(A_{sp})_0 = 4{,}2.10^4$ TBq.kg^{-1} : l'activité spécifique du cobalt 60 juste préparé, et $A_0 = 4.10^5$ GBq : l'activité de la source neuve de masse m.

$$m = \frac{A_0}{(A_{sp})_0} = \frac{4.10^{14}}{4{,}2.10^{16}} = 9{,}52.10^{-3} \text{ kg, soit } \boxed{m = 9{,}52 \text{ g}}.$$

Deux méthodes sont possibles pour calculer N_0.

soit : $N_0 = \dfrac{m}{m(^{60}_{27}\text{Co})} = \dfrac{9{,}52.10^{-3}}{60 \times 1{,}66054.10^{-27}} = 9{,}6.10^{22}$ noyaux

soit :

$N_0 = \dfrac{A_0}{\lambda} = A_0 \dfrac{T}{\ln 2} = \dfrac{4.10^{14} \times 5{,}27 \times 365{,}26 \times 24 \times 3\,600}{\ln 2} =$
$9{,}6.10^{22}$ noyaux

Bien mettre *T* en s !

$$\boxed{N_0 = 9{,}6.10^{22} \text{ noyaux}}$$

ii. Soit A l'activité de la source au bout d'un temps t. De $A_0 = \lambda N_0$ et de $A = \lambda N$ on déduit :

$$A = A_0 \frac{N}{N_0} = A_0 \times e^{-\frac{t}{T}(\ln 2)}$$

ce qui conduit à : $A = 4.10^5 e^{-\frac{t \ln 2}{5{,}27}}$ avec t en ans et A en GBq.

On obtient :

t (ans)	*N*/*N*$_0$	*A* (GBq)
1	0,877	$3{,}50.10^5$
2	0,769	$3{,}07.10^5$
5	0,518	$2{,}07.10^5$
10	0,268	$1{,}07.10^5$

iii. Le rayonnement du cobalt 60 est utilisé pour stériliser, entre autres, les cosmétiques et donc les crèmes de beauté.

4.5 Les deux isotopes sont : ^{85}Sr, isotope 1 ($T_1 = 64$ j) et ^{90}Sr, isotope 2 ($T_2 = 28{,}1 \times 365$ j)

Lorsque leurs activités (ou vitesses de désintégration) sont égales :

$$\lambda_1 N_1 = \lambda_2 N_2 \qquad \text{avec} \qquad \lambda_1 = \ln 2/T_1 \quad \text{et} \quad \lambda_2 = \ln 2/T_2$$

$$\lambda_1 N_{10}\, e^{-\lambda_1 t} = \lambda_2 N_{20}\, e^{-\lambda_2 t}$$

Le mélange est constitué avec des quantités initiales égales d'atomes de chaque isotope, donc :

$$N_{10} = N_{20}$$

D'où :

$$\lambda_1\, e^{-\lambda_1 t} = \lambda_2\, e^{-\lambda_2 t}$$

Le temps t au bout duquel les activités de chacun des isotopes sont égales est alors :

$$t = \frac{1}{\lambda_1 - \lambda_2} \ln\frac{\lambda_1}{\lambda_2} = \frac{\ln(T_2/T_1)}{\ln 2 \times (1/T_1 - 1/T_2)}$$

Application numérique : $t = \dfrac{\ln\left(\dfrac{28{,}1 \times 365}{64}\right)}{(\ln 2) \times \left(\dfrac{1}{64} - \dfrac{1}{28{,}1 \times 365}\right)}$

soit $\boxed{t \approx 472 \text{ j}}$ (environ 1 an et 3,5 mois)

4.6 a) Compte tenu de l'abondance isotopique de ^{14}C, le carbone naturel contient de l'ordre de :

$N_0 = \dfrac{1 \times 6{,}022.10^{23} \times 1{,}2.10^{-10}}{12{,}01 \times 100}$ atomes de carbone 14 par gramme

Ce qui correspond à :

$$A_0 = \lambda N_0 = \frac{\ln 2}{T} \times N_0$$

avec T en min pour obtenir A_0 en dpm.g^{-1}. L'application numérique donne :

$$A_0 = \frac{\ln 2}{5\,730 \times 365{,}26 \times 24 \times 60} \times \frac{1 \times 6{,}022.10^{23} \times 1{,}2.10^{-10}}{12{,}01 \times 100}$$
$$= 13{,}84 \text{ dpm.g}^{-1}$$

Compte tenu du caractère peu précis de l'abondance isotopique de ^{14}C, le résultat de ce calcul et la valeur de l'activité de référence $A_0 = 13{,}56$ dpm.g^{-1} sont compatibles.

b) L'âge du bois est déterminé par l'écart Δt entre l'année de la mesure et l'année d'abattage de l'arbre. Δt est tel que : $A/A_0 = e^{-\lambda \Delta t}$. On en déduit :

$$\Delta t = \frac{T}{\ln 2} \times \ln\frac{A_0}{A} = \frac{5\,730}{\ln 2} \times \ln\frac{13{,}56}{5{,}0} = 8\,248 \text{ ans}$$

Il n'est pas raisonnable d'exprimer Δt avec une telle précision.

En effet, rien que l'incertitude sur la période du radiocarbone ($\Delta T = 40$ ans) induit une incertitude $\Delta(\Delta t)$ telle que :

$$\frac{\Delta(\Delta t)}{\Delta t} = \frac{\Delta T}{T} = \frac{40}{5\,730}, \text{ d'où } \Delta(\Delta t) \approx 60 \text{ ans.}$$

Par conséquent :

$$\boxed{\Delta t = 8\,250 \pm 60 \text{ ans}}$$

c) Si N représente le nombre d'atomes de ^{14}C au moment de la datation en 2002, et N_0 cette quantité au moment du décès de l'homme c'est-à-dire $t = 34950$ années auparavant, le pourcentage d'atomes résiduels en 2002 est :

$$\% \text{ restant} = \frac{N}{N_0} \times 100 \quad \text{avec} \quad \frac{N}{N_0} = e^{-\lambda t} = e^{-\frac{t \times \ln 2}{T}}$$

où T représente la période du ^{14}C.

Application numérique ;

$$\% \text{ restant} = \left[e^{-\frac{34\,950 \times \ln 2}{5\,730}} \right] \times 100 = \boxed{1{,}46\ \%}$$

4.7 a)

$$^{12}_{6}C + ^{1}_{1}H \rightarrow ^{13}_{7}N \rightarrow ^{13}_{6}C + ^{0}_{+1}e + ^{0}_{0}\nu$$

$$^{13}_{6}C + ^{1}_{1}H \rightarrow ^{14}_{7}N$$

$$^{14}_{7}N + ^{1}_{1}H \rightarrow ^{15}_{8}O \rightarrow ^{15}_{7}N + ^{0}_{+1}e + ^{0}_{0}\nu$$

$$^{15}_{7}N + ^{1}_{1}H \rightarrow ^{12}_{6}C + ^{4}_{2}He$$

b) La réaction globale est : $4\,^{1}_{1}H \rightarrow ^{4}_{2}He + 2\,^{0}_{+1}e + 2\,^{0}_{0}\nu$

Il s'agit de la fusion nucléaire de l'hydrogène en hélium. L'*encadré 5* présente un autre mécanisme de cette fusion, appelé cycle de Critchfield, prépondérant dans le Soleil. Le cycle de Bethe, en revanche, ne contribuerait qu'à 0,5 % de l'énergie émanant du Soleil. C'est dans des étoiles plus massives que le Soleil qu'il se produit essentiellement.

4.8 La fission d'un atome ^{235}U de masse $235{,}04393 \times 1{,}66054.10^{-24}$ g fournit 200 MeV $= 200 \times 1{,}6.10^{-13}$ J. La quantité d'énergie fournie par la fission de 1 g de ^{235}U est donc :

$$\Delta E = \frac{200 \times 1{,}6.10^{-13}}{235{,}04393 \times 1{,}66054.10^{-24}} = 8{,}2.10^{10} \text{ J}$$

Sachant que les pouvoirs calorifiques moyens P du charbon et du méthane sont respectivement 3.10^{7} J.kg^{-1} et $5{,}5.10^{7}$ J.kg^{-1}, les masses m

de ces combustibles susceptibles de fournir la quantité d'énergie ΔE sont données par $m = \Delta E/P$.

Le calcul donne :

$$\boxed{m(\text{charbon}) \approx 2{,}7 \text{ tonnes}} \qquad \boxed{m(\text{méthane}) \approx 1{,}5 \text{ tonne}}$$

4.9 a) i. $I_1 = {}^{24}_{12}\text{Mg}$ $\quad I_2 = {}^{25}_{12}\text{Mg}$ $\quad I_3 = {}^{26}_{12}\text{Mg}$ car $Z = 12$ et $A = 12 + \text{nb neutrons}$

ii. La masse molaire est la moyenne des masses molaires isotopiques de chacun des isotopes pondérées par leurs abondances isotopiques respectives.

En arrondissant la masse molaire du proton et celle du neutron à 1 g.mol^{-1}, les masses molaires isotopiques de I_1, I_2 et I_3 sont respectivement 24, 25 et 26 g.mol^{-1}.

Donc : $$M = 24 \times \frac{78{,}99}{100} + 25 \times \frac{10{,}00}{100} + 26 \times \frac{11{,}01}{100}$$

$$\boxed{M(\text{Mg}) = 24{,}3 \text{ g.mol}^{-1}}$$

b) Supposons la constitution de I_1 à partir de ses nucléons :

$$12\text{ p} + 12\text{ n} \rightarrow {}^{24}_{12}\text{Mg}$$

$\Delta m = [12\, m_p + 12\, m_n] - m({}^{24}_{12}\text{Mg})$

$\Delta m = 12 \times 1{,}6726.10^{-27} + 12 \times 1{,}6749.10^{-27} - 23{,}9850 \times 1{,}66054.10^{-27}$
$= 3{,}41948.10^{-28}$ kg

$\Delta E = \Delta m \times c^2 = 3{,}41948.10^{-28} \times (3.10^8)^2 = 3{,}077533.10^{-11}$ J

$$\Delta E = \frac{3{,}077533.10^{-11}}{1{,}6.10^{-9}} = 192{,}35.10^{6}\text{eV} = 192{,}35 \text{ MeV}$$

pour 24 nucléons

soit : $$\boxed{\frac{\Delta E}{A} = 8 \text{ MeV/nucléon}}$$

c) i. ${}^{24}_{13}\text{Al} \rightarrow {}^{26}_{12}\text{Mg} + {}^{0}_{+1}e + {}^{0}_{0}\nu$

ii. Lorsque la fraction de ^{26}Al qui a disparu est 99/100, la fraction qui en reste est $N/N_0 = 1/100$. Si T est la période radioactive de la désintégration de cet isotope, et t le temps au bout duquel la fraction restante est N/N_0

$$\frac{N}{N_0} = e^{-\frac{t \times \ln 2}{T}} \quad \text{d'où} \quad t = \frac{T}{\ln 2} \times \ln\frac{N_0}{N}$$

Application numérique :

$T = 0{,}73.10^6$ a ; $N/N_0 = 1/100$

$t = \dfrac{0{,}73.10^6}{\ln 2} \times \ln 100$ $\boxed{t = 4{,}85.10^6 \text{ a} = 4{,}85.10^{-3} \text{ Ga}}$

L'âge du système solaire étant 4,55 Ga, la valeur trouvée ci-dessus confirme que tout l'aluminium 26 a disparu aujourd'hui. Le seul témoignage de son existence passée est une teneur de magnésium 26 (stable) supérieure à l'abondance isotopique naturelle de cet isotope.

CHAPITRE 5

La liaison covalente et ses modèles

« What are the electrons really doing in molecules ? »
R. S. Mulliken[1]

PLAN

OBJECTIFS

- Savoir établir une structure de Lewis
- Connaître la façon dont s'établissent les liaisons σ et π par recouvrement d'orbitales atomiques
- Savoir construire le diagramme d'énergie des orbitales atomiques et moléculaires d'une molécule diatomique

Des chapitres précédents, il faut retenir que l'atome, comme son nom ne l'indique pas, est sécable en particules élémentaires dont nous avons étudié deux sous-ensembles : le noyau où l'interaction forte agglomère les nucléons, agissant à courte distance (10^{-15} m) ; le cortège électronique où les électrons, évoluant dans le champ d'attraction électrostatique du noyau, sont soumis à l'interaction électromagnétique, agissant à grande distance.

Il a été dit que la formation des liaisons chimiques met en jeu certains des électrons de valence. La force motrice présidant à la formation des liaisons est donc de nature électromagnétique.

1. Titre de l'allocution prononcée par Mulliken à l'occasion de la remise de la « G. N. Lewis Gold Metal », par « The California Section of the American Chemical Society » en 1960.

Cependant, l'observation de la matière montre la diversité des édifices formés d'atomes, moléculaires ou cristallins (*cf. chapitre 1*). Comment les électrons de valence s'organisent-ils pour constituer des liaisons chimiques conduisant à une telle diversité ?

Les réponses à une question aussi fondamentale relèvent autant de l'étude de la structure de la matière, que de la thermodynamique car le paramètre qui gouverne ce jeu de construction est l'énergie. Dans ce chapitre, comme dans les chapitres précédents, la notion d'énergie sera par conséquent omniprésente.

Dans un premier temps, nous nous focaliserons sur les assemblages covalents, où les électrons de liaison, tout comme les électrons de valence qui ne participent pas à la liaison, restent localisés dans des zones de forte densité électronique au voisinage des noyaux.

5.1 VUE D'ENSEMBLE DES LIAISONS INTERATOMIQUES

Un atome n'est jamais « seul », sauf dans le cas limite où il s'agit d'un atome de gaz noble à faible pression. Tout atome fait partie de la matière où il est le constituant de molécules ou des cristaux, toujours en **interaction** avec des atomes voisins.

Les interactions, qui assurent la cohésion des ensembles d'atomes, portent le nom de **liaisons**. Elles résultent des interactions électrostatiques entre noyaux et électrons au sein de l'ensemble des atomes.

L'objectif n'est pas ici de présenter une théorie unitaire des liaisons chimiques par la mécanique quantique, trop complexe, mais d'avoir recours à des **modèles simplifiés** reposant sur un classement des divers types de liaison.

Les liaisons sont classées en fonction de l'énergie qu'il faut mettre en œuvre pour les rompre, ce qui conduit à distinguer les **liaisons fortes** et les **liaisons faibles**.
En outre, le **caractère dirigé** ou **non dirigé** des liaisons conditionne les architectures formées par les atomes.

Le *tableau 5.1* présente les liaisons en fonction de leur force et des fonctions qu'elles remplissent au sein de la matière.

TABLEAU 5.1 RÉCAPITULATIF DES LIAISONS INTERATOMIQUES.

	Énergie	Liaisons assurant :	Liaisons appelées :	Caractère dirigé
LIAISONS FORTES	supérieure à **100 kJ.mol^{-1}**	• la stabilité des molécules et des macromolécules	covalente intramoléculaire	oui
		• la cohésion des solides cristallins : covalents	covalente	oui
		métalliques	métallique	non
		ioniques	ionique	non
LIAISONS FAIBLES*	de **0,2 à 50 kJ.mol^{-1}**	• la stabilité d'édifices supramoléculaires : complexes enzyme-substrat, structure tertiaire des protéines, structure de la double hélice d'ADN, structures d'hydratation, etc.	• de Van der Waals	non
			et	
		• la cohésion des phases (*cf.* § *1.1*) ; en particulier dans le cas de l'eau, où les liaisons faibles sont responsables de ses propriétés exceptionnelles.	• hydrogène	oui

* Elles sont souvent qualifiées, au sens large, de liaisons intermoléculaires.

5.2 FORMATION DE LA LIAISON COVALENTE

Origine de la liaison covalente

Deux atomes éloignés exercent une faible attraction mutuelle.

> Lorsque les atomes se rapprochent, le recouvrement de leurs nuages électroniques permet aux électrons de valence de s'échanger et d'apparier leurs spins. Il y a **stabilisation** du système et formation d'une **liaison chimique**. Plus le recouvrement des nuages électroniques est important, plus la liaison est forte.

Il existe donc entre deux atomes liés par une liaison covalente une région de densité électronique élevée.

Énergie du système constitué de deux atomes

La courbe représentant la variation de l'énergie d'interaction entre deux atomes A et B en fonction de la distance *d* entre leurs noyaux est présentée sur la *figure 5.1*.

L'énergie d'interaction est nulle lorsque les atomes sont à l'infini l'un de l'autre. Quand ils se rapprochent, les interactions attractives noyaux-électrons l'emportent sur les répulsions noyaux-noyaux et électrons-électrons jusqu'à une position d'équilibre ℓ_{A-B} en deçà de laquelle l'effet de répulsion l'emporte. ℓ_{A-B} est la **longueur de la liaison** chimique (*cf. § 7.2 p. 198*).

L'**énergie de la liaison** A-B est représentée par la quantité D_{A-B} (*cf. § 7.1 p. 196*).

Figure 5.1 Énergie du système constitué de deux atomes A et B en fonction de leur distance internucléaire *d*.

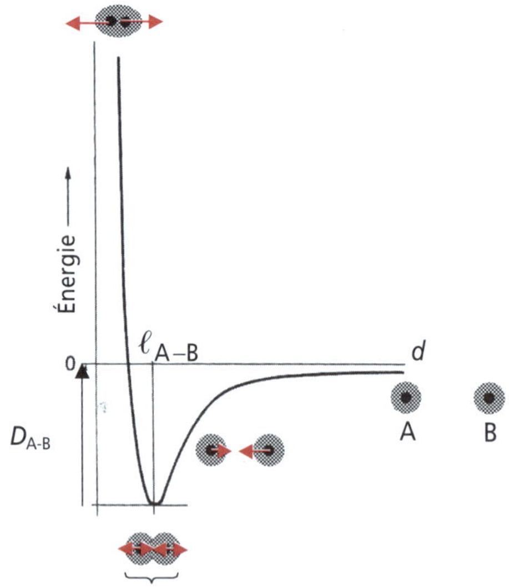

Liaisons covalentes simples et multiples – Valence

- Une **liaison covalente simple** résulte de la mise en commun d'une paire d'électrons entre deux atomes.
- Une **liaison de covalence multiple** résulte de la mise en commun de plusieurs paires d'électrons : deux paires pour une double liaison, trois paires pour une triple liaison[1].

1. Les liaisons quadruples ont un caractère exceptionnel. Des liaisons quadruples intermétalliques ont été mises en évidence dans certains dérivés des métaux de transition.

Quand la multiplicité d'une liaison entre deux atomes augmente, l'énergie de liaison croît et la longueur de liaison décroît : la liaison est plus stable, et donc moins réactive (*cf. § 7.1 p. 196 et 7.2 p. 198*).

La **valence** est le nombre de liaisons covalentes que peut contracter un atome. Selon les éléments, les atomes présentent une valence unique (H, N, O, F, etc.), ou plusieurs valences possibles (*tableau* 5.2).

TABLEAU 5.2 VALENCES D'ATOMES D'ÉLÉMENTS USUELS.

Groupe	Période	Élément	Valence	Exemples de composés
1	1	H	1	H_2
13	2	Al	3	AlH_3, $AlCl_3$
14	2	C	4	CH_4, CCl_4
	3	Si	4	SiH_4
15	2	N	3	NH_3, NF_3
	3	P	3	PH_3, PCl_3
			5	PCl_5
16	2	O	2	H_2O
	3	S	2	H_2S
			4	SF_4
			6	SF_6
17	2	F	1	HF
	3	Cl	1	HCl
			3	ClF_3
			5	ClF_5

5.3 MODÈLE DE LEWIS

Répartition des liaisons covalentes autour d'un atome

a) Assemblage des atomes au sein d'une molécule

L'émergence de la théorie de la liaison covalente, dans les années 1916-1919, est associée aux noms de Irving Langmuir, à qui cette liaison doit son nom, et de Gilbert Lewis.

L'existence de nombreux composés a alors été expliquée en considérant que chaque atome de l'édifice covalent tend à saturer sa couche électronique externe de façon à acquérir ainsi la structure électronique d'un gaz noble.

Le *tableau 5.3* résume les règles correspondantes en précisant les atomes concernés par ces règles :

Tableau 5.3 Règles du duet, de l'octet et de Sidgwick.

<table>
<tr><th>Structure électronique externe possible, correspondant à celle d'un gaz noble</th><th>Atomes tendant à acquérir cette structure lorsqu'ils sont liés</th><th>Nom de la règle correspondante</th><th>Commentaires</th></tr>
<tr><td>$1s^2$ (He)</td><td>H</td><td>règle du duet</td><td></td></tr>
<tr><td>$ns^2\ np^6$</td><td>majorité des atomes</td><td>règle de l'octet
(cf. § 3.4)</td><td rowspan="2">Il existe de nombreuses exceptions à ces règles</td></tr>
<tr><td>$(n\text{-}1)d^{10}\ ns^2\ np^6$</td><td>éléments de transition (possèdent une sous-couche d incomplète)</td><td>règle des dix-huit électrons ou règle de Sidgwick (1927)</td></tr>
</table>

b) Représentation de Lewis

Les équations suivantes sont des exemples de formation de liaisons covalentes selon le modèle de Lewis, dans des situations où sont respectées les règles de l'octet et du duet.

La représentation des atomes par le symbole chimique de l'élément entouré de points figurant les électrons, appariés ou célibataires, est appelée **représentation de Lewis**. Les doublets peuvent aussi être représentés par des tirets plutôt que par deux points contigus.

➤ **liaison de covalence simple** au sein du dichlore :

➤ **liaison de covalence triple** au sein du diazote :

➤ **liaison de covalence dative** (ou **liaison de coordination**) ; le doublet de liaison provient dans ce cas entièrement d'un atome ou d'une molécule donneur, le partenaire n'ayant pas d'électrons à partager et se comportant comme un accepteur. Lors de la formation de l'ion hydronium H_3O^+ par exemple, un doublet non liant de l'atome d'oxygène de l'eau (donneur) est mis en commun avec l'ion H^+ (accepteur) :

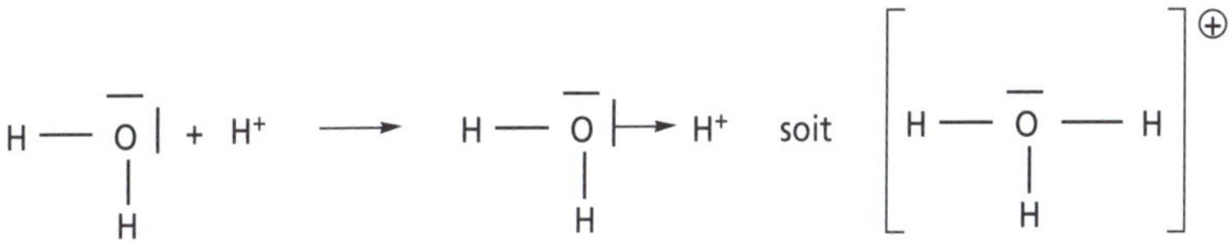

c) Doublets liants et non liants

Lorsque la liaison est constituée, les électrons de valence partagés par les atomes constituent les « **doublets liants** » ou « **paires liantes** ». Les doublets non partagés d'électrons de valence sont appelés, soit « **doublets (ou paires) non liant(e)s** », soit « **doublets (ou paires) libres** ».

Ainsi, par exemple, chaque atome d'azote au sein du diazote N_2 est entouré de trois doublets liants et d'un doublet non liant.

Établissement des structures de Lewis

a) Méthode

Schématiser une molécule ou un ion au moyen de la représentation de Lewis s'appelle : établir la **structure de Lewis** de la molécule, ou de l'ion. Une telle structure présente l'avantage de faire apparaître les doublets liants et les doublets non liants.

Pour ce faire, il faut :

- sommer les électrons de valence de tous les atomes de la molécule. Dans le cas d'un anion, chaque charge négative correspond à un électron supplémentaire. Dans le cas d'un cation, chaque charge positive correspond à un électron de moins. Puis, diviser par deux le nombre d'électrons obtenus pour avoir le nombre de doublets.
- disposer les symboles chimiques des atomes en plaçant l'atome central, puis ceux qui lui sont liés autour (en général l'atome central est le moins électronégatif, mais il y a des exceptions comme H_2O, ou NH_3, par exemple). L'hydrogène qui est monovalent ne peut pas être un atome central ; il est toujours en position terminale.
- répartir le nombre de doublets calculé ci-dessus, en commençant par un doublet liant pour chaque liaison, puis en plaçant les autres soit comme des doublets non liants, soit comme des doublets de liaisons multiples, de façon à respecter pour chaque atome la règle de l'octet.

b) Exemple : structure de Lewis de l'acide nitrique HNO_3

Le nombre d'électrons de valence des atomes est facile à déterminer, dès lors qu'on dispose de la classification périodique. Il est égal au chiffre des unités du numéro du groupe (sauf pour le groupe 10, où c'est 10).

H est dans le groupe 1 ; nombre d'électrons de valence : 1

N est dans le groupe 15 ; nombre d'électrons de valence : 5

O est dans le groupe 16 ; nombre d'électrons de valence : 6

Total : $1 + 5 + 3 \times 6 = 24$, soit 12 doublets à répartir.

L'atome d'azote est l'atome central. Il est trivalent, et ne peut donc être lié qu'à trois atomes. Si cela était 1 H et 2 O, le troisième O devrait être lié à un autre atome d'oxygène. Or, les composés qui comportent des liaisons O–O sont des peroxydes, et cela apparaît toujours dans le nom du composé (par exemple, peroxyde d'hydrogène pour H_2O_2). Ce n'est pas le cas ici. Donc N est lié à 3 O.

Placer les premiers doublets liants donne :

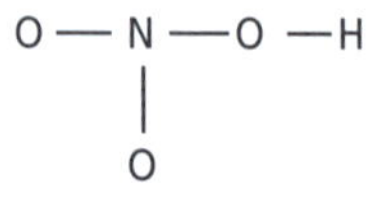

Il reste 12 – 4 = 8 doublets à placer. Il n'y a que deux solutions rigoureusement équivalentes :

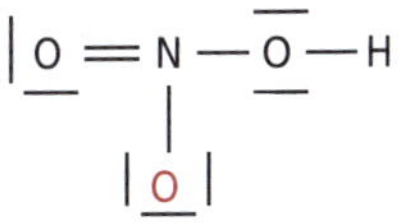

et

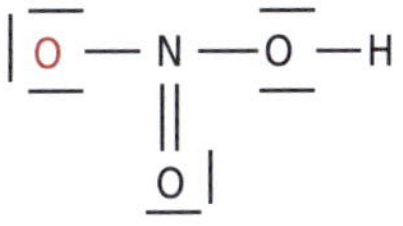

c) Charges formelles

Dans les structures ci-dessus, l'atome d'azote N ne possède plus que 4 électrons de valence (au lieu de 5), alors que l'atome d'oxygène O en possède 7 (au lieu de 6).

N a formellement transféré une charge électronique vers O. N est devenu **formellement positif, et O est devenu formellement négatif**. La structure de Lewis peut être donnée en faisant apparaître les charges formelles, en particulier lorsque cela permet de mettre en évidence une réactivité spécifique dans un mécanisme réactionnel.

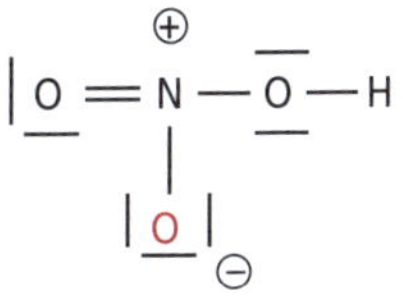

équivalent à

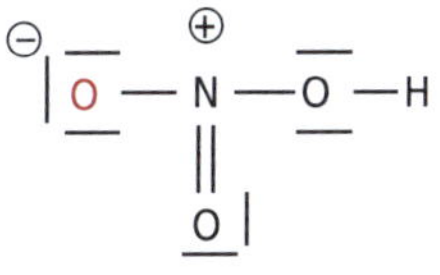

Lorsque plusieurs structures de Lewis sont possibles pour une même molécule, on privilégie celle qui porte le moins de charges formelles parce qu'elle est, *a priori*, la plus stable (*exercice 5.3*).

d) Insuffisance du modèle de Lewis

Dans l'exemple ci-dessus, il est nécessaire de rendre dissymétriques les deux liaisons N–O, l'une étant simple et l'autre double, pour que les atomes d'oxygène et l'atome d'azote respectent la règle de l'octet. En réalité, l'expérience montre que les deux liaisons N–O sont de longueurs égales et équivalentes, ce que le modèle ne traduit pas.

Le modèle de Lewis est en effet très sommaire, ne rendant fréquemment pas compte d'observations expérimentales (paramagnétisme de O_2, par exemple). Il ne fournit de plus aucune information sur la différence de nature des liaisons au sein d'une liaison multiple, ni sur la forme des molécules.

En outre, certains composés ne peuvent pas être représentés par une structure de Lewis respectant la règle de l'octet :

- le pentachlorure de phosphore PCl_5 (5 doublets liants autour de P), l'hexafluorure de soufre SF_6 (6 doublets liants autour de S), etc., qui nécessitent une extension de la règle d'octet ou **hypervalence** (*cf. § 6.3 p. 178*),

- l'hydrure d'aluminium AlH_3 (3 doublets liants autour de Al), le trifluorure de bore BF_3 (3 doublets liants autour de B), etc. (*cf. exercice 5.2*). Le doublet manquant est appelé **lacune électronique**.
- les espèces chimiques dont le total du nombre des électrons de valence n'est pas pair, et qui possèdent un électron non apparié, ou **radicaux libres**. C'est, par exemple, le cas du monoxyde d'azote NO, avec 11 électrons de valence : $^{\bullet}\overline{N} = \overline{O}|$.

5.4 ORBITALES MOLÉCULAIRES DE MOLÉCULES DIATOMIQUES

Des orbitales atomiques aux orbitales moléculaires

Les difficultés relevées au paragraphe précédent furent surmontées après 1927, grâce à la description de l'atome par la mécanique quantique. La méthode des orbitales moléculaires de Robert S. Mulliken, née de l'interprétation des spectres de bandes des molécules et développée de 1932 à 1935, s'avéra la plus flexible des approches alors proposées, et applicable à de nombreuses molécules.

Cette théorie repose sur l'idée selon laquelle, de la même façon qu'au sein de l'atome, un électron est décrit par une fonction d'onde appelée orbitale atomique, tout électron i au sein d'une molécule peut être décrit par la fonction d'onde $\Psi(i)$, appelée **orbitale moléculaire**.

Le développement de la théorie repose sur des principes semblables à ceux qui ont été formulés pour l'atome (*cf.* *§ 2.2 p. 25*) :

- Ψ^2 représente la densité de probabilité de présence de l'électron, et la fonction Ψ est normée.
- À chaque fonction d'onde correspond une énergie bien définie.
- À une orbitale moléculaire donnée, correspondent deux électrons de spins opposés (principe d'exclusion de Pauli).
- Les électrons occupent les niveaux d'énergie successifs par ordre d'énergie croissante.
- Si plusieurs orbitales moléculaires sont au même niveau d'énergie, la stabilité maximale correspond à une occupation maximale par des électrons de spins identiques (ou parallèles) (règle de Hund).

En outre, l'existence d'une molécule stable n'est possible que si sa formation correspond à une diminution d'énergie par rapport à la somme des énergies des atomes qui la constituent.

Orbitales moléculaires liantes et antiliantes. Cas de la molécule de dihydrogène H_2

a) Méthode LCAO

La molécule de dihydrogène est constituée à partir de deux atomes d'hydrogène notés H_A et H_B et comporte deux noyaux et deux électrons.

Ainsi, chaque électron se trouve dans le champ des noyaux et dans le champ moyen de l'autre électron.

Les orbitales moléculaires sont obtenues selon la méthode d'approximation appelée **méthode LCAO** (initiales de *Linear Combination of Atomic Orbitals*). En effet, lorsque l'électron est à proximité du noyau de H_A, il est décrit par l'orbitale atomique $(\Psi_{1s})_A$ de l'atome isolé H_A à l'état fondamental, et lorsqu'il est près de H_B, il est décrit par $(\Psi_{1s})_B$.

On pose alors que les **orbitales moléculaires** (O.M.) ont la forme d'une **combinaison linéaire** (ou somme pondérée du premier degré) des **orbitales atomiques** (O.A.) $(\Psi_{1s})_A$ et $(\Psi_{1s})_B$ de chacun des atomes H_A et H_B.

$$\Psi = c_A\,(\Psi_{1s})_A + c_B\,(\Psi_{1s})_B$$

Les coefficients c_A et c_B sont liés à la localisation de l'électron au voisinage des atomes H_A et H_B, et pour raison de symétrie $|c_A| = |c_B|$. Ceci est généralisable à toute molécule diatomique homonucléaire de type A_2.

Les calculs montrent que deux combinaisons linéaires permettent de minimiser l'énergie de la molécule H_2 :

- la combinaison à laquelle correspond la plus faible valeur d'énergie est :

  $$\Psi_1 = k\,[(\Psi_{1s})_A + (\Psi_{1s})_B]$$

  Si on permute les deux noyaux, ce qui revient à échanger $(\Psi_{1s})_A$ et $(\Psi_{1s})_B$, l'O.M. Ψ_1 est conservée. On dit qu'elle est **symétrique** et on la note Ψ_+.
- la combinaison à laquelle correspond la valeur d'énergie immédiatement supérieure est :

  $$\Psi_2 = k\,[(\Psi_{1s})_A - (\Psi_{1s})_B]$$

  Si on permute les deux noyaux, l'O.M. Ψ_2 change de signe. On dit qu'elle est **antisymétrique** et on la note Ψ_-.

Le facteur k est calculé en écrivant que les fonctions d'onde sont normées :

$$k = \frac{1}{\sqrt{2(1+S)}}$$

où $S = \int_{\text{espace}} (\Psi_{1s})_A(\Psi_{1s})_B\,dV$, appelée **intégrale de recouvrement**, mesure l'importance du recouvrement des O.A. $(\Psi_{1s})_A$ et $(\Psi_{1s})_B$.

Remarquons que deux orbitales moléculaires sont obtenues en partant de deux orbitales atomiques, constatation qui peut être généralisée : **en partant de *N* orbitales atomiques, on obtient *N* orbitales moléculaires**.

b) Probabilité de présence des électrons de liaison

La densité de probabilité de présence des électrons est proportionnelle à Ψ^2.

Pour les électrons décrits par Ψ_+ :

$$\Psi_+^2 = k^2 [(\Psi_{1s})_A^2 + (\Psi_{1s})_B^2 + 2 (\Psi_{1s})_A (\Psi_{1s})_B]$$

La *figure 5.2.a* montre que Ψ_+^2 est plus grand que $[(\Psi_{1s})_A^2 + (\Psi_{1s})_B^2]$ en particulier entre les noyaux. La probabilité de trouver les électrons décrits par Ψ_+ est donc accrue entre les noyaux par rapport à ce qu'elle serait si les atomes n'étaient pas en interaction. **Ψ_+ est appelée orbitale liante.**

Inversement, pour les électrons décrits par Ψ_- :

$$\Psi_-^2 = k^2 [(\Psi_{1s})_A^2 + (\Psi_{1s})_B^2 - 2 (\Psi_{1s})_A (\Psi_{1s})_B]$$

Ψ_-^2 est plus petit que $[(\Psi_{1s})_A^2 + (\Psi_{1s})_B^2]$ (*figure 5.2.a*). La probabilité de trouver les électrons décrits par Ψ_- est fortement diminuée entre les noyaux par rapport à ce qu'elle serait si les atomes n'étaient pas en interaction. Le plan médiateur de la liaison H_A–H_B est un **plan nodal** où la probabilité de trouver les électrons est nulle. **Ψ_- est appelée orbitale antiliante**.

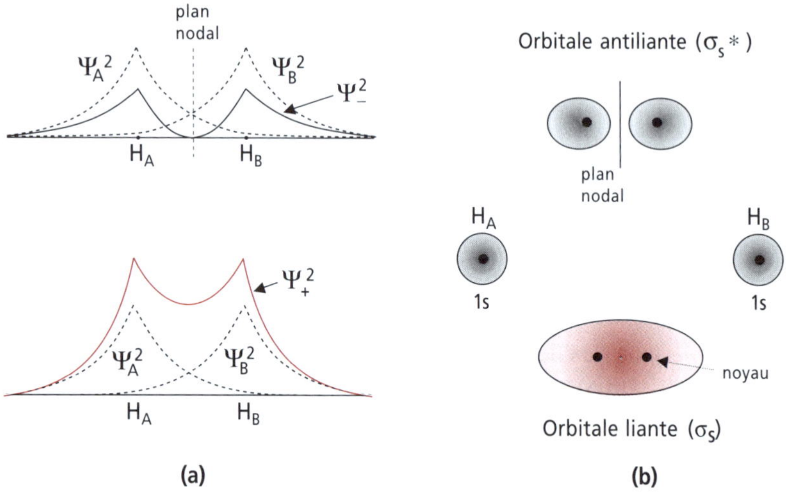

Figure 5.2 **(a)** Variation de la densité électronique correspondant aux orbitales liante (Ψ_+) et antiliante (Ψ_-) le long de l'axe internucléaire de H_2. **(b)** Surfaces orbitales associées.

c) Orbitales moléculaires σ et σ* — Surfaces orbitales

Pour chacune des deux O.A. 1s des atomes H_A et H_B isolés, **la droite qui joint les noyaux est un axe de symétrie**. Le recouvrement (ou fusion) de ces O.A., générant les deux O.M., est donc un **recouvrement axial**.

D'une façon générale, des orbitales moléculaires obtenues par recouvrement axial d'orbitales atomiques sont des **orbitales sigma**, symbolisées par σ pour l'orbitale liante, et par σ^* pour l'orbitale antiliante.

Dans le cas du dihydrogène, on notera par conséquent :

$$\Psi_+ = \sigma_s \text{ et } \Psi_- = \sigma_s{}^*$$

l'indice indiquant la nature des O.A. de départ.

Comme dans le cas de l'atome, il est possible de déterminer une surface délimitant un volume où on a 95 % de chances de trouver les électrons. La *figure 5.2.b* représente les surfaces orbitales correspondant aux O.M. σ_s et $\sigma_s{}^*$ du dihydrogène.

d) Diagramme d'énergie des orbitales atomiques et moléculaires

Les énergies E_+ et E_- correspondant à Ψ_+ et Ψ_- peuvent être calculées et représentées en fonction de la distance internucléaire d (*figure 5.3*) : E_+ passe par un minimum correspondant à un état d'équilibre stable. L'abscisse de ce minimum est d_0. E_- est toujours supérieure à l'énergie des atomes isolés, ainsi qu'à E_+, et ne présente pas de minimum.

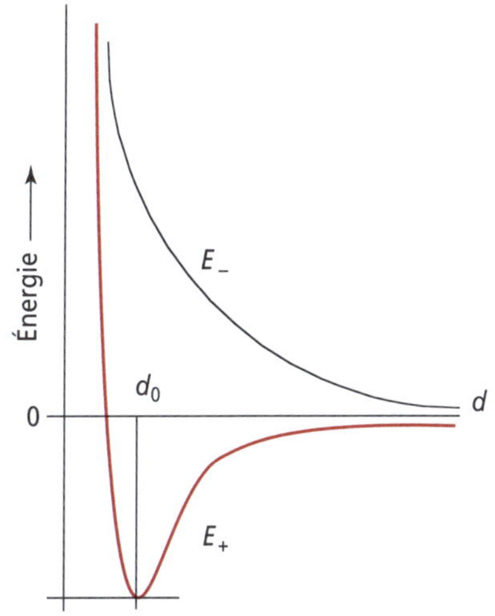

Figure 5.3 Énergies des orbitales liantes et antiliantes en fonction de la distance internucléaire *d*.

De cette observation découlent les définitions suivantes :

- Une **orbitale liante** est une O.M. correspondant à une stabilisation de la molécule par rapport aux atomes isolés.
- Une **orbitale antiliante** est une O.M. qui, si elle est occupée, correspond à un niveau d'énergie plus élevé de la molécule et contribue à réduire la cohésion entre les atomes.

Le **diagramme d'énergie** des orbitales atomiques et moléculaires est couramment utilisé pour schématiser la formation de la molécule à partir de ses atomes constitutifs. Il compare pour $d = d_0$ les niveaux d'énergie des orbitales et précise par quelles O.M. les électrons sont décrits.

Les niveaux d'énergie des O.A. sont portés latéralement. Les niveaux d'énergie des O.M. liantes et antiliantes sont représentés au centre du diagramme. La valeur des écarts entre niveaux d'énergie résulte de l'étude des spectres.

Les électrons sont attribués aux O.M. par ordre d'énergie croissante en respectant le principe d'exclusion de Pauli et la règle de Hund (*cf.* *§ 2.2 p. 46*).

Dans le cas de H_2 à l'état fondamental, les deux électrons provenant de H_A et H_B sont décrits par l'orbitale liante, l'appariement de leurs spins contribuant à construire la fonction d'onde de basse énergie (*figure 5.4*) ; en revanche, l'absorption d'une quantité d'énergie correspondant à la promotion d'un électron du niveau σ au niveau σ^* porte la molécule dans un niveau excité.

Donc, pour H_2 à l'état fondamental, l'abscisse d_0 du minimum de la courbe d'énergie E_+ doit représenter la longueur de la liaison dont la valeur expérimentale est 74 pm. En réalité, le calcul donne 85 pm, la méthode LCAO contenant des approximations simplificatrices. La valeur expérimentale peut néanmoins être retrouvée par des calculs d'O.M. plus élaborés.

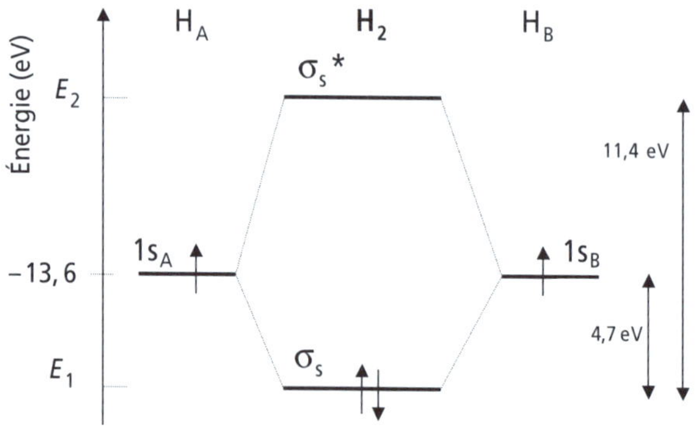

Figure 5.4 Diagramme d'énergie de la molécule H_2 à l'état fondamental.

e) Structure électronique des molécules

Par analogie avec l'écriture des structures électroniques des atomes, on peut énoncer les structures électroniques des molécules, c'est-à-dire donner la distribution des électrons en fonction de leurs orbitales énoncées par énergie croissante.

La structure électronique de la molécule H_2 s'écrit : $\sigma_s{}^2$.

f) Indice de liaison

Il existe des molécules comportant, à l'état fondamental, des électrons décrits par une orbitale antiliante, et donc déstabilisants ; cela se produit lorsque le nombre de paires électroniques est supérieur au nombre d'orbitales liantes.

Pour tenir compte de l'éventuelle présence d'électrons antiliants, la stabilité de la liaison est évaluée au moyen de l'**indice de liaison I.ℓ.** (appelé aussi ordre de liaison) :

$$I.\ell. = \frac{1}{2}(n - n^*)$$

n est le nombre d'électrons liants, et n^* le nombre d'électrons antiliants.

Un indice de liaison élevé traduit une liaison forte.
Un indice de liaison nul indique que la liaison ne s'établit pas.
Dans le cas du dihydrogène :

$$I.\ell. = \frac{1}{2}(2 - 0) = 1$$

correspondant à la liaison simple σ.

Molécules homonucléaires A_2 formées par le fluor, l'oxygène et l'azote

a) Présentation du problème

Une molécule diatomique homonucléaire A_2 est constituée de deux atomes appartenant au même élément. Sa formation peut se schématiser par :

$$\text{A (atome 1)} + \text{A (atome 2)} \rightarrow A_2$$

Les O.M. sont formées par recouvrement des O.A. des électrons de valence à condition que :

- les O.A. soient de même énergie E ou d'énergies voisines (l'écart $|\Delta E|$ entre les niveaux d'énergie ne doit pas excéder 15 eV),
- les O.A. présentent les mêmes propriétés de symétrie, soit par rapport à l'axe internucléaire A–A, soit par rapport aux plans xOy et yOz (*figure 5.5*).

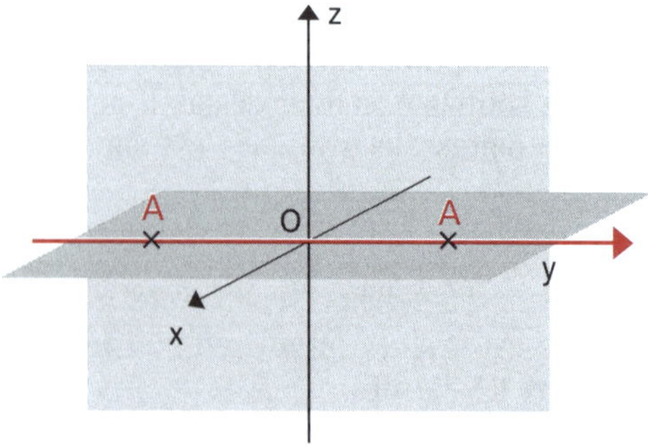

Figure 5.5 Axe et plans de symétrie d'une molécule A_2.

Pour comprendre comment se forment les molécules de diazote, dioxygène et difluor, il faut examiner les propriétés des O.A. décrivant les électrons de la couche de valence $n = 2$ des atomes correspondants (*tableau 5.4*), et envisager les possibilités de combinaisons des O.A.

TABLEAU 5.4 CONFIGURATION ÉLECTRONIQUE EXTERNE ET ÉNERGIES DES O.A. DES ATOMES N, O ET F.

Élément	N	O	F
Configuration électronique de la couche de valence	$2s^2\ 2p^3$	$2s^2\ 2p^4$	$2s^2\ 2p^5$
Énergie de l'O.A. 2s (eV)	– 25,9	– 33,7	– 42,7
Énergie des O.A. 2p (eV)	– 15,5	– 17,1	– 19,9
$\lvert \Delta E(s-p) \rvert$ **(eV)**	10,4	16,6	22,8

b) Recouvrements possibles des O.A., et O.M. en résultant

Comme le rappelle la *figure 5.6.a*, les O.A. ayant mêmes propriétés de symétrie sont :

- 2s et $2p_y$: symétrie de révolution par rapport à l'axe internucléaire.
- $2p_z$: symétrie par rapport au plan xOy.
- $2p_x$: symétrie par rapport au plan yOz.

Le rapprochement des deux atomes (1) et (2) identiques conduit à (*figure 5.6.b*) :

➤ un **recouvrement axial** pour les O.A. 2s et $2p_y$ présentant une symétrie de révolution par rapport à l'axe internucléaire. Les O.M. résultantes sont de type σ,

➤ un **recouvrement latéral** pour les O.A. présentant une symétrie soit par rapport au plan xOy ($2p_z$), soit par rapport au plan yOz ($2p_x$), générant un nouveau type d'O.M. appelées **orbitales pi** : π et π^*. Les O.A. $2p_x$ et $2p_z$ possédant un **plan nodal** qui contient l'axe de la molécule, il en sera de même pour les O.M. π et π^*. L'O.M. antiliante π^* possède en outre un second plan nodal qui est le plan médiateur de la liaison.

Une **liaison π** résulte du **recouvrement latéral d'orbitales p** et de l'appariement des spins des électrons. Quand cette liaison se forme, ce n'est que simultanément avec une liaison σ.

Une **double liaison** est formée d'une liaison σ et d'une liaison π.

Une **triple liaison** est formée d'une liaison σ et de deux liaisons π.

Le *tableau 5.5* récapitule les recouvrements possibles des O.A. dans le cas du diazote, du dioxygène et du difluor, qui sont des molécules modèles.

TABLEAU 5.5 RÉCAPITULATION DES MODES DE RECOUVREMENT DES O.A. DANS LE CAS DE L'AZOTE, DE L'OXYGÈNE ET DU FLUOR.
La notation : 1 σ, 2 σ^*, 3 σ, 4 σ^* ou 1 π_x et 2 π_x^* sert à indiquer les niveaux d'énergie croissants des O.M. de même type.

Mode de recouvrement		O.A. (atome 1)	O.A. (atome 2)	O.M. résultantes
axial		2s (1)	2s (2)	σ_s et σ_s^*
		$2p_y$ (1)	$2p_y$ (2)	σ_y et σ_y^*
	si énergies voisines $\lvert \Delta E(s-p) \rvert < 15$ eV	2s (1) $2p_y$ (1)	$2p_y$ (2) 2s (2)	σ_s, σ_s^*, σ_y, σ_y^* **(i)** ou 1σ, 2σ^*, 3σ, 4σ^*
latéral		$2p_x$ (1)	$2p_x$ (2)	π_x et π_x^* ou 1π_x et 2π_x^*
		$2p_z$ (1)	$2p_z$ (2)	π_z et π_z^* ou 1π_z et 2π_z^*

(i) σ_s et σ_s* sont stabilisées (leur niveau d'énergie E diminue ↓) ;
σ_y et σ_y* sont déstabilisées (leur niveau d'énergie E augmente ↑) ; il y a de ce fait inversion des niveaux σ_y et (π_x ; π_z).

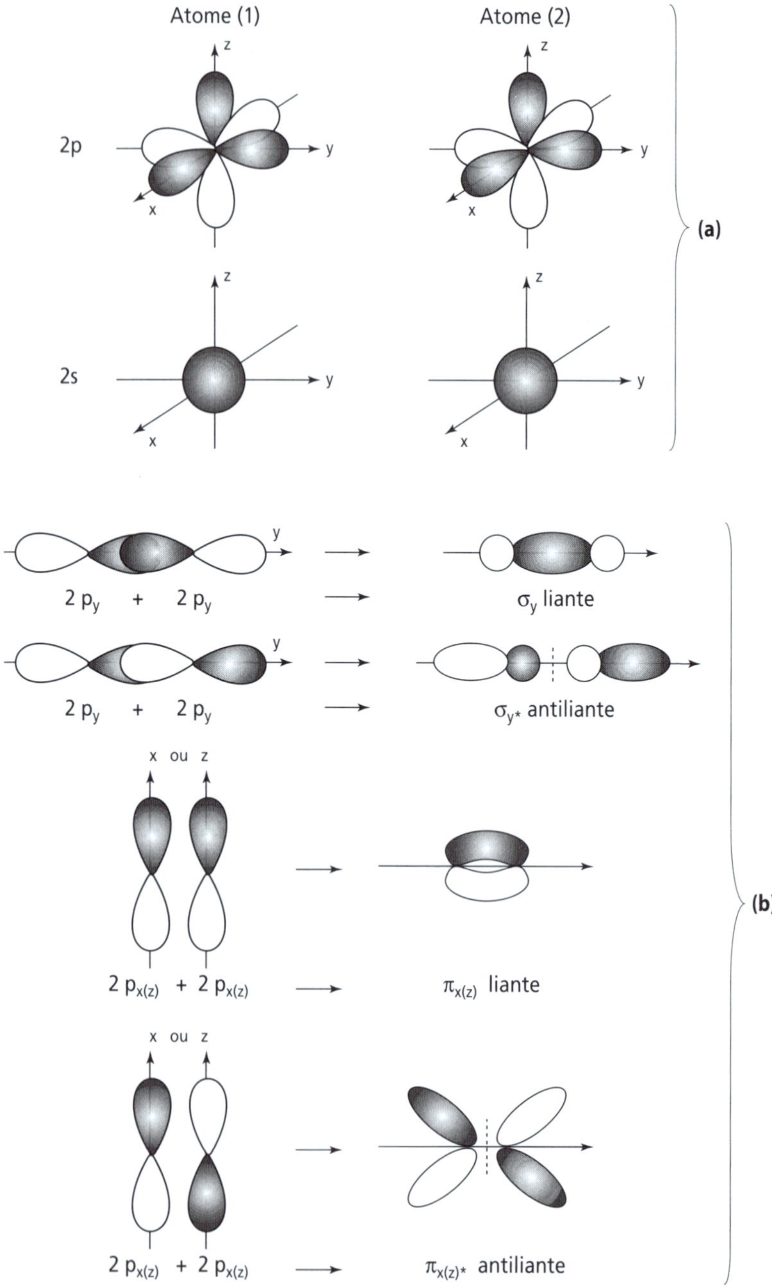

Figure 5.6 **(a)** O.A. 2s et 2p. **(b)** Formation des O.M. par recouvrement d'orbitales atomiques p.

c) Molécule de difluor F_2

La *figure 5.7* représente le diagramme d'énergie des orbitales moléculaires du difluor. La différence d'énergie $|\Delta E(\text{s}-\text{p})|$ entre les orbitales 2s et $2p_y$ est supérieure à 15 eV (*tableau 5.4*) : les deux orbitales 2s, d'une part, et les deux orbitales $2p_y$, d'autre part, se combinent séparément.

La structure électronique de F_2 est alors :

$$\sigma_s^2, \sigma_s^{*2}, \sigma_y^2, (\pi_x^2, \pi_z^2), (\pi_x^{*2}, \pi_z^{*2})$$

$$\text{ou } 1\sigma^2, 2\sigma^{*2}, 3\sigma^2, (1\pi_x^2, 1\pi_z^2), (2\pi_x^{*2}, 2\pi_z^{*2})$$

L'indice de liaison vaut :

$$I.\ell. = \frac{1}{2}(8-6) = 1$$

Cela correspond à l'établissement d'une liaison covalente simple de type σ, et à la structure de Lewis :

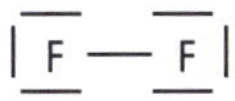

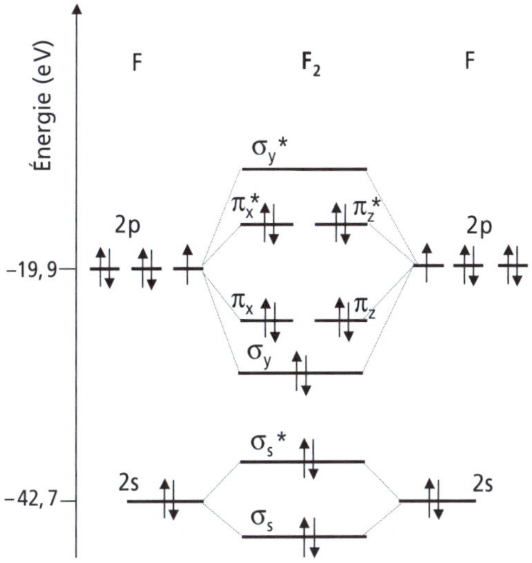

F : [He] $2s^2$ $2p^5$

Figure 5.7 Diagramme d'énergie des O.A. de F et des O.M. du difluor F_2.

d) Molécule de dioxygène O_2

La différence d'énergie $|\Delta E(\text{s}-\text{p})|$ vaut 16,6 eV (*tableau 5.4*). Le mode de recouvrement et l'ordre des niveaux d'énergie croissant des O.M. est le même que pour le difluor.

On voit sur la *figure 5.8* que la molécule O_2 comporte, à l'état fondamental, deux électrons célibataires de même spin décrits par des orbitales antiliantes, conformément à la règle de Hund. La structure électronique est alors :

$$\sigma_s^2, \sigma_s^{*2}, \sigma_y^2, (\pi_x^2, \pi_z^2), (\pi_x^{*1}, \pi_z^{*1})$$
$$\text{ou } 1\sigma^2, 2\sigma^{*2}, 3\sigma^2, (1\pi_x^2, 1\pi_z^2), (2\pi_x^{*1}, 2\pi_z^{*1})$$

Notons que l'existence d'électrons célibataires n'était pas prévisible à partir de la structure de Lewis : |O=O|

Cette configuration de la molécule de dioxygène lui confère des propriétés particulières :

- comme tout atome ou composé possédant des électrons célibataires, le dioxygène est une substance **paramagnétique**[1],
- le dioxygène possède deux états excités, respectivement à 0,98 et 1,63 eV au-dessus du niveau fondamental, états dans lesquels l'un des électrons des O.M. π^* inverse son spin (*figure 5.8*).

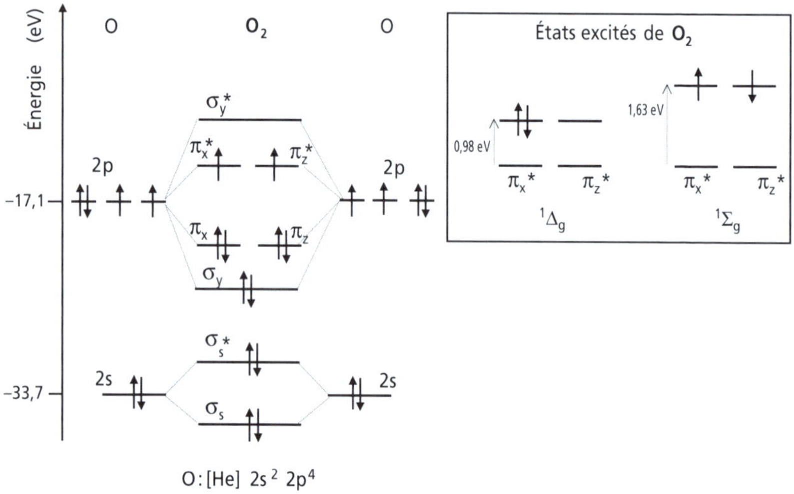

Figure 5.8 Diagramme d'énergie des O.A. de O et des O.M. du dioxygène O_2.

1. Un atome, un ion ou une molécule est paramagnétique si, possédant un ou plusieurs électrons célibataires, il possède un moment magnétique permanent et se comporte comme un petit aimant élémentaire, s'orientant dans le sens d'un champ magnétique extérieur.

Ces états sont communément appelés **oxygène singulet** alors que l'état fondamental est un état triplet[1]. L'état excité de plus basse énergie $^1\Delta_g$ possède une orbitale antiliante vacante ($2\pi_x^{*2}$, $2\pi_z^{*0}$). Cela lui confère une réactivité marquée et un rôle clé dans de nombreux processus photochimiques et photobiologiques naturels, vieillissement et carcinogénèse par exemple.

L'indice de liaison du dioxygène vaut 2, car les deux électrons des orbitales antiliantes annulent l'effet d'une des paires liantes.

e) Molécule de diazote N_2

La différence d'énergie $|\Delta E(\text{s}-\text{p})|$ vaut 10,4 eV, ce qui est inférieur à 15 eV. Chaque orbitale moléculaire σ (σ_s, σ_s^*, σ_y, σ_y^*) est alors une combinaison des quatre orbitales atomiques : les deux orbitales 2s et les deux orbitales $2p_y$ (*tableaux 5.4 et 5.5*).

Le niveau d'énergie de l'orbitale σ_y est alors relevé au-dessus de celui des orbitales π_x et π_z comme le montre la *figure 5.9*. Le diagramme correspondant est dit « **diagramme corrélé** », se différenciant des « diagrammes simples » du difluor et du dioxygène. Toutes les molécules diatomiques de Li_2 à N_2 sont dans ce cas[2].

La structure électronique de N_2 est :

$$\sigma_s^2, \sigma_s^{*2}, (\pi_x^2, \pi_z^2), \sigma_y^2 \quad \text{ou} \quad 1\sigma^2, 2\sigma^{*2}, (1\pi_x^2, 1\pi_z^2), 3\sigma^2$$

L'indice de liaison de N_2 vaut 3. Si la structure de Lewis donnée au *§ 5.3 p. 137* comportait une **triple liaison**, elle ne différenciait pas les trois liaisons. Or, ces trois liaisons ne sont pas équivalentes. Il y a **une liaison σ et deux liaisons π**.

La liaison n'en demeure pas moins très forte : l'énergie de liaison est 945 $kJ.mol^{-1}$. Cela explique l'inertie chimique du diazote, considéré comme un gaz inerte. Nous en respirons quatre fois plus que de dioxygène, mais nous ne le métabolisons pas malgré toutes les stratégies mises en place par le vivant pour son métabolisme. Nous l'expirons sans avoir mis en œuvre l'énergie requise à sa dissociation.

---

1. L'état d'une molécule peut être qualifié d'état singulet, doublet ou triplet, selon la valeur de sa multiplicité de spin $M = 2S + 1$; S est le spin total de la molécule, somme des nombres quantiques de spin de tous les électrons ($m_s = \pm 1/2$). Quand tous les électrons sont appariés, $S = 0$, $M = 1$, la molécule est dans l'état singulet. S'il existe deux électrons célibataires de même spin, comme dans le cas de O_2 à l'état fondamental, $S = 1$, $M = 3$, la molécule est à l'état triplet.
2. Le diagramme corrélé est également observé pour les molécules diatomiques A_2 formées à partir des atomes de la troisième période pour lesquels $|\Delta E(\text{s}-\text{p})| < 15$ eV. La corrélation s'applique alors aux niveaux 3s et 3p.

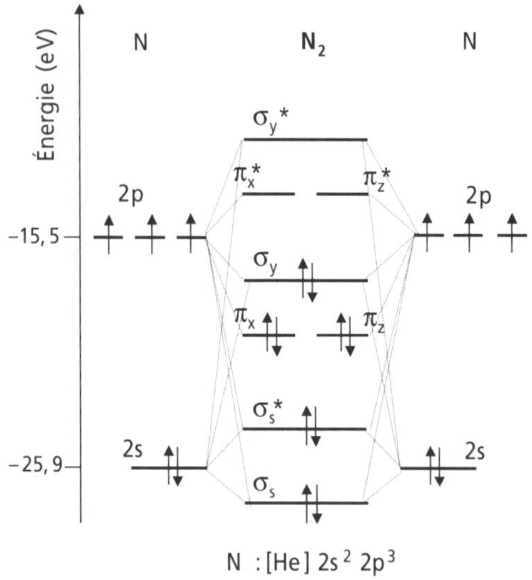

Figure 5.9 Diagramme d'énergie des O.A. de N et des O.M. du diazote N_2.

Molécules hétéronucléaires AB

a) Polarisation de la liaison et constitution de l'O.M.

Une molécule diatomique hétéronucléaire AB est une molécule formée de deux atomes A et B appartenant à des éléments différents. Dans ce cas, la distribution des électrons de liaison n'est pas répartie de façon symétrique, car il est énergétiquement plus favorable que la paire liante soit plus proche de l'atome le plus électronégatif que de l'autre atome.

Si le barycentre des charges négatives ne coïncide pas avec le barycentre des charges positives, la liaison est **polarisée**. Si B est l'atome le plus électronégatif, il porte une **charge négative partielle** $-\delta$, et A porte alors nécessairement une **charge positive partielle** $+\delta$:

$$^{+\delta}A{-}B^{-\delta}$$

Les électrons de liaison sont décrits par les O.M. solutions de :

$$\Psi = c_A \Psi_A + c_B \Psi_B$$

soit : $\Psi_+ = \overset{+}{c}_A \Psi_A + \overset{+}{c}_B \Psi_B$, et $\Psi_- = \overset{-}{c}_A \Psi_A - \overset{-}{c}_B \Psi_B$,

Les calculs montrent qu'alors $|\overset{+}{c}_B| > |\overset{+}{c}_A|$ et que $|\overset{-}{c}_A| > |\overset{-}{c}_B|$. L'O.A. de B contribue majoritairement à l'O.M. liante Ψ_+, et celle de

A contribue majoritairement à l'O.M. antiliante Ψ_{-}, ce qui se formule par :

L'O.M. liante possède majoritairement le caractère de l'O.A. de l'atome le plus électronégatif, alors que l'O.M. antiliante a le caractère de l'O.A. de l'atome le moins électronégatif.

Ces principes généraux peuvent être mis en défaut dans des cas particuliers, comme ceux de la molécule de monoxyde de carbone (CO) ou l'ion cyanure (CN^-).

b) Diagramme d'énergie. Exemple de la molécule de fluorure d'hydrogène HF

La dissymétrie de la molécule AB se reflète dans le diagramme d'énergie des O.A. et des O.M. Pour représenter ce dernier, il est nécessaire d'évaluer les niveaux d'énergie relatifs des O.A. des atomes A et B.

Prenons le cas de HF (*figure 5.10.a*) :

- La configuration électronique externe de H est $1s^1$, l'énergie de l'O.A. correspondante est – 13,6 eV (correspondant à l'énergie de première ionisation de l'hydrogène $I_1(H) = 13{,}6$ eV).
- La configuration électronique externe de F est $2s^2\ 2p^5$; l'électron célibataire sera supposé décrit par l'O.A. $2p_y$. Les énergies des O.A. sont données dans le *tableau 5.4*.
- Les différences d'énergies entre les O.A. des deux atomes sont :

$$|\Delta E\ [1s(H)] - [2s(F)])| = -13{,}6 - (-42{,}7) = 29{,}1 \text{ eV } (> 15 \text{ eV})$$

$$|\Delta E\ [1s(H)] - [2p(F)])| = -13{,}6 - (-19{,}9) = 6{,}3 \text{ eV } (< 15 \text{ eV})$$

Il ne peut donc y avoir d'interaction entre l'O.A. 1s(H) et l'O.A. 2s(F). L'orbitale 2s(F) devient une orbitale non liante, notée n_s.

En revanche, les deux O.A. 1s (H) et $2p_y$(F) peuvent se combiner avec recouvrement axial, et formation des O.M. σ_{sy} et σ_{sy}^* (*figure 5.10.b*).

Les deux paires $2p_x$ et $2p_z$ du fluor, orthogonales à l'axe internucléaire, constituent deux autres paires non liantes notées n_x et n_z.

Le diagramme montre que la molécule à l'état fondamental possède deux électrons décrits par l'orbitale liante, et trois paires non liantes.

La configuration électronique de la molécule HF s'écrit donc :

$$n_s^2,\ \sigma_{sy}^2,\ (n_x^2,\ n_z^2) \text{ ou } 1n_s^2,\ 1\sigma_{sy}^2,\ (2n_x^2,\ 2n_z^2)$$

Elle est conforme à la structure de Lewis :

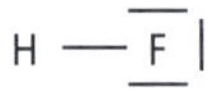

De plus, c'est l'O.A. $2p_y$ (F) qui participe le plus à la formation de l'O.M. σ. La densité électronique est donc plus forte sur F que sur H, ce qui est en accord avec la différence d'électronégativité de H et F (*tableau 3.3 p. 86*). La molécule est **polaire** : $^{+\delta}H{-}F^{-\delta}$, elle possède un moment dipolaire permanent (*cf. § 7.3 p. 198*).

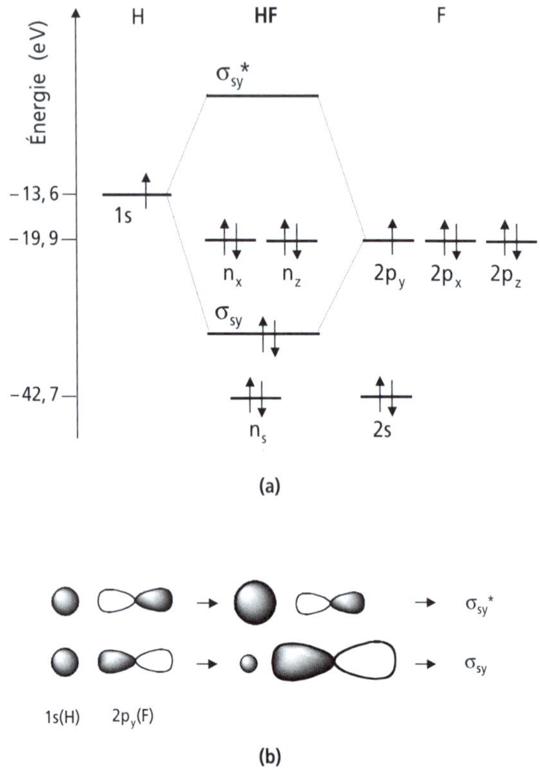

Figure 5.10 **(a)** Diagramme d'énergie des O.A. de H et F et des O.M. de HF. **(b)** Recouvrement axial des O.A. 1s de H et $2p_y$ de F.

POINTS CLEFS

- Une liaison chimique s'établit entre deux atomes lorsque leur distance mutuelle correspond à un minimum de leur énergie d'interaction, somme des diverses interactions électrostatiques entre noyaux et électrons. Les coordonnées du minimum correspondent à la longueur et à l'énergie de liaison.
- Une liaison covalente résulte de la mise en commun d'électrons entre deux atomes. Il existe des simples, doubles et triples liaisons.
- Établir la structure de Lewis d'une molécule en respectant la règle de l'octet permet de mettre en évidence les doublets liants et non liants. Il existe néanmoins des situations où la règle de l'octet ne s'applique pas.
- La théorie des orbitales moléculaires de Mulliken repose sur l'idée selon laquelle, de la même façon qu'au sein de l'atome un électron est décrit par une fonction d'onde appelée orbitale atomique (O.A.), tout électron *i* au sein d'une molécule peut être décrit par la fonction d'onde $\Psi(i)$, appelée orbitale moléculaire (O.M.).

  Chaque orbitale moléculaire ne peut décrire que deux électrons, qui sont appariés.
- Les O.M. sont obtenues par combinaison linéaire des O.A. (méthode LCAO), conditionnée par le recouvrement des O.A.

  Les O.A. doivent avoir même énergie ou des énergies voisines, et présenter des symétries compatibles.

  La combinaison de *N* O.A. donne *N* O.M.

  Une orbitale liante est une O.M. correspondant à une stabilisation de la molécule par rapport aux atomes isolés.

  Une orbitale antiliante(*) est une O.M. qui, si elle est occupée, correspond à un niveau d'énergie plus élevé de la molécule et contribue à réduire la cohésion entre les atomes.
- Deux modes de recouvrement sont observés :
  - axial : formation d'O.M. de type σ et σ^*, soit formation d'une liaison σ
  - latéral (perpendiculaire à l'axe internucléaire) : formation d'O.M. de type π et π^*, soit formation d'une liaison π.

  Les liaisons π ne peuvent s'établir que si une liaison σ a été établie au préalable. L'ensemble $\sigma + \pi$ constitue une double liaison, l'ensemble $\sigma + 2\pi$, une triple liaison.
- Le diagramme d'énergie des O.A. et O.M. est couramment utilisé pour schématiser la formation de la molécule à partir de ses atomes constitutifs. Les électrons de valence sont attribués aux O.M. par ordre d'énergie croissante, en respectant le principe d'exclusion de Pauli et la règle de Hund.

➤ Au sein des molécules diatomiques hétéronucléaires (type AB), les O.A. contribuent de façon inégale aux O.M. L'atome le plus électronégatif contribue plus fortement aux O.M. liantes, le moins électronégatif aux O.M. antiliantes. La liaison est polarisée ; les atomes portent des charges partielles :

$$^{+\delta}\text{A}-\text{B}^{-\delta}$$

Les O.A. qui ne se recouvrent pas deviennent des O.M. non liantes.

EXERCICES

La résolution de ces exercices nécessite de consulter la classification périodique.

5.1 Formation de la liaison covalente H–H dans le dihydrogène.

Imaginons le rapprochement de deux atomes d'hydrogène gazeux de l'infini jusqu'à la distance de 74 pm qui est la longueur de la liaison H–H.

a) Rappeler comment varie l'énergie d'interaction entre les atomes en fonction de la distance qui les sépare en précisant les deux termes constituant cette énergie.

b) Pour apprécier le rôle des électrons dans la formation de la liaison, calculer l'énergie molaire de répulsion entre deux noyaux d'hydrogène séparés de 74 pm ; puis évaluer l'énergie molaire d'attraction due aux électrons, contribution qui permet à la molécule H–H de se constituer.

N.B. (i) L'hydrogène naturel est constitué à 99,99 % de l'isotope $^{1}_{1}\text{H}$.

(ii) L'énergie de répulsion sera exprimée par un nombre positif, et la contribution attractive à l'énergie totale par un nombre négatif (en accord avec les conventions de la thermodynamique).

Données : Énergie de la liaison H–H à 298 K : $D_{\text{H–H}} = 434$ kJ.mol^{-1} ; charge élémentaire : $e = 1{,}602.10^{-19}$ C ; permittivité du vide : $\varepsilon_0 = 8{,}854.10^{-12}$ F.m^{-1} ; constante d'Avogadro : $N_A = 6{,}022.10^{23}$ mol^{-1}.

5.2 Structures de Lewis

Établir la structure de Lewis des composés suivants :

a) CCl_4, $CHCl_3$, CH_3OH, C_2H_6

b) NH_3, PH_3, NH_4^+, N_2H_4

c) BF_3, F^-, BF_4^-

5.3 Charges formelles

Établir les structures de Lewis des espèces suivantes en précisant les charges formelles portées par les atomes.

Nom	Ozone	Dioxyde de soufre	Ion cyanure	Ion amidure	Ion carbonate
Formule	O_3	SO_2	CN^-	NH_2^-	CO_3^{2-}

5.4 Règle de Sidgwick

Montrer qu'au sein des ions $PtCl_6^{2-}$ et CoF_6^{3-} la règle de Sidgwick est vérifiée. On considérera que ces deux ions complexes résultent de liaisons de coordination entre les donneurs de doublets que sont les ions halogénures (respectivement chlorure et fluorure) et, pour chaque composé, un cation du métal de transition dont on déterminera la charge.

Données. Configurations électroniques.

Pt : [Xe] $4f^{14}\ 5d^9\ 6s^1$

Co : [Ar] $3d^7\ 4s^2$

5.5 Orbitales moléculaires liantes et antiliantes

Les propositions suivantes sont-elles exactes ? Si une proposition est fausse, la corriger.

a) Une O.M. de type σ ne peut résulter que du recouvrement axial d'O.A. de type s.

b) Une orbitale antiliante ne contient jamais d'électrons.

c) Une condition nécessaire et suffisante pour que deux O.A. se combinent est qu'elles possèdent les mêmes propriétés de symétrie par rapport aux mêmes éléments de symétrie.

d) Une O.M. antiliante π^* possède deux plans nodaux.

e) Au sein d'une molécule diatomique à l'état fondamental, il est possible de compter plus d'électrons dans les O.M. liantes que dans les O.M. antiliantes.

f) Au sein d'une molécule diatomique à l'état fondamental, il est possible de compter plus d'électrons dans les O.M. antiliantes que dans les O.M. liantes.

g) Lorsqu'on fournit à une molécule une énergie la portant dans un état excité électronique, cela correspond obligatoirement à la promotion d'un électron d'une orbitale liante à une orbitale antiliante.

5.6 Diagramme d'énergie des orbitales atomiques et moléculaires et paramagnétisme

a) Établir le diagramme d'énergie des O.A. et O.M. de B_2, sachant que ce composé est paramagnétique. L'ordre des niveaux d'énergie des O.M. du diagramme proposé est-il compatible avec les niveaux d'énergie des O.A. du bore : $E(2s) = -13{,}3$ eV ; $E(2p) = -8{,}4$ eV ?

b) Parmi les espèces suivantes, préciser celles qui sont paramagnétiques : dioxygène O_2, ion superoxyde O_2^-, ion peroxyde O_2^{2-}.

5.7 Diagramme d'énergie des orbitales atomiques et moléculaires de molécules de Li_2, et LiH

a) L'énergie d'ionisation du lithium vaut 5,39 eV. Construire le diagramme d'énergie des O.A. et O.M. de Li_2. Placer précisément le niveau σ sachant que l'énergie de liaison vaut 105 kJ.mol^{-1}.

b) L'énergie d'ionisation de l'hydrogène vaut 13,6 eV. Construire avec précision le diagramme d'énergie des O.A. et O.M. de LiH sachant que l'écart d'énergie entre l'O.A. de l'hydrogène et l'O.M. σ est 1,6 eV, et que l'écart d'énergie entre les orbitales σ et σ^* est 11,4 eV.

5.8 Le monoxyde d'azote : un radical présent dans les organismes vivants

Le monoxyde d'azote NO est synthétisé dans l'organisme à partir d'un acide aminé, l'arginine. Cette espèce réactive (sa demi-vie est de l'ordre de 1 à 5 s) participe à de nombreux processus tant bénéfiques (régulation de la pression sanguine, lutte contre les inflammations, etc.), que néfastes (contribution à la formation de l'ion peroxynitrite, espèce délétère pour les protéines, l'ADN et les lipides).

a) En utilisant les données du *tableau 5.4* établir le diagramme d'énergie des orbitales atomiques et moléculaires de NO (pour ce composé, le niveau d'énergie de l'O.M. $2\sigma^*$ est intermédiaire entre ceux de 2s(N) et 2s(O)).

b) Établir la structure de Lewis de NO, puis celle de l'ion peroxynitrite, formé par combinaison de NO avec l'ion superoxyde $O_2^{\bullet-}$.

SOLUTIONS

5.1 a) Voir les deux premières rubriques du *§ 5.2* du cours.

b) Compte tenu de la valeur de l'abondance isotopique de ^1_1H (99,99 %), on néglige les fractions de deutérium et de tritium, et on considère que l'hydrogène naturel n'est constitué que de l'isotope ^1_1H. Les noyaux d'hydrogène sont donc des protons dont la charge est : $+1 \times e$.

L'énergie d'interaction entre deux charges q et q' séparées d'une distance d est donnée en électrostatique par :

$$E = \frac{1}{4\pi\varepsilon_0} \times \frac{qq'}{d}$$

Si les charges sont de même signe (ici positives), l'énergie due à leur répulsion est bien positive.

L'énergie molaire de répulsion entre les deux protons à la longueur de liaison $\ell_{H\text{-}H} = 74$ pm est donc :

$$E_{rep} = N_A \times \frac{1}{4\pi\varepsilon_0} \times \frac{e^2}{\ell_{H\text{-}H}} = 6{,}022.10^{23} \times \frac{1}{4\pi \times 8{,}854.10^{-12}}$$

$$\times \frac{(1{,}602.10^{-19})^2}{74.10^{-12}} = 1{,}88.10^6 \text{ J.mol}^{-1}$$

$$\boxed{E_{rep} = 1\ 800 \text{ kJ.mol}^{-1}}$$

À la longueur de liaison, la contribution attractive due à la présence des électrons, non seulement compense l'énergie de répulsion, mais fournit l'énergie de la liaison. Sa valeur absolue est la somme de ces deux termes ; son signe est négatif.

$\boxed{E_{att} = -(1\ 880 + 434) = -2\ 314 \text{ kJ.mol}^{-1}}$ valeur considérable !

5.2 a)

Atome	C	H	Cl	O
Nb électrons de valence	4	1	7	6

Molécule	CCl_4	$CHCl_3$	CH_3OH	C_2H_6
Nb électrons de valence	$4 + 4 \times 7 = 32$	$4 + 1 + 3 \times 7 = 26$	$4 + 3 \times 1 + 6 + 1 = 14$	$2 \times 4 + 6 \times 1 = 14$
Nb paires à répartir	16	13	7	7
Structure de Lewis	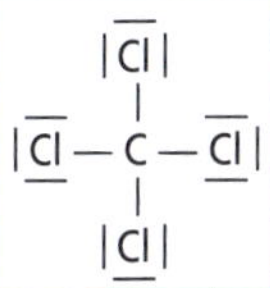	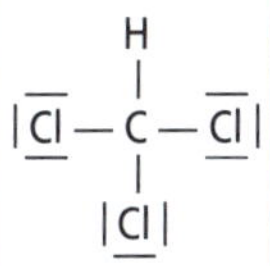	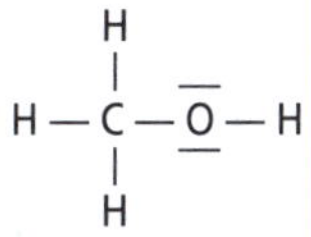	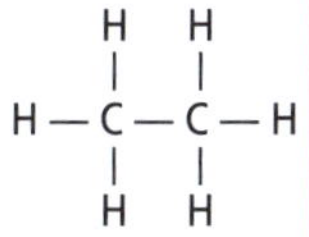

b) Suivre la même méthode. Pour NH_3, on trouve 4 paires à répartir. Pour NH_4^+, le nombre de paires est le même, soit 4, H^+ n'ayant aucun électron de valence. Les structures sont :

Molécule	NH_3	PH_3	NH_4^+	N_2H_4
Structure de Lewis	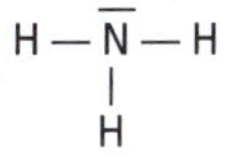	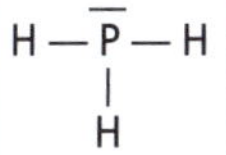	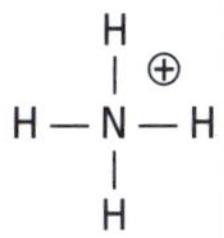	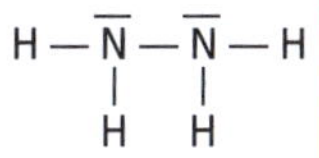

c) Suivre la même méthode. On observe que B dans BF_3 ne suit pas la règle de l'octet et présente une lacune électronique.
BF_3 est donc susceptible d'accepter un doublet électronique de la part d'un donneur, par exemple l'ion fluorure F^-.
Cette propriété confère à BF_3 le caractère d'**acide de Lewis**, et à F^- le caractère de **base de Lewis**. La réaction acide-base est un transfert du doublet du donneur vers l'accepteur selon :

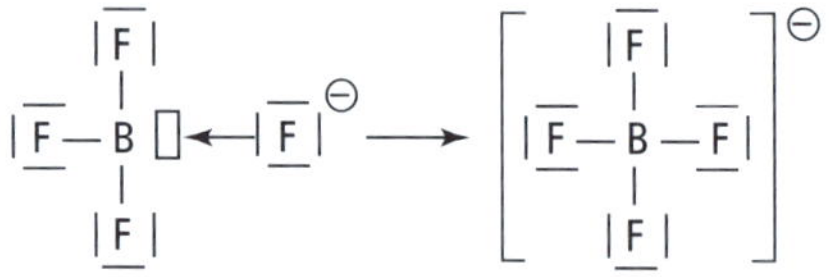

donnant l'ion tétrafluoroborate BF_4^-.

5.3 Nombre d'électrons de valence des atomes considérés :

Atome	H	C	N	O	S
Électrons de valence	1	4	5	6	6

En suivant la méthode donnée dans le cours, on détermine le nombre de doublets à répartir.

Espèce	O_3	SO_2	CN^-	NH_2^-	CO_3^{2-}
Doublets à répartir	9	9	5	4	12

Une fois la structure de Lewis établie (*cf. ex. 5.2*), on détermine la charge formelle d'un atome donné en faisant la différence entre le nombre d'électrons de valence de l'atome neutre et le nombre d'électrons de valence assignés à cet atome dans le composé, sachant que :

- pour tout doublet unissant deux atomes, un électron de valence est attribué à chaque atome,
- pour tout doublet non liant les deux électrons sont attribués à l'atome qui le porte.

Par exemple comptons les électrons entourant les atomes d'oxygène successifs cerclés de rouge dans O_3 :

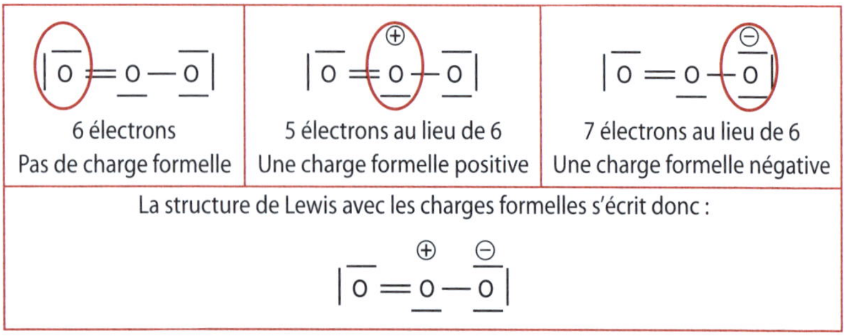

Pour les autres composés, en minimisant le nombre de charges formelles, on obtient :

SO_2	CN^-	NH_2^-	CO_3^{2-}
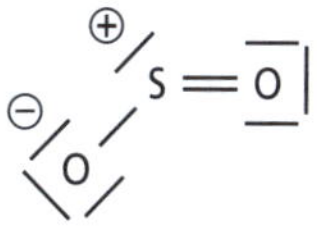	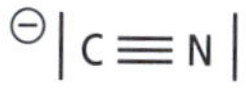	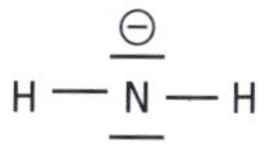	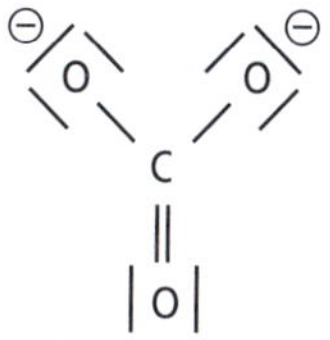

5.4 • Tout ion halogénure a la configuration électronique du gaz noble qui le suit, et possède un doublet électronique à partager : $|\overline{X}|^{\ominus}$.

- $PtCl_6^{2-}$: la charge globale : 2– montre que cet ion résulte de la coordination de 6 Cl^- à l'ion Pt^{4+}.

  Configuration électronique de Pt^{4+} : [Xe] $4f^{14}$ $5d^6$ $6s^0$ ou plus précisément [Xe] $4f^{14}$ $5d^6$ $6s^0$ $6p^0$

  Le platine Pt^{4+} central a 6 électrons de valence. En acceptant les 6 paires provenant des 6 ions Cl^-, soit 12 électrons, il s'entoure de 6 + 12 = 18 électrons dans sa couche de valence, adoptant la configuration électronique du radon. La règle de Sidgwick est vérifiée.

- CoF_6^{3-} : la charge globale : 3– montre que cet ion résulte de la coordination de 6 F^- à l'ion Co^{3+}.

  Configuration électronique de Co^{3+} : [Ar] $3d^6$ $4s^0$ ou plus précisément [Ar] $3d^6$ $4s^0$ $4p^0$

  Le cobalt Co^{3+} central a 6 électrons de valence. En acceptant les 6 paires provenant des 6 ions F^-, soit 12 électrons, il s'entoure de 6 + 12 = 18 électrons dans sa couche de valence, adoptant la configuration électronique du krypton. La règle de Sidgwick est vérifiée.

- Notons que dans les deux cas la configuration électronique du cation central se formule :

  $(n-1)d^6$ ns^0 np^0. Pour que les liaisons de coordination s'établissent ces cations doivent présenter 6 orbitales vacantes. Il faut donc supposer que la configuration électronique des cations transgresse la règle de Hund et soit représentée par :

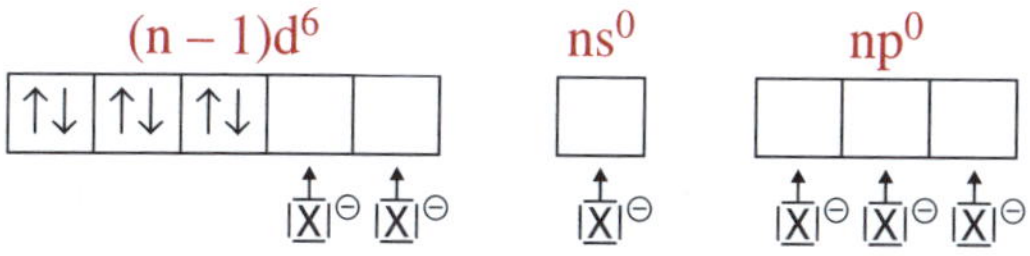

5.5 a) Faux. Une O.M. de type σ résulte du recouvrement axial d'O.A. de symétrie de révolution autour de l'axe internucléaire, c'est-à-dire d'orbitales de type s et $2p_y$.

b) Faux. Des électrons sont décrits par une O.M. antiliante lorsque toutes les O.M. liantes sont déjà attribuées aux autres électrons.

c) Faux. Il s'agit d'une condition nécessaire mais non suffisante. Les O.A. doivent également être de même énergie ou d'énergies voisines.

d) Vrai.

e) Vrai.

f) Faux. Le nombre d'O.M. antiliantes est égal au nombre d'O.M. liantes. Le nombre maximum d'électrons décrits par les O.M. antiliantes est donc égal au nombre d'électrons décrits par les O.M.liantes, or dans ce cas $I.\ell. = 0$, la liaison ne s'établit pas. Donc, lorsqu'une liaison s'établit, le nombre d'électrons décrits par les O.M. antiliantes est inférieur au nombre d'électrons décrits par les O.M.liantes.

g) Vrai.

5.6 a) B , numéro atomique $Z = 5$, structure électronique : $1s^2\ 2s^2\ 2p^1$; 3 électrons de valence sur la couche $n = 2$.

La liaison B_2 (B_A–B_B) s'établit en faisant intervenir $2 \times 3 = 6$ électrons de valence.

Elle résulte du recouvrement de l'O.A. 2s et de l'O.A. $2p_y$ (décrivant l'électron célibataire). Sans information sur les niveaux d'énergie des O.A., deux diagrammes peuvent être proposés : le diagramme simple et le diagramme corrélé. Les structures électroniques correspondantes sont :

$$\text{diagramme simple} : \sigma_s^{\,2}, \sigma_s^{\,*2}, \sigma_y^{\,2}$$

$$\text{diagramme corrélé} : \sigma_s^{\,2}, \sigma_s^{\,*2}, (\pi_x^{\,1}, \pi_z^{\,1})$$

Comme B_2 est paramagnétique, la molécule comporte des électrons célibataires. Seul le diagramme corrélé rend compte de cette observation. Cela signifie que les orbitales O.M. σ sont obtenues par combinaison linéaire des 4 O.A. d'énergies voisines $2s(B_A)$, $2p_y(B_B)$, $2s(B_B)$, $2p_y(B_A)$, dont les niveaux d'énergie sont distribués sur 15 eV au maximum.

De fait, $|\Delta E(s - p)| = -8{,}4 - (-13{,}3) = 4{,}9$ eV

et donc $|\Delta E(s - p)| < 15$ eV.

b) Les structures électroniques sont :

O_2 : $\sigma_s^{\,2}, \sigma_s^{\,*2}, \sigma_y^{\,2}, (\pi_x^{\,2}, \pi_z^{\,2}), (\pi_x^{\,*1}, \pi_z^{\,*1})$; paramagnétique

O_2^- : $\sigma_s^{\,2}, \sigma_s^{\,*2}, \sigma_y^{\,2}, (\pi_x^{\,2}, \pi_z^{\,2}), (\pi_x^{\,*2}, \pi_z^{\,*1})$; paramagnétique

O_2^{2-} : $\sigma_s^{\,2}, \sigma_s^{\,*2}, \sigma_y^{\,2}, (\pi_x^{\,2}, \pi_z^{\,2}), (\pi_x^{\,*2}, \pi_z^{\,*2})$; diamagnétique

5.7 a) Li , numéro atomique $Z = 3$, structure électronique : $1s^2\ 2s^1$; 1 électron de valence sur la couche $n = 2$.

La liaison Li_2 (Li_A–Li_B) s'établit en faisant intervenir $2 \times 1 = 2$ électrons de valence.

- I_1 (Li) = 5,39 eV. Donc le niveau d'énergie de l'O.A. 2s est :

$$E[2s(Li)] = -\,5{,}39 \text{ eV.}$$

- L'énergie de liaison est l'énergie à fournir pour rompre la liaison selon :

$$Li_2(g) \rightarrow Li_A(g) + Li_B(g)$$

Elle correspond, à l'échelle élémentaire à :

$$\frac{105.10^3}{6{,}022.10^{23} \times 1{,}6.10^{-19}} = 1{,}09 \text{ eV}$$

Pour chacun des atomes, l'écart entre les niveaux 2s et σ_s est : 1,09/2 = 0,55 eV.

Le niveau d'énergie de l'O.M. σ_s est donc – 5,39 – 0,55 = – 5,94 eV.

Le diagramme est représenté sur la *figure 5.12.a*.

b) Les niveaux d'énergie sont :

$E[1s(H)] = -\,13{,}6$ eV ; $E[2s(Li)] = -\,5{,}39$ eV

$E[\sigma_s] = -\,13{,}6 - 1{,}6 = -\,15{,}2$ eV ; $E[\sigma_s{}^*] = -\,15{,}2 + 11{,}4 = -\,3{,}8$ eV

Le diagramme est représenté sur la *figure 5.12.b*.

C'est l'O.A. 1s(H) qui participe le plus à la formation de l'O.M. σ. La densité électronique est donc plus forte sur H que sur Li. La moléculaire est polaire :

$$^{+\delta}\text{Li–H}^{-\delta}$$

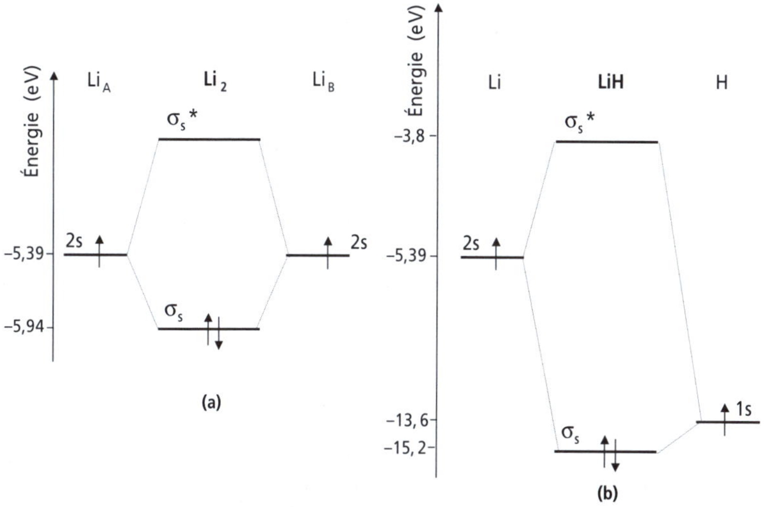

Figure 5.12 Diagrammes d'énergie des O.A. et O.M. pour **(a)** Li_2 ; **(b)** LiH.

5.8 **a)** Les valeurs des niveaux d'énergie des O.A. portés dans le *tableau 5.4* montrent que l'écart $|\Delta E[2s(N) - 2p(O)]|$ vaut 8,8 eV. Cette valeur faible (< 15 eV) indique que les quatre O.A. 2s(N), 2s(O), $2p_y$(N) et $2p_y$(O) interagissent pour former les quatre O.M. 1σ, 2σ*, 3σ et 4σ*. Le diagramme est donc corrélé.

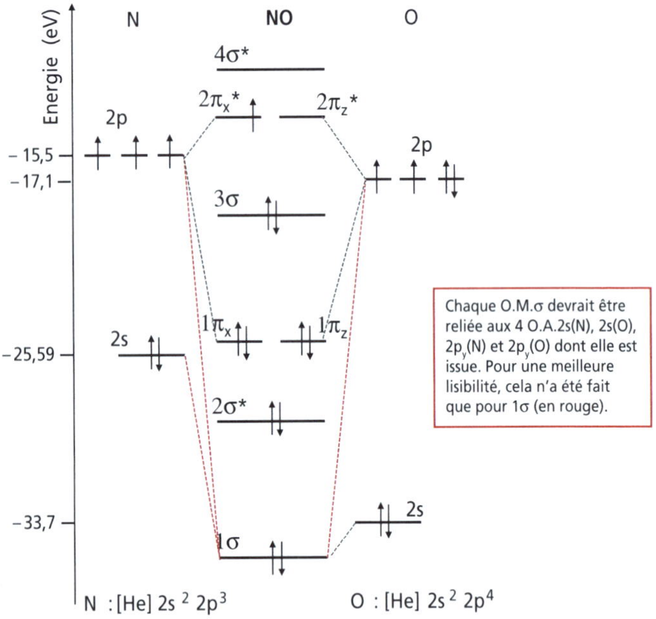

NO est en fait un **radical**, puisqu'il possède un électron non apparié dans l'O.M. occupée de plus haute énergie[1] (antiliante). La contribution principale à cette O.M. vient de l'O.A. de plus haute énergie qui, ici, appartient à N, l'atome le moins électronégatif. On peut donc considérer que l'électron non apparié se trouve plutôt sur l'atome N que sur l'atome O. Nous écrirons •NO.

b) Le nombre total d'électrons de valence est : 5 (pour N) + 6 (pour O) = 11, ce qui représente 5 doublets et un électron célibataire qu'il convient d'attribuer à N, comme mentionné ci-dessus. La règle de l'octet ne peut donc pas être respectée pour N. En la respectant pour O, on

1. D'une façon générale, une telle orbitale est désignée par l'acronyme **HOMO** de *Highest Occupied Molecular Orbital*, en anglais (en français HO, initiales de Haute et Occupée). Elle se distingue de la **LUMO**, acronyme de *Lowest Unoccupied Molecular Orbital*, qui est l'orbitale vacante d'énergie immédiatement supérieure, ici 4σ* (en français BV, initiales de Basse et Vacante). L'usage privilégie les acronymes en anglais.

obtient la structure de Lewis : •$\overline{\mathrm{N}}$ = $\overline{\mathrm{O}}$|. Les charges formelles sont nulles.

L'ion peroxynitrite se forme avec appariement des électrons célibataires de chaque espèce selon :

$$O_2^{\bullet-} + \bullet\overline{\mathrm{N}} = \overline{\mathrm{O}}| \rightarrow {}^{-}OONO$$

Nb d'électrons de valence : $3 \times 6 + 5 + 1 = 24$

Nb de paires à répartir, en respectant la règle de l'octet pour chaque atome : 12

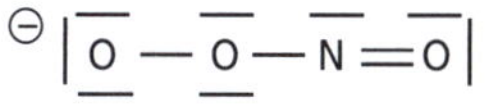

CHAPITRE 6

Liaison covalente et géométrie des molécules

PLAN

OBJECTIFS

- Savoir interpréter la forme des molécules par l'hybridation des orbitales atomiques.
- Connaître les hybridations sp^3, sp^2 et sp de l'atome de carbone.
- Savoir prévoir les formes des molécules en appliquant la méthode VSEPR.
- Prévoir les distorsions des angles de liaisons par rapport aux valeurs théoriques.

Lorsqu'une molécule comporte plus de deux atomes liés par des liaisons covalentes, elle constitue un édifice dont les caractéristiques géométriques et la distribution des doublets de valence non liants sont des paramètres essentiels de la réactivité.

Aujourd'hui, les caractéristiques géométriques de nombreuses molécules à l'état fondamental peuvent être déterminées expérimentalement, comme calculées par la chimie quantique selon des modèles sophistiqués.

Néanmoins, les approches simplifiées développées dans la première moitié du XXe siècle, **la théorie de la liaison de valence et de l'hybridation des orbitales atomiques**, d'une part, et **la méthode VSEPR (fondée sur la répulsion des doublets de la couche de valence)**, d'autre part, demeurent des outils incontournables pour la compréhension et l'interprétation des résultats expérimentaux sur la structure des molécules.

6.1 DONNÉES STRUCTURALES

Les données structurales concernant quelques molécules types sont rapportées ci-dessous. Ces données confirment le caractère dirigé, et donc localisé, des liaisons covalentes (*cf. tableau 5.1*). Elles serviront de référence dans la suite du chapitre dont l'objectif est de décrire les modèles qui peuvent rendre compte, ou permettre de prévoir, l'établissement et la répartition dans l'espace des liaisons covalentes.

Géométries de H_2O, NH_3, CH_4, BF_3 et BeH_2

Le *tableau 6.1* donne la forme et les caractéristiques géométriques (en phase vapeur) de cinq molécules de référence : eau H_2O, ammoniac NH_3, méthane CH_4, d'une part ; trifluorure de bore BF_3 et dihydrure de béryllium BeH_2, d'autre part.

Ces molécules comportent un atome central appartenant à un élément de la deuxième période : O, N, C, B ou Be, auquel sont liés des atomes H ou F par liaison covalente.

Tableau 6.1 Caractéristiques géométriques des molécules H_2O, NH_3, CH_4, BF_3, BeH_2.

Composé	Caractéristiques géométriques de la molécule	Forme
H_2O	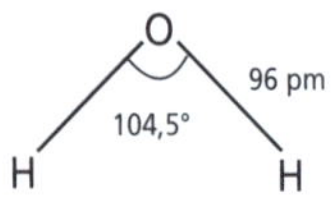	coudée (triangle isocèle)
NH_3	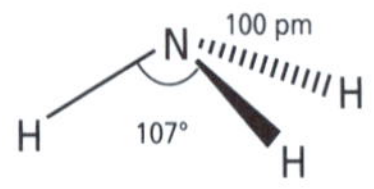	pyramide triangulaire
CH_4	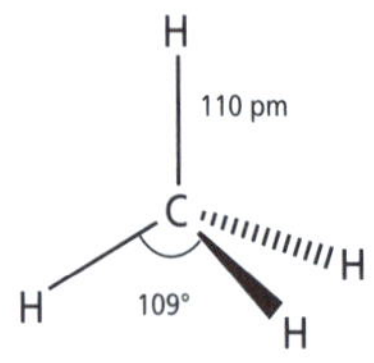	tétraèdre
BF_3	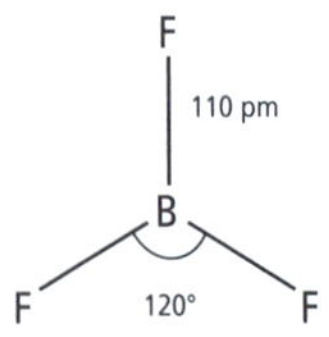	triangle équilatéral
BeH_2	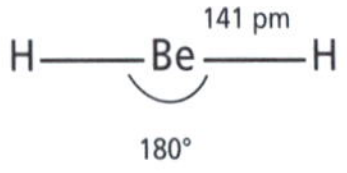	linéaire

Géométries de C_2H_6, C_2H_4 et C_2H_2

Le *tableau 6.2* donne les caractéristiques géométriques de trois molécules d'hydrocarbures, comportant deux atomes « centraux » de carbone : l'éthane C_2H_6, l'éthène (ou éthylène) C_2H_4 et l'éthyne (ou acétylène) C_2H_2, et rappelle leurs représentations de Lewis.

Tableau 6.2 Caractéristiques géométriques des molécules C_2H_6, C_2H_4 et C_2H_2.

Composé	Caractéristiques géométriques de la molécule	Représentation de Lewis
C_2H_6	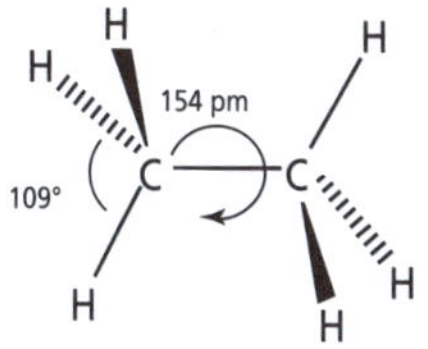	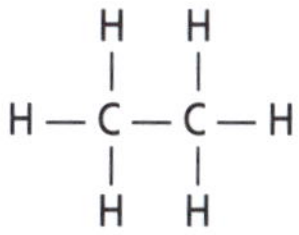
C_2H_4	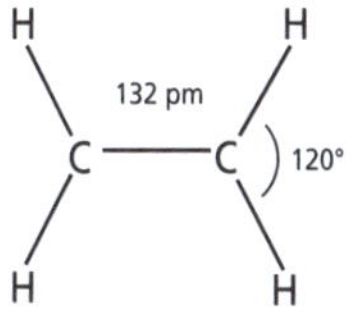	
C_2H_2	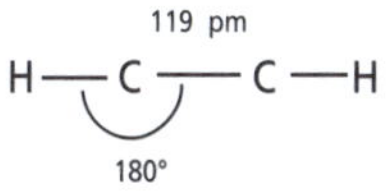	$H-C\equiv C-H$

6.2 THÉORIE DE LA LIAISON DE VALENCE ET HYBRIDATION DES ORBITALES ATOMIQUES

Localisation de la liaison covalente

La **théorie de la liaison de valence** (L. V.) considère que la molécule est constituée d'une juxtaposition de liaisons entre atomes pris deux à deux. Chacune d'elles résulte du recouvrement des orbitales atomiques (O.A.) des atomes liés ; de ce fait, les électrons restent localisés dans la zone de recouvrement, c'est-à-dire dans la direction des O.A.

Qu'en résulte-t-il pour les molécules d'eau, d'ammoniac et de méthane ?

L'**eau** est constituée de l'atome central O, auquel sont liés deux atomes H. Les configurations électroniques externes de H et O sont :

H : $1s^1$ [↑]

O : $2s^2$ $2p^4$ [↑↓] [↑↓][↑][↑]

$2p_x$ $2p_y$ $2p_z$

Selon la théorie L. V., chaque liaison H–O résulte :

- du recouvrement de l'O.A. 1s d'un atome H, et de l'O.A. $2p_y$ ou $2p_z$ de l'atome O,
- de l'appariement des spins des électrons célibataires décrits par ces O.A. pour former les doublets liants.

Au sein de H_2O, l'octet s'établit autour de O selon :

H H

O : [↑↓] [↑↓][↑↓][↑↓]

Les deux doublets liants devraient par conséquent être localisés dans les directions des O.A. $2p_y$ et $2p_z$ de O, donc être orthogonaux. Pourtant, l'angle de liaison vaut 104,5° (*tableau 6.1*).

Au sein de l'**ammoniac**, l'atome central est l'atome d'azote N dont la configuration électronique externe est : $2s^2$ $2p^3$. Le même type de raisonnement conduit à représenter l'octet autour de N dans NH_3 selon :

H H H

N : [↑↓] [↑↓][↑↓][↑↓]

À nouveau, cette analyse prévoit l'orthogonalité entre les trois liaisons N–H, ce qui n'est pas le cas (*tableau 6.1*).

Dans le cas du **méthane**, une autre difficulté survient, car la configuration électronique externe de l'atome de carbone C est :

C : $2s^2$ $2p^2$ [↑↓] [↑][↑][ ]

Or cette configuration ne permet pas la formation de quatre liaisons C–H par recouvrement des O.A.

À ce stade, il ne s'avère donc pas possible de rendre compte des constatations expérimentales.

Hybridation des orbitales atomiques

Pour rendre compte de la géométrie des molécules, il faut compléter la théorie L.V. par un processus imaginé par Linus Pauling : l'hybridation des orbitales atomiques.

L'**hybridation des orbitales atomiques** est une réorganisation des O.A. d'un même atome concomitante à la formation des liaisons. *N* O.A. se mélangent pour donner *N* orbitales hybrides dont les distributions spatiales sont différentes de celles des O.A. de départ.

Attention, l'hybridation des O.A. n'est pas un processus spontané et indépendant de la formation des liaisons.

a) Hybridation sp^3

H_2O et NH_3. Lors de la formation de H_2O et NH_3, l'orbitale Ψ_{2s} et les trois orbitales Ψ_{2p} de l'atome central (O ou N) s'hybrident, c'est-à-dire forment quatre combinaisons linéaires de forme générale :

$$h_i = c_1\Psi_{2s} + c_2\Psi_{2p_x} + c_3\Psi_{2p_y} + c_4\Psi_{2p_z}$$

i variant de 1 à 4, et les coefficients *c* représentant le poids des orbitales dans la combinaison. Mathématiquement, de telles combinaisons sont encore solutions de l'équation différentielle de Schrödinger.

Les quatre orbitales atomiques hybrides h_i sont appelées **orbitales sp^3**, parce qu'elles résultent de la combinaison d'une orbitale s et de trois orbitales p. Elles ont même énergie et même « forme ».

Les orbitales sp^3 se répartissent symétriquement selon les axes d'un tétraèdre régulier dont l'atome central occupe le centre.

Compte tenu des paramètres géométriques d'un tétraèdre régulier, les angles entre les axes de symétrie de ces orbitales valent 109,47° (*figure 6.1*).

Orbitale hybride sp^3

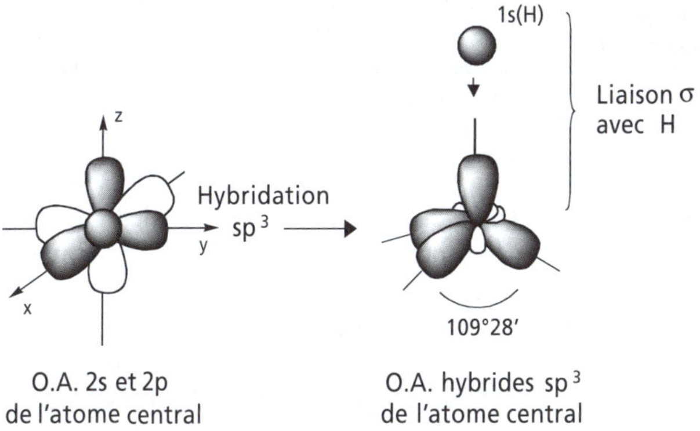

Figure 6.1 Hybridation sp^3.

Les liaisons avec l'atome d'hydrogène sont des **liaisons σ**, car elles résultent chacune du recouvrement axial d'une orbitale sp^3 décrivant un électron célibataire de O ou de N, et de l'orbitale 1s de H (recouvrement le long de l'axe de symétrie de l'orbitale hybride, *figure 6.1*).

Dans le cas de H_2O, l'atome O est entouré de deux doublets liants σ (liaisons O–H) et de deux doublets non liants décrits par deux orbitales hybrides sp^3. Dans le cas de NH_3, N est entouré de trois doublets liants σ (liaisons N–H) et d'un doublet non liant décrit par une orbitale sp^3.

Les directions des doublets autour de O ou N sont similaires dans les deux molécules bien que les angles de liaison ne vaillent pas rigoureusement 109,47° (*tableau 6.3* et *§ 6.3 p. 182*). Cependant, la forme résulte de la direction des doublets liants : H_2O qui possède deux doublets liants est triangulaire, et NH_3 qui en possède trois, est pyramidale (*tableau 6.1*).

Tableau 6.3 Structures des molécules H_2O et NH_3.

Composé	H_2O	NH_3
Structure de la molécule	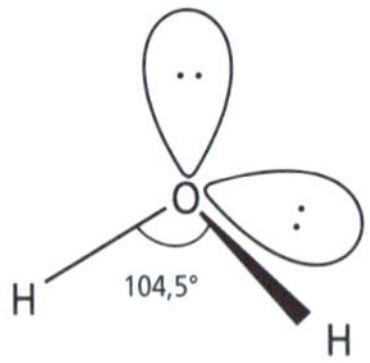	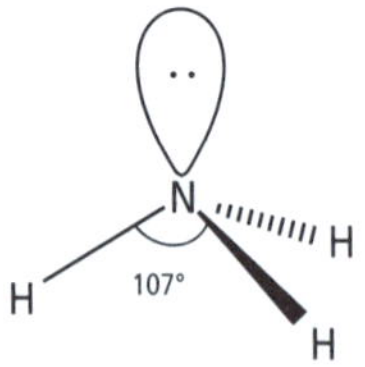
Angles de liaison	L'effet répulsif du doublet non liant (NH_3), ou des 2 doublets non liants (H_2O), sur les doublets liants tend à réduire l'angle de liaison par rapport à l'angle théorique de 109,47°.	
Importance des doublets non liants	Le caractère directionnel des doublets non liants est décisif pour la forme d'édifices résultant de liaisons de coordination (H_3O^+, NH_4^+, etc.) ou lors de la formation de structures tridimensionnelles, comme la glace, par exemple (*cf. § 8.3 p. 242*).	

CH_4. Dans le cas de CH_4, la tétravalence de l'atome de carbone ne peut être expliquée que si C comporte quatre électrons célibataires et non deux. Il faut donc considérer que, simultanément avec la constitution des liaisons, il y a excitation d'un électron 2s de C vers l'orbitale vacante $2p_z$ (formation de C^*), et hybridation sp^3. La *figure 6.2* illustre ces processus en les présentant en succession pour des raisons de clarté.

Les liaisons C–H résultent, comme précédemment pour H_2O et NH_3, du recouvrement axial d'une O.A. sp^3 et de l'O.A. 1s de H, et sont de type σ. La distribution des doublets liants selon les axes d'un tétraèdre confère sa forme à la molécule CH_4 (*tableau 6.1*).

Une partie de l'énergie libérée par la formation des liaisons C–H compense la demande énergétique du processus d'excitation. Les liaisons formées étant stables, le bilan global correspondant néanmoins à une diminution d'énergie du système.

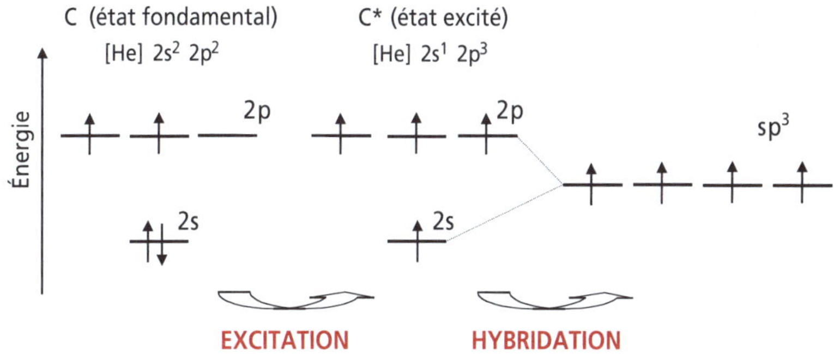

Figure 6.2 Niveaux d'énergie des O.A. de C, C* et C hybridé.

b) Hybridation sp²

Soit la molécule BF_3. La configuration électronique externe du bore est $2s^2\ 2p^1$. Pour rendre compte de la constitution de cette molécule, il faut supposer un processus d'excitation du bore : $B(2s^2\ 2p^1) \rightarrow B^*$ $(2s^1\ 2p^2)$ concomitant à l'hybridation de l'O.A. s et des deux O.A. $2p_x$ et $2p_y$. Une telle hybridation donne trois **orbitales hybrides sp²**, de même énergie et de même « forme ».

Les orbitales sp^2 sont situées dans un même plan et dirigées suivant les axes d'un triangle équilatéral dont l'atome central occupe le centre (*figure 6.3*).

Quant aux atomes F, dont la configuration électronique externe est $2s^2\ 2p^5$, ils subissent une hybridation de type sp^3. Les liaisons B–F résultent du recouvrement axial d'une O.A. hybride sp^2 de B et d'une O.A. hybride sp^3 de F ; ce sont des liaisons σ (*figure 6.3*).

L'O.A. $2p_z$ de l'atome B reste une O.A. pure de type p. Cette O.A. vacante est perpendiculaire au plan des orbitales hybrides (*figure 6.3*). L'existence de l'O.A $2p_z$ vacante confère à BF_3 le caractère d'**acide de Lewis**, accepteur d'un doublet d'électrons.

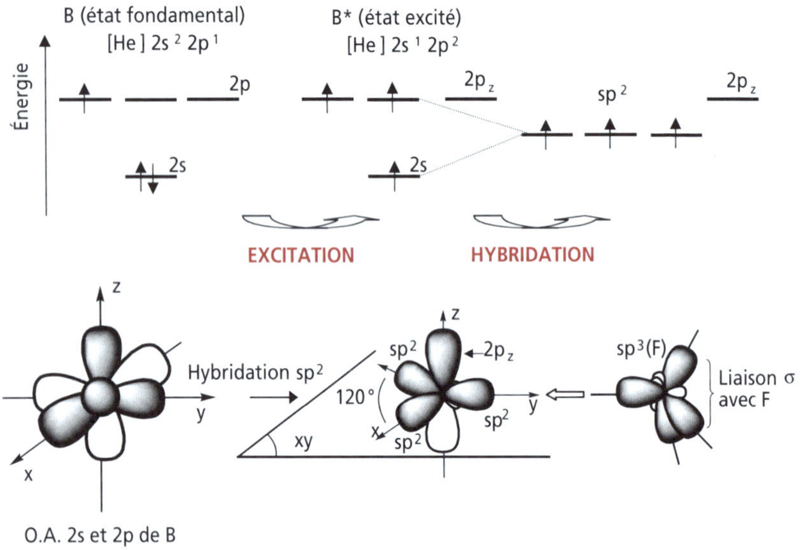

Figure 6.3 Hybridation sp^2 et formation de BF_3.

c) Hybridation sp

Soit la molécule BeH_2. Pour rendre compte de la constitution de cette molécule, il faut à nouveau supposer un processus d'excitation : Be ($2s^2\ 2p^0$) → Be* ($2s^1\ 2p^1$) concomitant à l'hybridation de l'O.A. s et de l'O.A. $2p_y$. Une telle hybridation donne 2 orbitales hybrides sp, de même énergie et de même « forme ».

> Les orbitales sp sont colinéaires et de sens opposés de part et d'autre de l'atome central (*figure 6.4*).

Les deux O.A. $2p_x$ et $2p_z$ restent des O.A. pures.

Les liaisons Be–H résultent du recouvrement axial des O.A. hybrides sp et des O.A. 1s de H, respectivement, et sont donc de type σ.

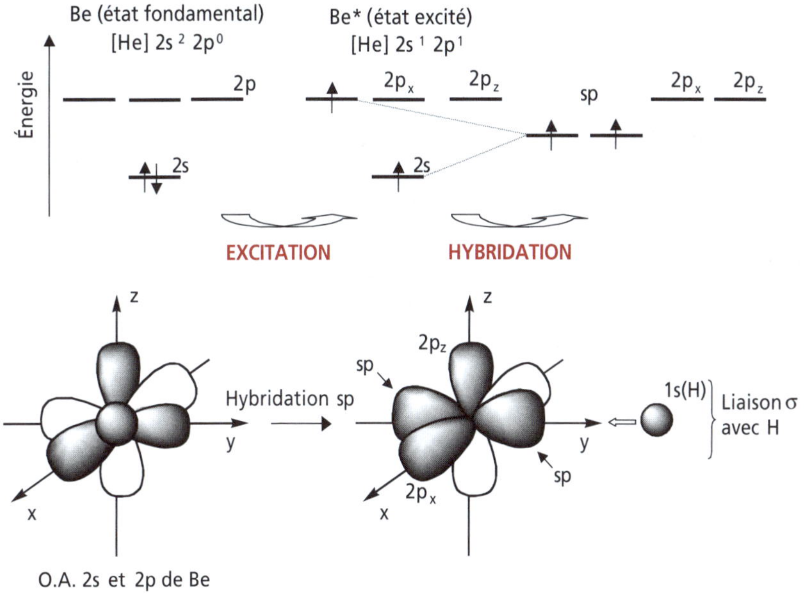

Figure 6.4 Hybridation sp et formation de BeH_2.

d) Hybridation du carbone au sein de C_2H_6, C_2H_4 et C_2H_2

Les molécules C_2H_6, C_2H_4 et C_2H_2 comportent deux atomes « centraux » de carbone. Les données structurales du *tableau 6.2* peuvent être interprétées avec les modèles d'hybridation sp^3, sp^2 et sp vus ci-dessus.

C_2H_6. Les angles de liaison de 109° indiquent que les deux atomes de carbone de l'éthane sont hybridés « sp^3 » ; la liaison C–C est une liaison simple s résultant du recouvrement axial de deux orbitales sp^3, et les liaisons C–H s'établissent comme dans le cas du méthane (*figure 6.5.a*).

La molécule a la forme de deux tétraèdres imbriqués, chaque C étant un sommet du tétraèdre dont le carbone voisin est le centre. Il y a **libre rotation** autour de l'axe C–C. Il existe donc une infinité de **conformations** possibles selon les positions relatives dans l'espace des groupes $-CH_3$.

C_2H_4. Les angles de liaison de 120° et la planéité de la molécule indiquent que les deux atomes de carbone de l'éthène sont hybridés « sp^2 ». Les O.A. $2p_{z1}$ et $2p_{z2}$, de même symétrie, ne sont pas hybridées.

La liaison carbone-carbone est une **double liaison** due à la superposition d'une liaison σ résultant du recouvrement axial de deux orbitales sp^2, et d'une liaison π résultant du recouvrement latéral des orbitales $2p_{z1}$ et $2p_{z2}$ (*figure 6.5.b*). La liaison π bloque la libre rotation autour de l'axe de la liaison C–C. Les liaisons C–H s'établissent par recouvrement axial des orbitales sp^2 des atomes C et des orbitales 1s de H.

La double liaison est plus courte que la liaison simple σ de l'éthane (132 pm au lieu de 154 pm, *tableau 6.2*).

Le recouvrement latéral des orbitales $2p_{z1}$ et $2p_{z2}$ est plus faible que le recouvrement axial des orbitales sp^2. La liaison π est donc plus faible que la liaison σ ; elle est susceptible de s'ouvrir. Les composés comportant des doubles liaisons donnent ainsi des produits d'addition.

C_2H_2. Les angles de liaison de 180° et la forme linéaire de la molécule indiquent que les deux atomes de carbone de l'éthyne sont hybridés « sp ».

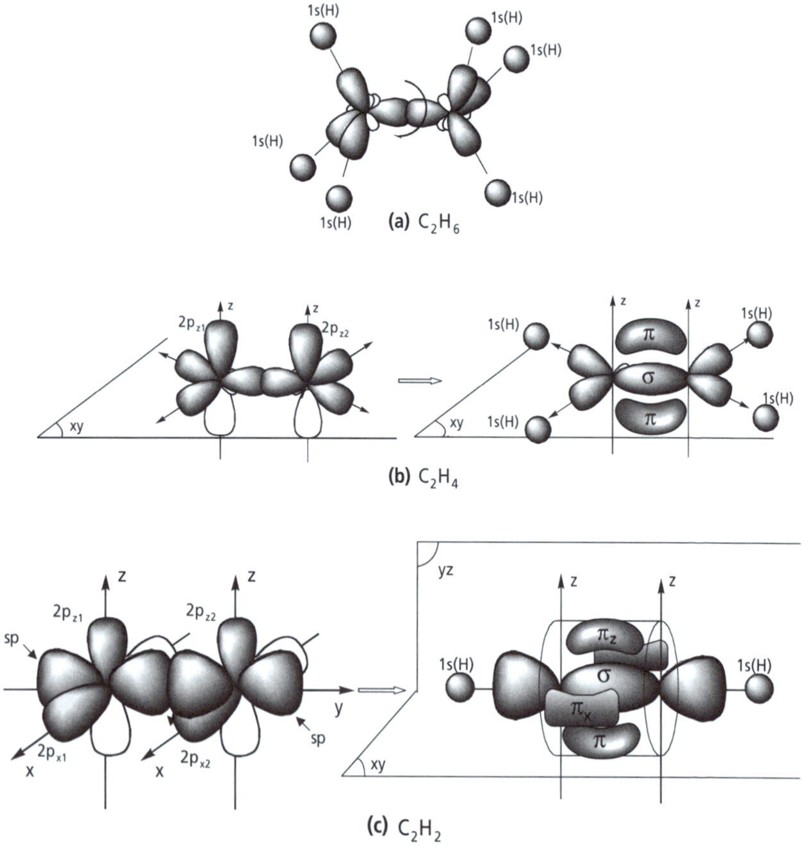

Figure 6.5 Hybridation du carbone au sein de C_2H_6, C_2H_4 et C_2H_2.

La liaison carbone-carbone est une **triple liaison** due à la superposition d'une liaison σ résultant du recouvrement axial de deux orbitales sp, et de deux liaisons π résultant du recouvrement latéral des O.A., $2p_{x1}$ et $2p_{x2}$, d'une part, et $2p_{z1}$ et $2p_{z2}$, d'autre part (*figure 6.5.c*). Les quatre électrons correspondant aux deux liaisons π sont en réalité délocalisés dans un nuage « π », qui forme un manchon autour de l'axe C–C.

La triple liaison de l'éthyne est plus courte que la double liaison de l'éthène (119 pm au lieu de 132 pm, *tableau 6.2*).

e) Autres types d'hybridation

Il existe des hybridations faisant intervenir les orbitales d, soit vacantes comme celles du phosphore, du chlore, du brome ou de l'iode, soit partiellement remplies comme celles des métaux de transition.

Les hybridations correspondantes sont résumées dans le *tableau 6.4*.

Tableau 6.4 Hybridations faisant intervenir des orbitales d.

Hybridation	O.A. hybridées	Forme des orbitales hybrides	Exemples
« sp^2d » (ou « dsp^2 »)	1 O.A. s 2 O.A. p 1 O.A. d	Axes de symétrie coplanaires et perpendiculaires 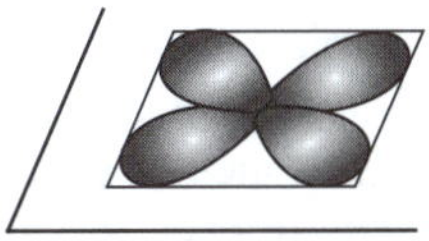	$[Cu(NH_3)_4]^{2+}$
« sp^3d » (ou « dsp^3 »)	1 O.A. s 3 O.A. p 1 O.A. d	Axes de symétrie d'une bipyramide trigonale 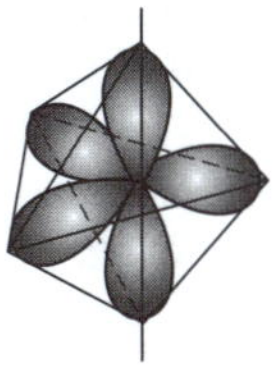	PCl_5, $SbCl_5$
« sp^3d^2 » (ou « d^2sp^3 »)	1 O.A. s 3 O.A. p 2 O.A. d	Axes de symétrie d'un octaèdre régulier 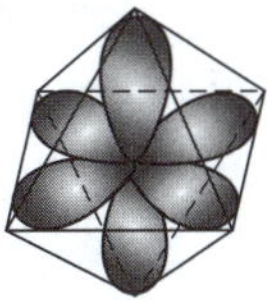	SF_6

6.3 MÉTHODE VSEPR

La **méthode VSEPR** (Valence-Shell Electron-Pair Repulsion ou répulsion des paires d'électrons de la couche de valence), initiée par Nevil V. Sidgwick et Herbert M. Powell en 1940 et développée par Ronald J. Gillespie et Ronald S. Nyholm en 1957, est une méthode qui permet de prévoir la géométrie d'une molécule, contrairement à l'hybridation des orbitales qui permet de rendre compte *a posteriori* de la forme de la molécule.

Principe de la méthode VSEPR

Les doublets d'électrons de valence ou, plus largement, les zones de forte densité électronique, autour d'un atome se repoussent.

La configuration la plus stable d'une molécule correspond à une géométrie où les zones de forte densité électronique se répartissent autour de chaque atome en s'écartant le plus possible les unes des autres, de façon à minimiser leurs répulsions mutuelles.

La molécule, ou la partie de molécule, dont on veut prévoir la forme est représentée par $\mathbf{AX}_m\mathbf{E}_n$; A est l'atome central, X tout atome lié à A, et E désigne tout doublet non liant de A.

Peu importe que X soit lié à A par liaison simple, double ou triple. Une liaison multiple est traitée comme une zone de forte densité électronique, au même titre qu'un doublet liant σ, ou un doublet non liant. Pour simplifier, les zones de forte densité électronique seront qualifiées par la suite de « doublets » au sens large.

Exemple

- H_2O dont la représentation de Lewis est $H{-}\overline{\underline{O}}{-}H$ (*cf. § 5.3*), et dont O est l'atome central, est représenté d'après la méthode VSEPR par AX_2E_2.
- N_2 dont la représentation de Lewis est $|N{\equiv}N|$, et dont l'un ou l'autre des atomes N peut jouer le rôle d'atome central, est représenté par AXE.

Le **nombre stérique** *NS* :

$$NS = m + n$$

détermine la position des doublets autour de l'atome central, que nous appellerons géométrie de base de l'édifice (*tableau 6.5*).

TABLEAU 6.5 GEOMÉTRIE DE BASE DE L'ÉDIFICE AX_mE_n, en fonction de $NS = m + n$.

NS	Directions des doublets	Figure géométrique associée	Valeurs des angles entre les doublets
2	diamétralement opposés		180°
3	axes d'un triangle	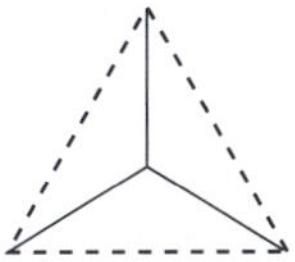	120°
4	axes d'un tétraèdre		109,47°
5	axes d'une bipyramide à base triangulaire (ou trigonale)*	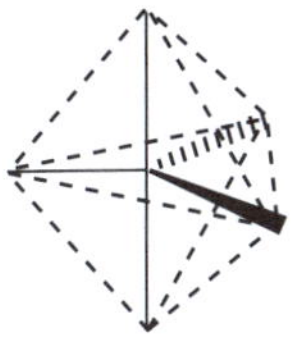	120° dans le plan équatorial 90° entre les doublets perpendiculaires à ce plan et ceux appartenant à ce plan
6	axes d'un octaèdre	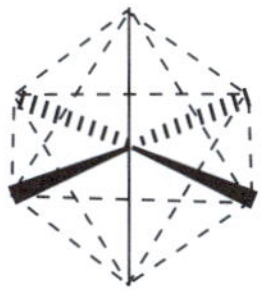	90°

* Les doublets non liants sont toujours équatoriaux.

Formes des molécules

La géométrie de base ne représente pas obligatoirement la forme de la molécule, car celle-ci est déterminée par :

➤ le nombre de doublets liants et leurs positions,

➤ d'éventuelles distorsions des angles théoriques.

a) Détermination de la formule AX_mE_n

L'identification de A et X est en général aisée. En revanche, déterminer le nombre des doublets non liants éventuels nécessite d'établir la représentation de Lewis de la molécule, en faisant intervenir si nécessaire une **hypervalence** ou des **lacunes électroniques** (*cf.* *§ 5.3*). Les exemples ci-dessous montrent comment procéder.

ClF_3. Atome central : A = Cl   Atomes liés : X = F (m = 3)   E ?

Cl : [Ne] $3s^2$ $3p^5$ $3d^0$ [↑↓] [↑↓|↑↓|↑] [| | | |]

Cl* : [Ne] $3s^2$ $3p^4$ $3d^1$ [↑↓] [↑↓|↑|↑] [↑| | | |]

F : [He] $3s^2$ $3p^5$ [↑↓] [↑↓|↑↓|↑]

Les trois électrons célibataires de Cl* forment chacun une liaison σ avec l'électron célibataire de chacun des atomes F. Il y a hypervalence pour Cl, car il est entouré de deux doublets non liants et trois doublets liants :

[↑↓] [↑↓|↑↓|↑↓] [↑↓| | | |]

La représentation de Lewis est :

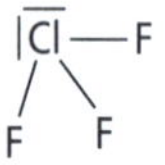

et la formule représentant ClF_3 est : AX_3E_2.

$InCl_5^{2-}$. Atome central : A = In   Atomes liés : X = Cl (m = 5)   E ?

In : [Kr] $4d^{10}$ $5s^2$ $5p^1$ $5d^0$ [↑↓] [↑| |] [| | | |]

Les deux électrons correspondant à la charge négative de l'ion sont attribués à l'atome central :

In^{2-} : [Kr] $4d^{10}$ $5s^2$ $5p^3$ $5d^0$ [↑↓] [↑|↑|↑] [| | | |]

$(In^*)^{2-}$: [Kr] $4d^{10}$ $5s^1$ $5p^3$ $5d^1$ [↑] [↑|↑|↑] [↑| | | |]

Cl : [Ne] $3s^2$ $3p^5$ $3d^0$ [↑↓] [↑↓|↑↓|↑] [| | | |]

Les cinq électrons célibataires de $(In^*)^{2-}$ forment chacun une liaison σ avec l'électron célibataire de chacun des atomes Cl. Il y a hypervalence pour In, car il est entouré de cinq doublets liants :

[↑↓] [↑↓|↑↓|↑↓] [↑↓| | | |]

La représentation de Lewis est:

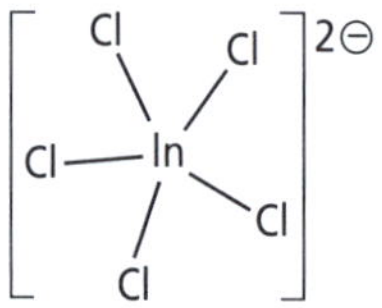

et la formule représentant $InCl_5^{2-}$ est : AX_5

D'autres exemples sont donnés dans l'*exercice 6.1.*

b) Géométrie des molécules

Les formes des molécules, interprétées au *§ 6.2* par l'hybridation de l'atome central, peuvent maintenant être prédites (*tableau 6.6*).

TABLEAU 6.6 FORMES DES MOLÉCULES, DÉRIVÉES DE LEUR REPRÉSENTATION AX_mE_n.

NS	Hybridation	Forme des molécules	Exemples
2	sp	AXE : linéaire AX_2 : linéaire	N_2, CO $BeCl_2$, CO_2, HCN
3	sp^2	AX_3 : triangulaire (triangle équilatéral) AX_2E : coudée (triangle isocèle) AXE_2 : linéaire	BF_3, SO_3, CO_3^{2-} O_3, SO_2 O_2 (A = l'un ou l'autre O)
4	sp^3	AX_4 : tétraédrique AX_3E : pyramide à base triangulaire AX_2E_2 : coudée (triangle isocèle) AXE_3 : linéaire	CH_4, NH_4^+, SO_4^{2-} NH_3, SO_3^{2-} H_2O, HOF HCl (A=Cl)
5	sp^3d ou dsp^3	AX_5 : bipyramide à base triangulaire AX_4E : tétraèdre déformé AX_3E_2 : en T AX_2E_3 : linéaire	PCl_5 SF_4 ClF_3 XeF_2
6	sp^3d^2 ou d^2sp^3	AX_6 : bipyramide à base carrée (octaèdre) AX_5E : pyramide à base carrée AX_4E_2 : carrée plane	SF_6, XeO_6^{4-} BrF_5 XeF_4

c) Exceptions

Il existe un certain nombre de cas où la molécule peut adopter des agencements différents de ceux du *tableau 6.6*. Dans ce cas, les agencements adoptés, qui correspondent dans l'absolu à des niveaux d'énergie peu supérieurs à ceux des formes théoriques, sont stabilisés par des contributions spécifiques qui provoquent un abaissement de l'énergie globale.

Par exemple, PCl_5 et $InCl_5^{2-}$, représentés tous deux par AX_5, adoptent des formes différentes ; celle PCl_5 est conforme aux prévisions du *tableau 6.6*, celle de $InCl_5^{2-}$, non.

PCl_5	$InCl_5^{2-}$
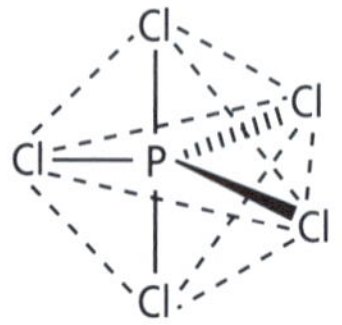 bipyramide à base triangulaire	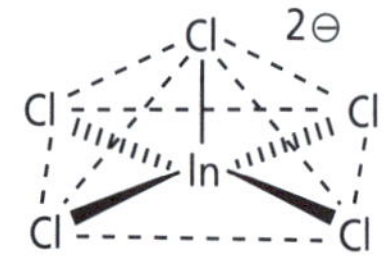 pyramide à base carrée

d) Distorsions angulaires

Les distorsions angulaires résultent :

➤ **de l'importance de la répulsion entre doublets selon leur caractère liant ou non liant.** Un doublet non liant, parce qu'il est libre et volumineux, exerce sur un autre doublet (liant ou non liant) un effet répulsif plus important que celui qu'exercerait un doublet liant (localisé et moins volumineux).

L'exemple en est donné par la différence entre les angles des liaisons N–H au sein de l'ion ammonium NH_4^+, et de l'ammoniac NH_3. Dans NH_4^+, on observe l'angle théorique de 109,5°, alors que dans l'ammoniac l'angle vaut 107°. L'effet de répulsion « doublet non liant-doublet liant » dans NH_3, accru par rapport à la répulsion « doublet liant-doublet liant » dans NH_4^+, est illustré par ce resserrement des liaisons N–H.

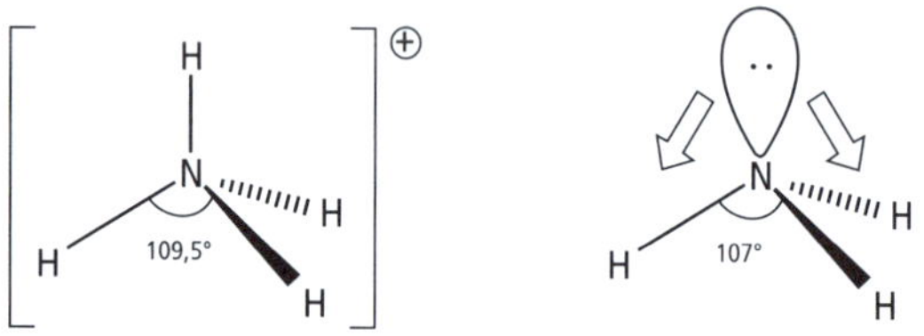

➤ **de l'électronégativité des atomes engagés dans les liaisons.**

Atomes liés : Lorsque l'éléctronégativité d'un atome lié X augmente, les paires liantes se rapprochent de X, les répulsions entre les doublets liants A-X diminuent, et l'angle $\widehat{XAX}$ diminue (*tableau 6.7.A*).

Atome central : Lorsque l'électronégativité de A augmente, les paires liantes se rapprochent de A, les répulsions entre les doublets liants A–X augmentent, et l'angle $\widehat{XAX}$ augmente (*tableau 6.7.B*).

Tableau 6.7 Évolution des angles de liaison avec les électronégativités (A) des atomes liés, (B) de l'atome central.

(A)	**Molécules**	H_2O	F_2O	PF_3	PCl_3	PBr_3
	$\widehat{XAX}$	104,5°	103,2°	98°	100°	101,5°
(B)	**Molécules**	SbH_3	AsH_3	PH_3	NH_3	
	$\widehat{XAX}$	91,3°	91,8°	93,3°	107,3°	

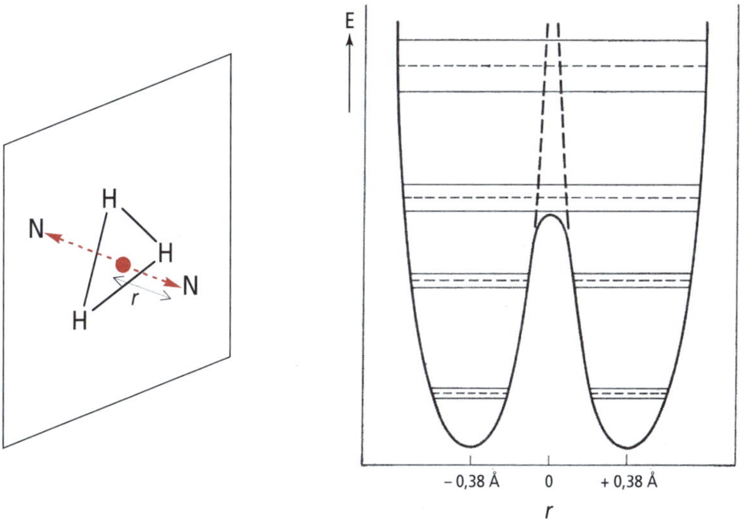

Les lignes horizontales correspondent aux niveaux d'énergie vibrationnelle

Figure 6.6 Vibration et énergie potentielle de NH_3 en fonction du déplacement de l'atome d'azote de part et d'autre du plan des atomes d'hydrogène.

Encadré 6. Linus Carl Pauling : chimiste exceptionnel, homme engagé, personnalité atypique.

Linus Pauling (1901 - 1994)

La disparition de Linus Pauling en août 1994, à l'âge de 93 ans, fut celle d'un chimiste hors du commun qu'Einstein lui-même avait qualifié de génie. Pauling laissait en effet un patrimoine inestimable quant à la compréhension des liaisons chimiques dans les édifices polyatomiques. On lui doit l'essentiel des bases exposées dans le présent chapitre, qu'il a publiées dès les années 1930, alors qu'il était à peine âgé de 30 ans.

Développant et appliquant la théorie de liaison de valence et s'appuyant sur la mécanique quantique, il a démontré la géométrie tétraédrique de l'atome de carbone, comme dans le méthane par exemple. Il a introduit le concept d'hybridation des orbitales ainsi que celui d'électronégativité (1932). Son échelle d'électronégativité (*tableau 3.3 p. 86*) est la plus utilisée aujourd'hui. Pauling a également déduit de la mécanique quantique l'idée de résonance et, en 1933, il a décrit la molécule de benzène comme un hybride de résonance entre les deux structures de Kékulé et les trois structures de Dewar (*cf. § 7.5 p. 212*). Avec Slater, il a interprété les liaisons dans les composés de coordination comme étant dues au recouvrement des orbitales contenant une paire d'électrons non liante appartenant aux ligands, et d'une orbitale hybride vacante de l'ion central. Toutes ces avancées ont été réunies dans l'ouvrage qu'il a fait paraître en 1939 : *The Nature of the Chemical Bond*. Considéré à l'époque comme une bible, ce livre est aujourd'hui un monument de l'histoire de sciences.

Ses contributions en biologie, domaine qu'il a abordé dans les années 1940, ont également marqué car, après une dizaine d'années de recherche, il a élucidé l'arrangement des acides aminés dans les protéines et déterminé l'organisation des hélices α (*figure 8.7 p. 243*). Bien qu'ayant proposé une structure hélicoïdale pour l'ADN, il a manqué de peu l'élucidation complète de cette molécule. Watson et

Crick, qui ont eu accès à des clichés de diffraction de rayons X dont ne disposait pas Pauling, y sont parvenus avant ce dernier en 1953. Auparavant, il avait découvert l'origine de l'anémie falciforme ou drépanocytose, maladie génétique due à une anomalie structurale de l'hémoglobine qu'il a caractérisée. Pauling avait qualifié cette maladie de « *molecular disease* » (maladie moléculaire), mettant en évidence le premier exemple d'une pathologie liée à la nature chimique d'une biomolécule.

Ses recherches sur la liaison chimique et l'élucidation de la structure de substances complexes lui valurent le prix Nobel de chimie en 1954 (*http://www.nobelprize.org/nobel_prizes/chemistry/laureates/1954/*).

Orphelin de père à l'âge de 9 ans, contraint à effectuer des petits boulots pour financer ses études, Pauling était une personnalité atypique, qui fut dérangeante pour nombre de ses concitoyens en particulier dans ses engagements politiques contre les essais nucléaires et la non-prolifération des armes nucléaires. Cela lui valut un second prix Nobel, celui de la Paix en 1962, ce qui n'apaisa pas l'attitude de ses détracteurs contre les opinions qu'il défendait. Homme sensible aux problèmes de société tels que la pollution ou la lutte contre les maladies, etc., il a expérimenté sur lui-même la prise intensive de vitamine C pour lutter contre la maladie des reins dont il était atteint. Cette attitude discutée qui attira l'attention du grand public ne doit pas oblitérer son héritage de grand scientifique que des journaux comme *New Scientist* ou *Nature* n'ont pas hésité à comparer à Einstein, Newton ou Galilée…

POINTS CLEFS

- La géométrie d'une molécule covalente polyatomique peut être, soit interprétée, soit prévue, grâce à des modèles. Les calculs de chimie quantique mettent en œuvre des modèles très élaborés.
- Il existe aussi des approches simplifiées comme la théorie de la liaison de valence (L. V.) et de l'hybridation des orbitales atomiques, ou le modèle VSEPR (Valence-Shell Electron-Pair Repulsion ou répulsion des paires d'électrons de la couche de valence).
- La théorie de l'hybridation des orbitales atomiques permet de rendre compte *a posteriori* de la forme des molécules.

- L'hybridation est une opération mathématique qui consiste à effectuer des combinaisons linéaires d'O.A. On obtient autant d'orbitales hybrides que d'orbitales combinées. Les orbitales hybrides sont encore des O.A. Entre elles de même énergie et de même forme, elles ont des distributions spatiales différentes des celles des O.A. de départ.
- L'atome de carbone peut subir une hybridation sp^3 (méthane, éthane), sp^2 (éthène), sp (éthyne). Dans le cas de l'éthène et de l'éthyne, les O.A. p non hybridées des deux atomes de carbone se recouvrent latéralement pour donner respectivement une ou deux liaisons π se superposant à la liaison σ.
- La méthode VSEPR est une méthode simple et efficace pour prédire la forme des molécules. La molécule est schématisée par AX_mE_n ; A est l'atome central, X tout atome lié à A, et E désigne les doublets non liants de A. Le nombre stérique $NS = m + n$ détermine la position des doublets autour de l'atome central, ou « géométrie de base » de l'édifice. Cette géométrie minimise la répulsion mutuelle des doublets électroniques (*tableau 6.5*).
- La géométrie de base ne représente pas obligatoirement la forme de la molécule, car celle-ci est déterminée par :
  - le nombre de doublets liants et leurs positions (*tableau 6.6*),
  - d'éventuelles distorsions des angles théoriques, liées (1) au fait que la répulsion entre doublets n'est pas identique selon le caractère liant ou non liant de ceux-ci, (2) à l'électronégativité de l'atome central A et/ou des atomes liés X.

EXERCICES

La résolution de ces exercices nécessite de consulter la classification périodique.

6.1 VSEPR/Hybridation des orbitales

Prévoir la géométrie de base et la forme des molécules et ions suivants selon le modèle VSEPR, et justifier par l'hybridation de l'atome central :

SCl_2, AsH_3, SiH_4, $SbCl_5$, ICl_4^-, BrF_5, CH_3^+, CF_3^-

6.2 Formation et structure d'un adduit de Lewis

a) Le trichlorure de thallium $TlCl_3$ est un composé covalent. Quelle est la forme de sa molécule ? Quelle particularité présente cette molécule ?

b) $TlCl_3$ réagit avec l'ammoniac NH_3. Quel est le produit formé et quelle est sa forme ?

Tl : Z = 81 ; Cl : Z = 17 ; N : Z = 7 ; H : Z = 1.

6.3 Angles de liaison

a) Comment expliquer la différence entre les angles de liaison au sein des molécules suivantes :

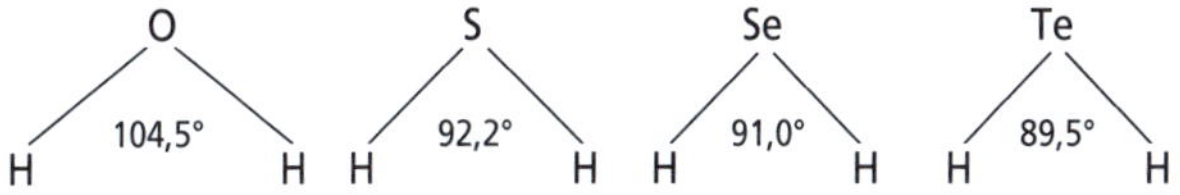

b) Dans la molécule de chlorure de sulfuryle SO_2Cl_2, les angles de liaison valent : $\widehat{OSCl} = 106°$ et $\widehat{ClSCl} = 111°$. Après avoir rappelé la forme de cette molécule, justifier la différence entre les valeurs des angles.

Données : les électronégativités des éléments sont portées dans le *tableau 3.3*. Les numéros atomiques sont dans la classification périodique (*figure 3.3*).

6.4 Géométrie de l'hème du cytochrome c

Préciser et expliquer les directions des liaisons établies autour de l'atome de fer (au degré d'oxydation +II) et des atomes S, N1 et N2 au sein de l'hème du cytochrome *c* :

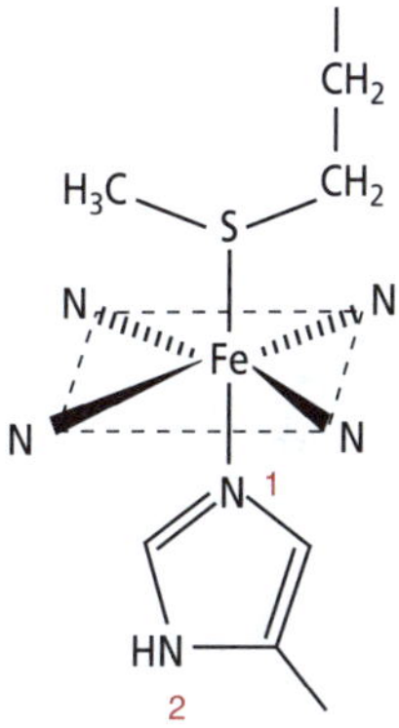

La méthode VSEPR sera utilisée, et l'hybridation des orbitales précisée.

SOLUTIONS

6.1

Composé	Atome central Configuration électronique	Schéma des cases quantiques et hybridation	VSEPR	Géométrie de base et forme
SCl_2	S ($Z = 16$) [Ne] $3s^2\ 3p^4$	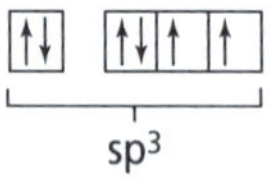	AX_2E_2	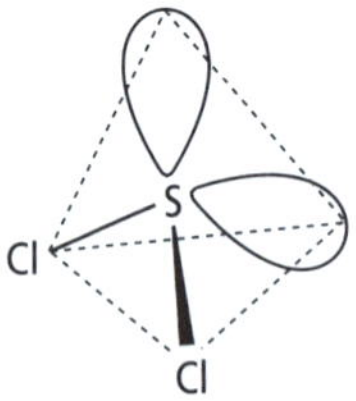 triangle isocèle
AsH_3	As ($Z = 33$) [Ar] $3d^{10}\ 4s^2\ 4p^3$	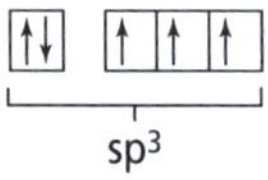	AX_3E	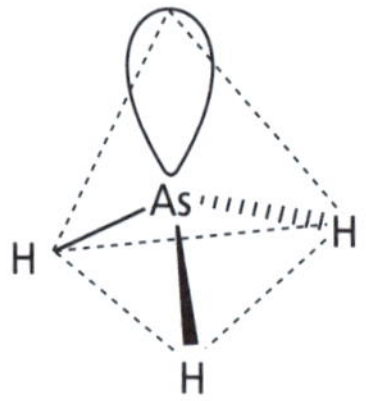 pyramide à base triangulaire
SiH_4	Si ($Z = 14$) [Ne] $3s^2\ 3p^2$	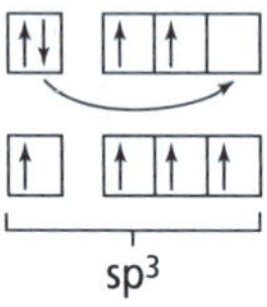	AX_4	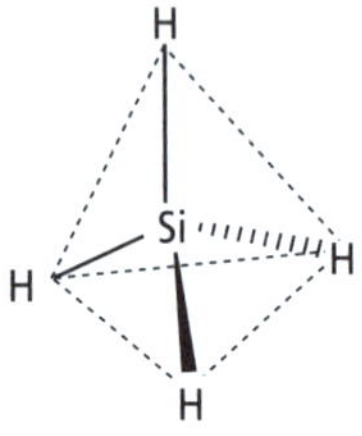 tétraèdre
$SbCl_5$	Sb ($Z = 51$) [Kr] $4d^{10}\ 5s^2\ 5p^3$	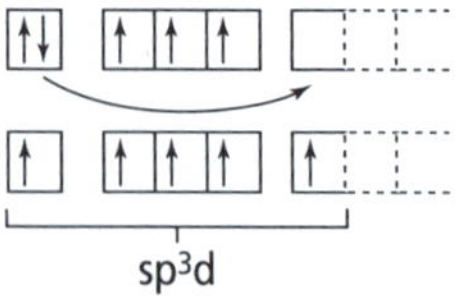	AX_5	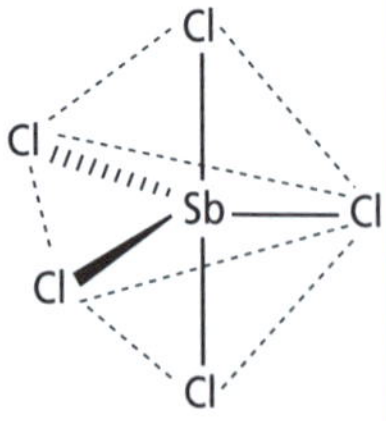 bipyramide à base triangulaire

Composé	Atome central Configuration électronique	Schéma des cases quantiques et hybridation	VSEPR	Géométrie de base et forme
ICl_4^-	I ($Z = 53$) I^- : [Kr] $4d^{10}\,5s^2\,5p^6$	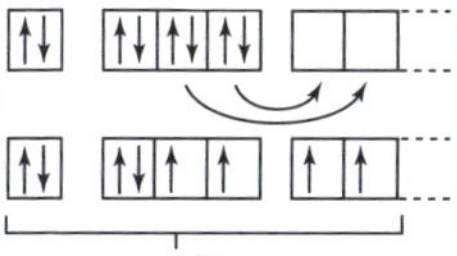 sp^3d^2	AX_4E_2	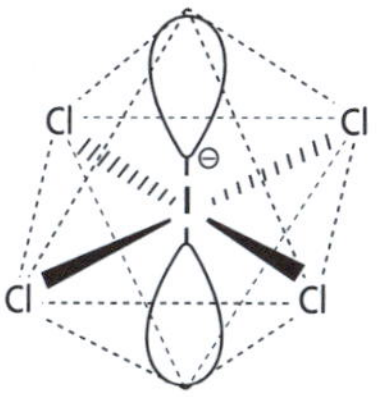 carré plan
BrF_5	Br ($Z = 35$) [Ar] $3d^{10}\,4s^2\,4p^5$	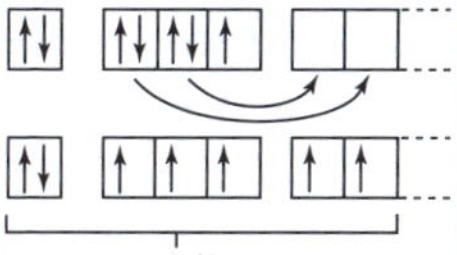 sp^3d^2	AX_5E	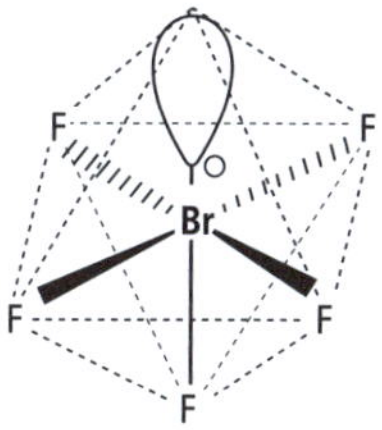 pyramide à base carrée
CH_3^+	C ($Z = 6$) C^+ : [He] $2s^2\,2p^1$	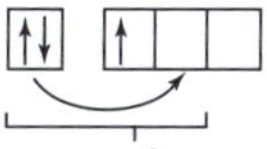 sp^2	AX_3	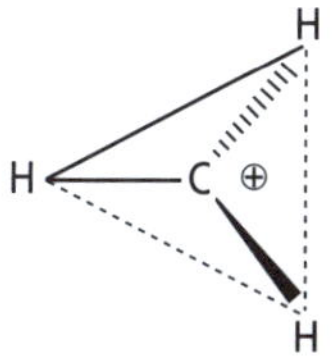 triangle équilatéral
CF_3^-	C^- : [He] $2s^2\,2p^3$	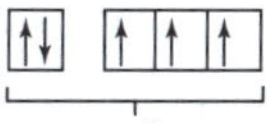 sp^3	AX_3E	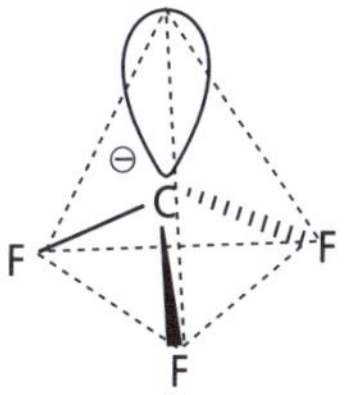 pyramide à base triangulaire

6.2 **a)** *Configurations électroniques et hybridation* :

- atome central Tl : [Xe] $4f^{14}$ $5d^{10}$ $6s^2$ $6p^1$
- excitation et hybridation sp^2
- atomes liés Cl : [Ne] $3s^2$ $3p^5$

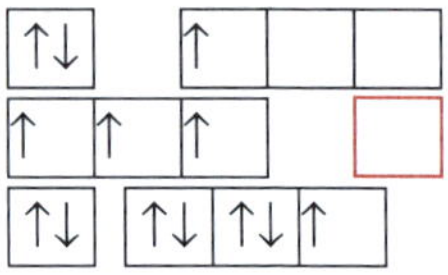

Chacun des trois atomes Cl établit une liaison covalente σ avec Tl en appariant son électron célibataire avec chacun des électrons sp^2 de Tl pour former $TlCl_3$.

Structure de Lewis :

Nombre d'électrons externes : 3 (pour Tl) + 3 × 7 (pour les 3 Cl) = 24, soit 12 paires.

On ne peut donc pas respecter la règle de l'octet pour l'atome Tl. De fait, il lui reste une orbitale p vacante, ou **lacune électronique** (case quantique rouge ci-dessus). Elle est représentée par le petit rectangle sur Tl.

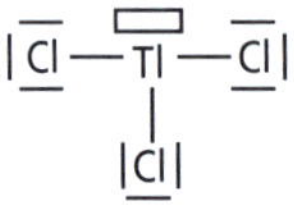

De cette représentation, on déduit que $TlCl_3$ est codé par AX_3 selon la méthode VSEPR, en accord avec l'hybridation sp^2 de l'atome central Tl.

⇒ $TlCl_3$ a la forme d'un **triangle équilatéral**. L'orbitale vacante est perpendiculaire au plan du triangle.

b) À cause de son orbitale vacante, $TlCl_3$ est un acide de Lewis. L'ammoniac NH_3, dont la structure est établie dans le cours, possède un doublet non liant sur l'atome d'azote ; c'est une base de Lewis. La réaction est une réaction « acide-base de Lewis » au cours de laquelle s'établit une liaison de covalence dative entre NH_3 et $TlCl_3$ selon :

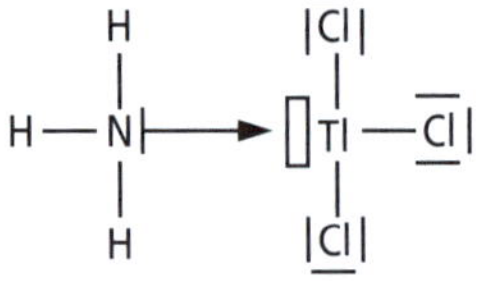

Le produit de cette réaction est un **adduit** de Lewis. Lors de sa formation, la direction des doublets entourant l'atome Tl est modifiée comme suit :

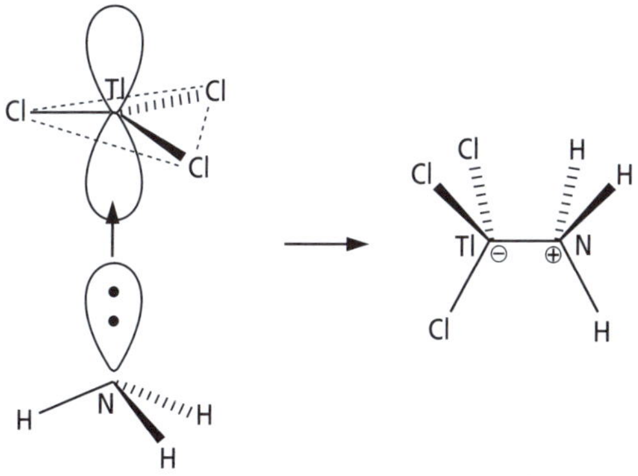

L'atome Tl passe de l'état d'hybridation sp^2 (triangulaire) à l'état sp^3 (tétraédrique). L'atome N de NH_3 ne change pas d'hybridation sp^3. Dans l'adduit, Tl et N sont chacun au centre d'un tétraèdre dont les axes sont les liaisons.

L'adduit porte des charges formelles comme l'indique le schéma ci-dessus (si nécessaire, revoir la façon de les déterminer dans l'*exercice 5.3*).

6.3 a) Les molécules H_2O, H_2S, H_2Se et H_2Te ne diffèrent que par leur atome central : O, S, Se et Te, respectivement, qui appartient aux éléments successifs du groupe 16 de la classification périodique. La configuration électronique de chaque atome central est donc de type $ns^2\ np^4$ (n est le numéro de la période). De ce fait, les structures de H_2S, H_2Se et H_2Te sont analogues à celle de H_2O, qui est donnée dans le *tableau 6.3*.

Le *tableau 3.3* montre que l'électronégativité des éléments O, S, Se et Te diminue continûment de 3,5 à 2,1. Les paires liantes entre l'atome central et H se rapprochent donc de H quand on passe de H_2O à H_2Te. Cela les conduit à s'éloigner l'une de l'autre et à moins se repousser mutuellement. L'angle se resserre alors sous l'influence de la répulsion des deux paires non liantes portées par l'atome central.

b) On dénombre 32 électrons de valence au sein de SO_2Cl_2, soit 16 paires. La structure de Lewis qui décrit le mieux cette molécule, est donnée ci-dessous. La molécule est donc représentée par AX_4

selon VSEPR ; elle a la forme d'un tétraèdre, mais irrégulier car les atomes liés au S central ne sont pas identiques (*figure ci-dessous*).

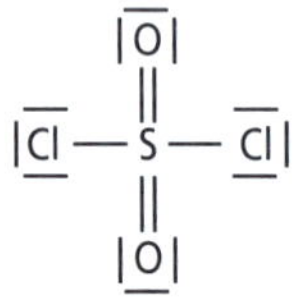

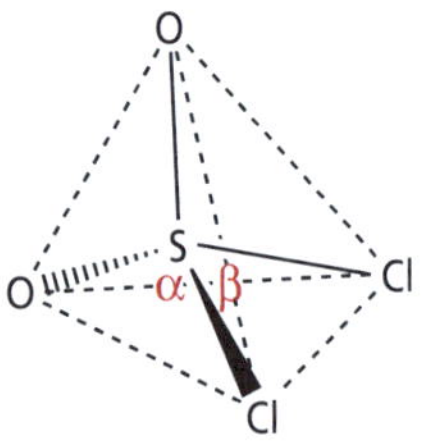

• *Angle* α = $\widehat{OSCl}$:

Liaison S–O : compte tenu de la différence d'électronégativité entre O (3,5) et S (2,5), la densité électronique se trouve près de O, et éloignée de S.

Liaison S–Cl : la différence d'électronégativité entre Cl (3,0) et S (2,5) étant inférieure à celle entre O et S, la densité électronique est située plus près de S que dans le cas de la liaison S–O.

• *Angle* β = $\widehat{ClSCl}$:

Lorsque les deux côtés de l'angle sont les liaisons S–Cl, les deux paires liantes sont plus proches de S que dans la liaison S–O, et plus proches l'une de l'autre que précédemment. Leur répulsion mutuelle tend à ouvrir l'angle de liaison davantage que dans le cas de l'angle α. Cela explique que $\beta > \alpha$.

6.4 La structure proposée est un complexe du Fe(II), dont les ligands sont la molécule d'histidine, les quatre atomes N aux sommets du carré appartenant à une porphyrine (non représentée ici) et l'atome de soufre d'une méthionine.

Le tableau suivant rappelle les numéros atomiques et les configurations électroniques des atomes ou ions considérés :

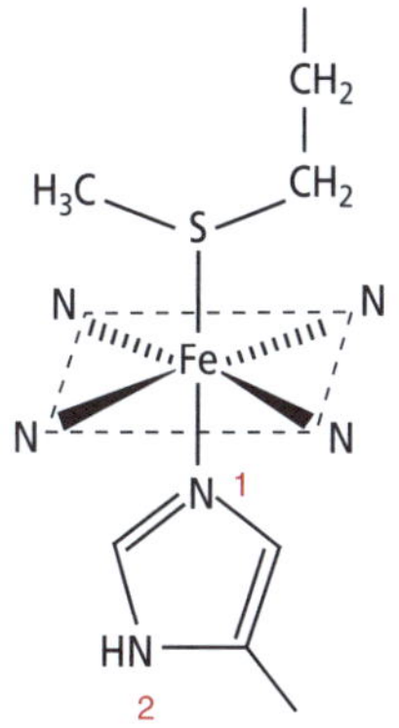

	Fe^{+II}	S	N
Z	26	16	7
Nb électrons	24	16	7
Configuration électronique	[Ar] $3d^6\,4s^0$	[Ne] $3s^2\,3p^4$	$1s^2\,2s^2\,2p^3$

Fer^{II} : Géométrie octaédrique conformément à la représentation AX_6.
Justification par l'hybridation des orbitales : les orbitales d du fer (*figure 2.9 p. 43*) peuvent être classées en deux catégories :

- d_{xy}, d_{xz} et d_{yz} qui ne sont pas dirigées selon les axes fer-ligand,
- d_{z^2} et $d_{x^2-y^2}$ qui sont dirigées vers les ligands.

La **théorie du champ cristallin** postule que la stabilité du complexe est liée à l'attraction électrostatique entre le cation central et les doublets libres des ligands considérés comme des charges négatives, et ce malgré la répulsion entre les électrons du cation métallique et les ligands.

Cependant, un électron qui occupe une des orbitales d_{xy}, d_{xz} ou d_{yz} (appelées orbitales *t*) est moins repoussé par les ligands que s'il occupait une des orbitales d_{z^2} ou $d_{x^2-y^2}$ (appelées orbitales *e*). Il en résulte une séparation des niveaux d'énergie des orbitales *t* et *e*, ces dernières étant à un niveau supérieur à celui des orbitales *t*.

Lorsque l'écart entre les deux niveaux est suffisamment grand, apparier au maximum les électrons dans les orbitales *t* avant de peupler les orbitales *e* requiert moins d'énergie que de respecter la règle de Hund. C'est le cas ici pour Fe^{+II}, dont la répartition des électrons est :

↑↓	↑↓	↑↓						
t^6			e^0		$4s^0$	$4p^0$		

Les six doublets libres des ligands occuperont les orbitales vacantes hybridées en d^2sp^3. Cette hybridation justifie la géométrie octaédrique.

Atomes S, N1 et N2

S	N1	N2
[↑↓] [↑↓|↑|↑] $3s^2$ $3p^4$	[↑↓] [↑|↑|↑] $2s^2$ $2p^3$	[↑↓] [↑|↑|↑] $2s^2$ $2p^3$
2 simples liaisons avec 2 atomes C, respectivement, 1 doublet donné à S, l'autre doublet libre.	1 simple liaison avec 1 C, 1 double liaison avec l'autre C ; le doublet donné à Fe.	3 simples liaisons avec 2 C et 1 H, respectivement ; le doublet libre.
AX_3E (ou hybridation sp^3)	AX_3 (ou hybridation sp^2)	AX_3E (ou hybridation sp^3)
Doublets orientés suivant les axes d'un tétraèdre centré sur S	Doublets orientés suivant les axes d'un triangle centré sur N1	Doublets orientés suivant les axes d'un tétraèdre centré sur N2

CHAPITRE 7

Liaison covalente : paramètres structuraux, vibrations, mésomérie

PLAN

OBJECTIFS

- Comprendre le sens physique, l'intérêt et les limitations des paramètres énergie/enthalpie de liaison, longueur de liaison, moment dipolaire permanent.
- Acquérir une vision dynamique de la liaison chimique. Réfléchir aux vibrations des liaisons et à la modélisation d'une molécule diatomique par un oscillateur harmonique (ressort), complétée par la quantification de son énergie.
- Associer les mouvements de vibration à l'absorption du rayonnement infrarouge.
- Comprendre la mésomérie et savoir déterminer les formes mésomères d'une molécule.

L'architecture et la réactivité des molécules sont conditionnées par divers paramètres physicochimiques caractérisant les liaisons. Ces paramètres, qui ne sont pas indépendants, sont de nature soit géométrique : **longueurs et angles de liaison**, soit énergétique : **enthalpies des liaisons**, soit électrique : **moments dipolaires**. Ils seront définis, et leur intérêt brièvement cerné.

De plus, il est essentiel d'avoir à l'esprit que les molécules ne sont pas figées. Les liaisons sont perpétuellement soumises à de petites déformations périodiques dues en particulier aux vibrations des atomes par rapport à leur position d'équilibre. Les fréquences de vibration sont spécifiques des liaisons, et leur mesure par spectroscopie d'absorption infrarouge est un moyen d'identification.

Pour finir, le modèle de la liaison covalente localisée sera dépassé afin d'interpréter les données expérimentales concernant un certain nombre de molécules ou d'ions par l'introduction de la **mésomérie** (ou **résonance**). Ce phénomène résulte de la délocalisation d'électrons de liaison sur plusieurs atomes et accroît la stabilité des molécules.

7.1 ENTHALPIE DE LIAISON

Définitions

L'**énergie de dissociation** D_{A-B} est l'énergie à fournir (> 0) pour provoquer la rupture homolytique de la liaison covalente A–B en phase gazeuse, selon :

$$A{-}B(g) \rightarrow A(g) + B(g)$$

D_{A-B} est représentée sur la *figure 5.1 p. 134*.

Cette grandeur, à l'échelle molaire, est l'énergie interne molaire standard de dissociation ΔU^0_{A-B}.

L'**enthalpie de dissociation molaire standard** ΔH^0_{A-B} est la variation d'enthalpie molaire standard qui accompagne la rupture de la liaison A–B formulée ci-dessus ($\Delta H^0_{A-B} > 0$). Elle est liée à D_{A-B} par[1] :

$$\Delta H^0_{A-B} = D^0_{A-B} + RT$$

où R est la constante des gaz parfaits, et T la température en K (à 298 K, $RT = 2{,}48$ kJ.mol^{-1}).

Les termes « **énergie de liaison** » et « **enthalpie de liaison** » sont également employés à la place de « énergie de dissociation » et de « enthalpie de dissociation ».

Dans le cas d'une molécule polyatomique, l'enthalpie de liaison entre deux atomes A et B dépend des interactions avec les autres atomes de la molécule. Elle est donc spécifique de la liaison A–B au sein de la molécule considérée, et qualifiée d'**enthalpie de liaison « vraie »**.

Cependant, il est utile d'évaluer les énergies de liaison indépendamment de l'appartenance à toute molécule, et de disposer ainsi de valeurs qui peuvent être tabulées. On a alors recours à l'**enthalpie moyenne**

1. **Rappel** : $H = U + PV$; $\Delta H = \Delta U + \Delta(PV)$; à T = constante, pour un système gazeux : $\Delta H = \Delta U + \Delta(nRT) = \Delta U + RT\,\Delta n$, où Δn est la variation du nombre de moles gazeuses lors de la transformation. Ici, lors de la dissociation de la liaison, $\Delta n = 2 - 1 = +1$.

de la liaison A–B, moyenne des enthalpies de liaison vraies d'un ensemble de liaisons A–B appartenant à des molécules différentes. La précision sur cette grandeur est de l'ordre de ± 5 kJ.mol^{-1}.

Comment varie l'enthalpie de liaison ?

Rappelons que l'enthalpie de liaison est représentée par un nombre algébrique positif, conformément aux règles de signe de la thermodynamique. Sa valeur numérique est habituellement donnée dans les conditions standards à 298 K (ΔH^0_{298}).

L'enthalpie des liaisons covalentes est comprise entre 100 et 950 kJ.mol^{-1} (*tableau 7.1*).

TABLEAU 7.1 EXEMPLES D'ENTHALPIES DE LIAISON.

Liaisons	C–C	C=C	C≡C	N–N	N=N	N≡N	H–H	C–H	Si–H
ΔH^0_{298} (kJ.mol^{-1})	346	606	835	167	418	945	436	415	318

L'enthalpie de liaison reflète la stabilité des liaisons covalentes : une liaison est d'autant plus « forte » que son enthalpie de liaison est élevée. Ainsi, (*cf. tableau 7.1*) :

- l'enthalpie de liaison de deux atomes donnés augmente avec la multiplicité (ou l'indice) de la liaison,
- les liaisons sont d'autant plus fortes que les atomes liés sont petits (ΔH(H–H) > ΔH(C–H) > ΔH(Si–H)).

Enthalpie de réaction

Une **transformation chimique** : réactifs → produits est une redistribution des liaisons chimiques entre les atomes constituant les réactifs pour former les produits.

L'**enthalpie standard de réaction $\Delta_r H^0$** peut être estimée à partir des enthalpies moyennes de liaison, sachant que :

$\Delta_r H^0 = \Sigma$(enthalpies des liaisons rompues) – Σ(enthalpies des liaisons créées)

Les valeurs ainsi obtenues ne sont qu'approchées. Un calcul précis de $\Delta_r H^0$ nécessite d'utiliser des données expérimentales (enthalpies de formation, par exemple ; *cf. exercice 7.1*).

7.2 LONGUEUR DE LIAISON

Définition et mesures

La **longueur de la liaison** ℓ_{A-B} est la distance internucléaire correspondant à la position moyenne des atomes à l'équilibre du système constitué des deux atomes A et B liés (*cf. § 5.2 p. 133* et *figure 5.1 p. 134*).

Les mesures de longueurs de liaison sont réalisées soit sur des solides par diffraction de rayons X, soit sur des gaz par diffraction d'électrons ou par spectroscopie d'absorption infrarouge et micro-ondes. Elles montrent que la longueur d'une liaison covalente varie de 100 à 200 pm (*tableau 7.2 et § 6.1 p. 167*).

Rappelons que la détermination du **rayon covalent** d'un atome A dérive de la mesure de la longueur de liaison covalente simple A–A (*cf. § 3.3 p. 80*).

Longueur de liaison et enthalpie de liaison

Le rapprochement des *tableaux 7.1 et 7.2* montre que, pour un couple d'atomes donnés, l'enthalpie de liaison augmente lorsque la longueur de liaison diminue. La faible longueur de la liaison H–H explique que ΔH^0_{298} (H–H) soit supérieur à ΔH^0_{298} (N=N).

TABLEAU 7.2 EXEMPLES DE LONGUEURS DES LIAISONS.

Liaisons	C–C	C=C	C≡C	N–N	N=N	N≡N	H–H	C–H	Si–H
Longueur de liaison (pm)	154	132	119	145	125	110	74	109	148

7.3 MOMENT DIPOLAIRE

Moment dipolaire permanent

a) Moment dipolaire et polarisation intrinsèque des liaisons

Le **moment dipolaire (électrique) permanent** d'une liaison A–B est une grandeur vectorielle $\vec{\mu}\,(A-B)$ caractérisant la polarisation de cette liaison lorsque les atomes A et B sont d'électronégativité différente.

Le moment dipolaire (électrique) permanent $\vec{\mu}$ d'une molécule polyatomique est la somme vectorielle des moments dipolaires permanents des liaisons qui constituent la molécule. Le moment dipolaire permanent est une propriété intrinsèque des molécules, qui ne dépend pas de leur environnement.

Les **molécules polaires** possèdent un moment dipolaire permanent.

b) Charges partielles et caractère ionique partiel

Soit une molécule diatomique A–B polaire. Les atomes A et B portent des charges partielles (*cf.* *§ 5.4 p. 154*). Si B est plus électronégatif que A, cela se représente par :

$$^{+\delta}A{-}B^{-\delta}$$

où δ représente une fraction de la charge élémentaire $e = 1{,}6.10^{-19}$ C.

- δ mesure le **caractère ionique partiel** de la liaison, compris entre 0 (liaison apolaire) et 1 (atomes ionisés : $A^+ B^-$). δ permet d'évaluer l'importance de la polarisation de la liaison.
- Les **charges partielles effectives** sont $+q = +\delta e$ et $-q = -\delta e$.

Dans une molécule polyatomique où sont liés des atomes d'électronégativités différentes (comme, par exemple, l'eau H_2O ou le tétrachlorure de carbone CCl_4), il est possible de considérer chaque liaison comme individuellement polarisée et de faire apparaître les charges partielles :

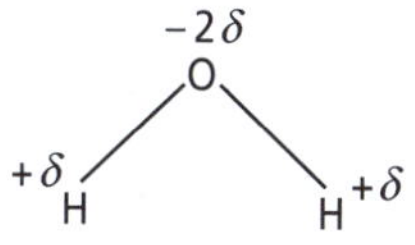

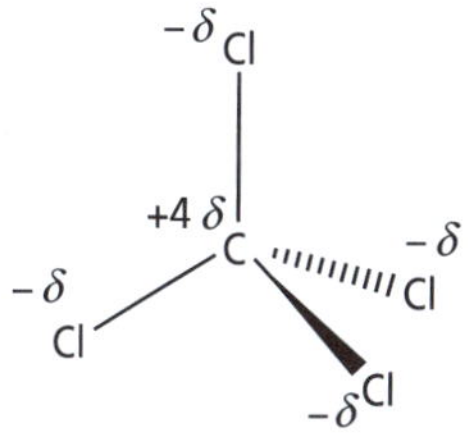

	H_2O		CCl_4	
Électronégativités	O	H	Cl	C
	3,5	2,1	3,0	2,5

c) Moment dipolaire permanent des molécules diatomiques

Toute molécule diatomique polaire AB isolée est équivalente à un dipôle électrique portant à ses extrémités les charges $+q$ et $-q$, distantes de ℓ_{A-B}, la longueur de la liaison.

Le moment dipolaire permanent d'un tel dipôle électrique est $\vec{\mu} = q\,\vec{\ell}_{A-B}$. Le vecteur $\vec{\mu}$ est dirigé par convention de l'extrémité négative du dipôle vers l'extrémité positive.

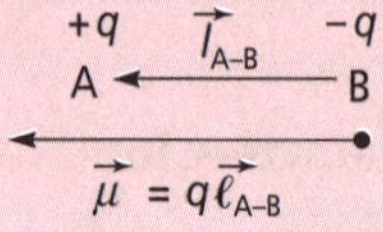

Les vecteurs étant colinéaires, $\mu = q\ell_{A-B}$[1], avec $q = \delta e$.

L'unité SI de moment dipolaire est C.m (coulomb.mètre). Comme cette unité est peu adaptée à l'échelle élémentaire, on utilise le **debye (D)** = $3{,}336.10^{-30}$ C.m.

Les valeurs des moments dipolaires peuvent être déduites de mesures de constante diélectrique, c'est-à-dire de mesures de capacité d'un condensateur dont le milieu à étudier constitue le diélectrique. Le caractère ionique partiel de la molécule peut être ensuite calculé.

Exemple. Moment dipolaire et caractère ionique partiel du fluorure d'hydrogène HF

Dans le cas de HF (g), $\mu = 1{,}826$ D et $\ell_{H-F} = 91{,}7$ pm. Le calcul de δ donne :

$$\delta = \frac{\mu}{e\,\ell_{H-F}} = \frac{1{,}826 \times 3{,}336.10^{-30}}{1{,}6.10^{-19} \times 91{,}7.10^{-12}} = 0{,}415$$

Le caractère ionique partiel de HF est de 0,415, soit 41,5 %.

La charge partielle effective est $q = 6{,}64.10^{-20}$ C.

Compte tenu que F est le plus électronégatif de tous les éléments, le caractère ionique partiel de HF est important. Il décroît pour les autres halogénures d'hydrogène : HCl : 17,6 %, HBr : 12,1 %, HI : 5,7 %.

d) Moment dipolaire permanent des molécules polyatomiques

Le moment dipolaire permanent est la somme vectorielle des moments dipolaires de liaison. Par exemple, dans le cas de H_2O (g), le moment dipolaire total $\mu(H_2O)$ vaut 1,86 D (*figure 7.1*). Connaissant la géométrie de la molécule, on peut calculer les moments dipolaires de liaison, qui ont même norme (μ_1(O–H) = μ_2(O–H)) (voir *exercice 7.3* pour H_2S, homologue de H_2O).

---

1. Pour simplifier l'écriture, « $|q|$ » sera symbolisé par « q », « $\|\vec{\mu}\|$ » par « μ » et « $\|\vec{\ell}_{A-B}\|$ » par « ℓ_{A-B} ».

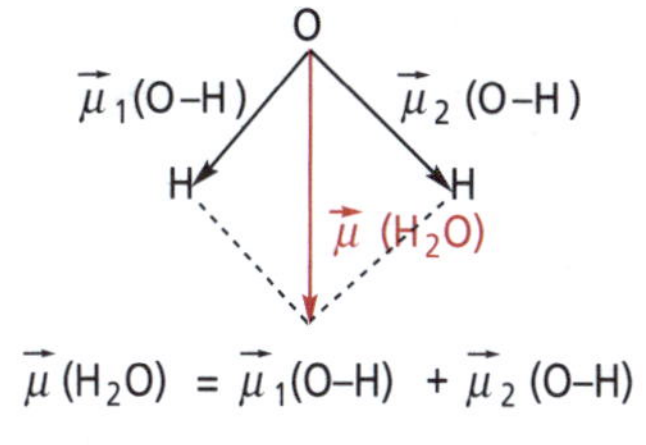

Figure 7.1 Moment dipolaire permanent de l'eau.

En revanche pour des molécules centrosymétriques, la somme des moments dipolaires de liaison est nulle ; c'est le cas de CCl_4, tous les μ(C–Cl) étant égaux entre eux (*figure 7.2*). De telles molécules sont **apolaires**.

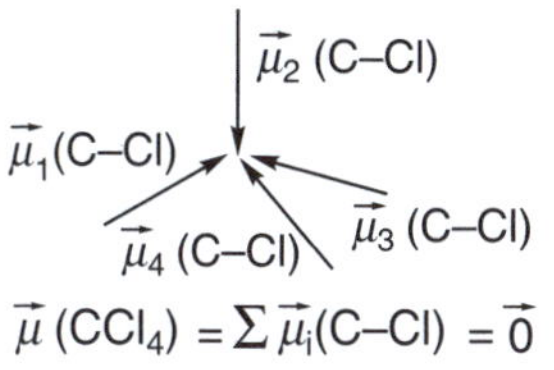

Figure 7.2 Composition des moments dipolaires de liaison dans CCl_4.

Moments dipolaires en phase condensée

En phase condensée, en particulier liquide, les molécules polaires exercent sur leurs voisines des interactions électrostatiques, non covalentes, et en subissent également. De telles **interactions intermoléculaires** (*cf. § 8.2 p. 232*) induisent des effets de polarisation supplémentaires. Le **moment dipolaire électrique** du corps pur à l'état liquide peut donc différer sensiblement du moment dipolaire **permanent** des molécules le constituant.

Le moment dipolaire est une caractéristique essentielle des solvants (*tableau 7.3*), déterminant leur aptitude à dissoudre des espèces polaires ou ioniques. L'eau est à ce titre exceptionnelle, avec un moment dipolaire de 2,95 D, supérieur de presque 60 % à son moment dipolaire permanent à cause des effets de polarisation mutuels des molécules d'eau entre elles.

Quant aux solvants apolaires, ils dissolvent les substances apolaires.

Notons que les valeurs de paramètres macroscopiques tels que la constante diélectrique, tout comme la réactivité chimique, dépendent du moment dipolaire des molécules constituant le milieu.

Tableau 7.3 Moments dipolaires de solvants courants.

Solvant liquide		Moment dipolaire (D)
Nom	**Formule**	
tétrachlorure de carbone	CCl_4	0
dioxanne-1,4	$C_4H_8O_2$	0
disulfure de carbone	CS_2	0
ammoniac liquide	NH_3	0,9
éthanol	C_2H_5OH	1,71
acétate d'éthyle	$CH_3COOC_2H_5$	1,86
éthylène glycol	CH_2OH-CH_2OH	2,01
eau liquide	H_2O	2,95 (à 300 K)
N, N-diméthylformamide (DMF)	$HCON(CH_3)_2$	3,81

7.4 VIBRATIONS MOLÉCULAIRES

Absorption dans l'infrarouge

Certaines molécules absorbent les radiations électromagnétiques de longueurs d'onde λ comprises entre ≈ 2 et ≈ 40 μm, c'est-à-dire dans le domaine de l'**infrarouge (IR)**. Cette absorption est la preuve expérimentale de la vibration des liaisons[1] ; elle n'est observée que si le déplacement des noyaux modifie le moment dipolaire électrique.

En effet, quand les oscillations du champ électrique de la radiation incidente ont même fréquence que les variations du moment dipolaire dues à la vibration, la liaison chimique entre en résonance et la vibration devient plus intense.

Comment modélise-t-on la vibration d'une liaison ?

Modèle de l'oscillateur harmonique pour une molécule diatomique

La courbe représentant l'énergie potentielle E du système constitué de deux atomes A et B en fonction de la distance d qui les sépare

1. En phase gazeuse, un mouvement de rotation, d'énergie moindre, se superpose au mouvement de vibration, comme en témoigne la structure fine des spectres comportant les raies correspondantes. En phase condensée, en revanche, les rotations sont quasiment empêchées par la proximité des molécules.

présente un minimum pour $d = \ell_{A-B}$, correspondant à un équilibre stable (*figure 5.1 p. 134*).

Au voisinage de la position d'équilibre, la courbe peut être ajustée par une parabole d'équation :

$$E = \frac{1}{2} k (d - \ell_{A-B})^2$$

sous réserve de translater le niveau d'énergie zéro au minimum de la courbe (*figure 7.3*).

Cette expression est analogue à celle de l'énergie potentielle d'un **oscillateur harmonique** (ressort), ramené vers la position d'équilibre par une **force de rappel** $F = -k(d - \ell_{A-B})$.

La liaison A–B se comporte donc comme un oscillateur : les deux atomes s'écartent et se rapprochent sous l'effet d'une force de rappel F proportionnelle à $(d - \ell_{A-B})$ qui les ramène vers leur position d'équilibre (*figure 7.3*). Le coefficient de proportionnalité k est la **constante de force,** caractéristique de la liaison considérée.

Le mouvement de vibration est sinusoïdal ; la fréquence de vibration ν_0 est reliée à la constante de force k et aux masses m_A et m_B des atomes A et B par :

$$\nu_0 = \frac{1}{2\pi}\sqrt{\frac{k}{m_r}} \quad \text{où} \quad m_r = \frac{m_A m_B}{m_A + m_B} \qquad (1)$$

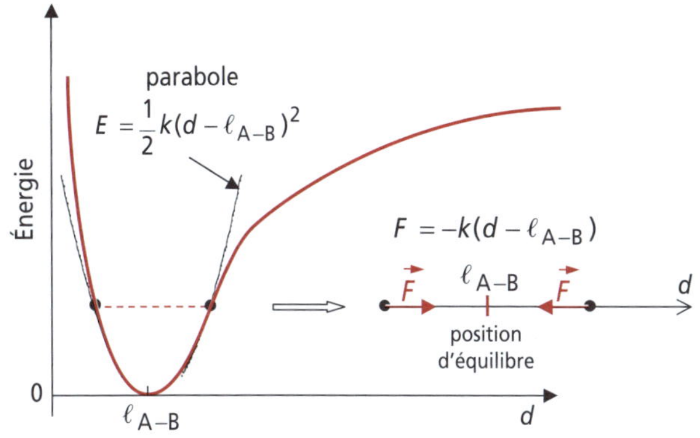

Figure 7.3 Modélisation d'une molécule diatomique AB par un oscillateur harmonique.

Les valeurs de la constante de force sont très variables d'une molécule à l'autre, comme le montre le *tableau 7.4*. Plus la constante de force est grande, plus la molécule est « rigide » (plus le ressort est raide). Notons des valeurs élevées de k :

- en cas de liaisons multiples ; k augmente quand l'indice de liaison augmente,
- lorsque l'électronégativité des atomes liés est très différente, et donc lorsque la liaison est polarisée ; la série des halogénures d'hydrogène illustre ce point.

Tableau 7.4 Absorption et constantes de force de molécules diatomiques.

Molécule	Position de la bande d'absorption (cm^{-1})[1]	k ($N.m^{-1}$)	Caractère ionique partiel (%)
C≡O	2 143	1 860	
N=O	1 876	1 530	
H–F	2 905	970	41,5
H–Cl	2 886	480	17,6
H–Br	2 559	410	12,1
H–I	2 230	320	5,7
Cl–Cl	557	320	liaison polarisable

1. En absorption IR, on caractérise les photons par leur nombre d'onde $\bar{\nu} = 1/\lambda$, exprimé en cm^{-1}, plutôt que par leur fréquence. Par exemple, un photon de $\lambda = 2\ \mu m$, a un nombre d'onde de 5 000 cm^{-1}.

Selon ce modèle qui relève de la **mécanique classique**, l'énergie varie de façon continue avec l'amplitude des mouvements de A et B.

Quantification de l'énergie et énergie de point zéro

En réalité, le mouvement de la molécule est décrit par la mécanique quantique qui prévoit des énergies propres quantifiées de l'oscillateur harmonique :

$$E = \frac{h}{2\pi}\sqrt{\frac{k}{m_r}}\left(\upsilon + \frac{1}{2}\right)$$

soit

$$E = h\nu_0\left(\upsilon + \frac{1}{2}\right) \qquad (2)$$

où h est la constante de Planck, ν_0 est la fréquence de vibration déterminée ci-dessus (*équation (1)*) et υ le nombre quantique de vibration, entier égal à 0, 1, 2, 3, etc.

Les niveaux d'énergie d'une molécule diatomique assimilée à un oscillateur harmonique sont donc équidistants et espacés de $h\nu_0$ (*figure 7.4*). Plus la constante de force est grande, et plus m_r est faible, plus la séparation entre les niveaux est grande.

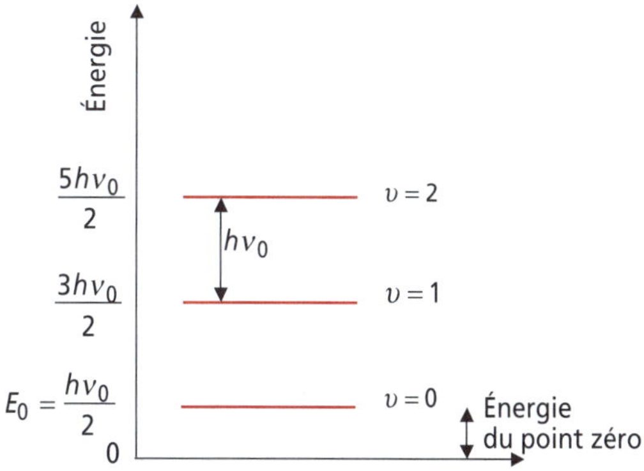

Figure 7.4 Niveaux d'énergie d'une molécule diatomique assimilée à un oscillateur harmonique.

Les valeurs des énergies $h\nu_0$ des transitions peuvent être déduites des nombres d'onde $\bar{\nu}$ des photons absorbés, qui vont typiquement de 500 à 3 500 cm^{-1} (*tableau 7.4*). À l'échelle molaire, ces énergies, qui sont exprimées par $N_A (h\nu_0) = N_A (hc\bar{\nu})$ (où N_A est la constante d'Avogadro, et c la célérité de la lumière), s'échelonnent donc entre ≈ 5 et ≈ 40 $kJ.mol^{-1}$ (*exercice 7.5*).

Les énergies requises pour les transitions s'avèrent très supérieures à l'énergie d'agitation thermique (≈ 2,5 $kJ.mol^{-1}$ à 298 K). Par conséquent, seul le niveau vibrationnel le plus bas des molécules (état fondamental, $\upsilon = 0$) est peuplé à 298 K.

La *relation (2)* montre que l'énergie correspondante, énergie minimale du système, n'est pas nulle ; elle vaut $E_0 = {}^1/_2\, h\nu_0$: même à 0 K, il existe une énergie résiduelle appelée **énergie du point zéro**, correspondant à un mouvement de vibration, qui vaut au maximum 20 $kJ.mol^{-1}$.

L'**énergie de liaison D_{A-B}** est ainsi, en toute rigueur, mesurée par la différence d'énergie entre l'énergie du point zéro et l'asymptote correspondant aux atomes séparés (*figure 7.5*).

Notons que l'échelle d'électronégativité de Pauling (*cf. § 3.3 p. 85*) a été construite de la façon suivante : le fluor est pris comme référence avec une électronégativité de 4, puis les autres électronégativités sont calculées en considérant que la différence d'élecronégativité χ entre deux atomes A et B est :

$$|\chi_A - \chi_B| = 0{,}102\ \{D_{A-B} - [D_{A-A} + D_{B-B}]^{1/2}\}^{1/2}.$$

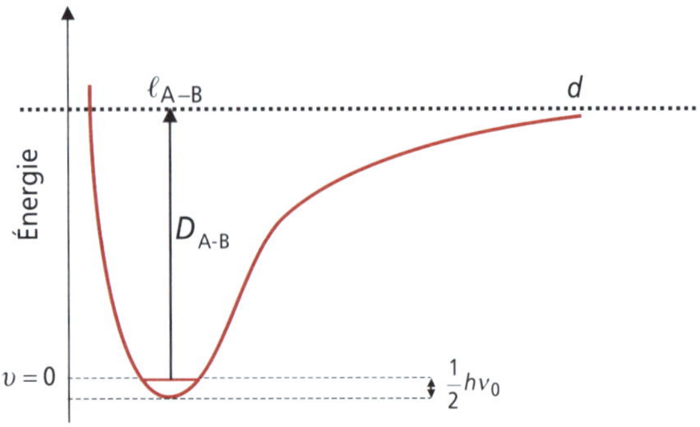

Figure 7.5 Énergie vibrationnelle du point zéro, et énergie de liaison D_{A-B}.

Vibrations dans les molécules polyatomiques

La théorie devient très compliquée pour les molécules polyatomiques. En effet, une molécule diatomique n'a qu'un degré de liberté de vibration, c'est-à-dire un seul **mode,** qualifié de mode d'élongation. La vibration correspondante est appelée **vibration de valence**.

En revanche, à partir de trois atomes, aux vibrations de valence se superposent des **vibrations de déformation**. Toutes les vibrations relèvent d'un nombre donné de vibrations fondamentales, appelées **modes normaux de vibration** (*exercice 7.4*).

En pratique, **les groupes d'atomes** au sein des molécules (C–C, C–O, C=O, C–H, par exemple) peuvent être caractérisés par des bandes d'absorption spécifiques, permettant leur identification. Cela est mis à profit en spectroscopie d'absorption IR qui est une technique d'analyse structurelle précieuse pour le chimiste.

7.5 MÉSOMÉRIE (OU RÉSONANCE)

Géométrie de HNO_3 et NO_3^-

Le *tableau 7.5* donne les longueurs et les angles de liaison de la molécule d'acide nitrique HNO_3 et de l'ion nitrate NO_3^-, déterminés expérimentalement. Ces composés sont plans, les doublets liants autour de N étant orientés vers les sommets d'un triangle équilatéral pour NO_3^-, et selon une géométrie très voisine pour HNO_3.

Compte tenu de l'hybridation sp^2 de l'atome N, il s'établit avec chacun des atomes O une liaison N–O de type σ (dont une dative dans HNO_3, et deux datives dans NO_3^-) ; l'électron célibataire de l'orbitale $2p_z$ reste disponible pour établir une liaison π avec l'un des atomes d'oxygène.

TABLEAU 7.5 DONNÉES STRUCTURALES CONCERNANT HNO_3 et NO_3^-, ET CONFIGURATION DU N CENTRAL.

Composé	HNO_3	NO_3^-
Longueurs et angles de liaison	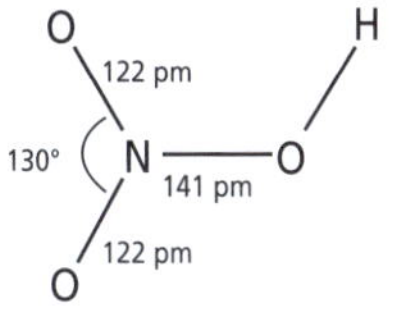	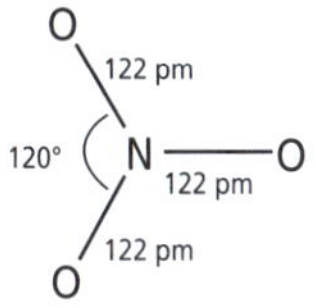
Configuration électronique externe de N	$2s^2$ $2p^3$ [↑↓] [↑|↑|↑]	$2s^2$ $2p^4$ [↑↓] [↑↓|↑|↑] L'électron supplémentaire correspond à la charge de NO_3^-
Hybridation de l'atome central N	sp^2 $2p_z$ [↑↓|↑|↑] [↑]	sp^2 $2p_z$ [↑↓|↑↓|↑] [↑]
VSEPR	AX_3	

Délocalisation des électrons π et mésomérie

Le schéma de Lewis de HNO_3 a été établi au *§ 5.3 p. 138*. Il a été souligné que :

- ➤ deux représentations de Lewis, respectant la règle de l'octet sont possibles (voir ci-dessous (M1) et (M2)) ;
- ➤ ni la représentation (M1), ni la représentation (M2), ne rend compte de l'égalité des longueurs N–O valant 122 pm (*tableau 7.5*).

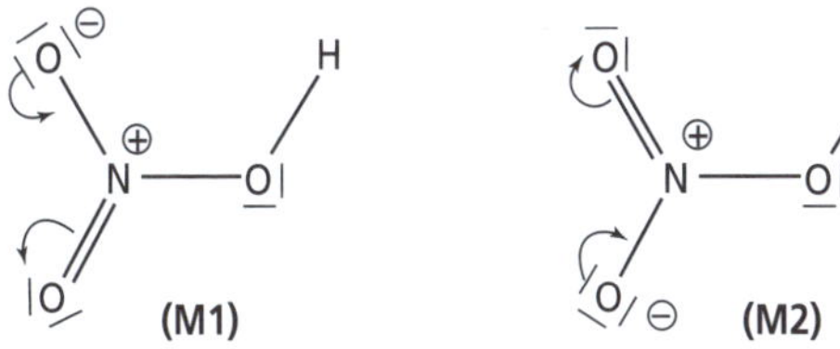

Remarquons que ces deux représentations sont convertibles l'une en l'autre, par mouvement d'électrons selon les flèches ⤻.

En réalité, les électrons π sont délocalisés sur les deux liaisons N–O. En ne privilégiant aucune localisation du doublet π, on rend compte de l'égalité des longueurs de liaison.

La structure réelle est un intermédiaire entre les deux formes (M1) et (M2) et non un mélange de (M1) et (M2).

Elle est symbolisée par :

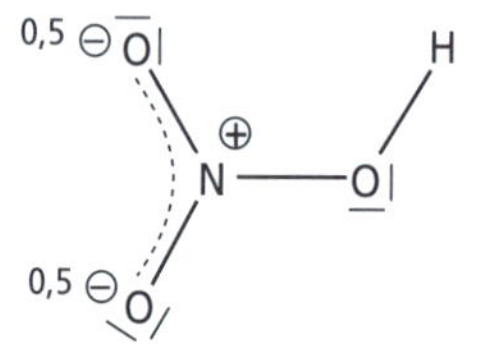

Un tel phénomène est appelé **mésomérie** (ou **résonance**). La molécule réelle est qualifiée d'**hybride de résonance** entre les **formes mésomères** limites (M1) et (M2), ce qui signifie que sa répartition électronique est une moyenne pondérée des distributions électroniques qui correspondraient à (M1) et (M2). Cela se symbolise par :

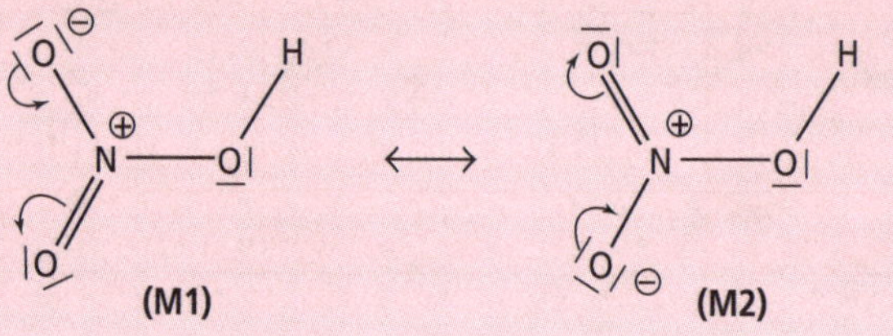

Attention : le symbole ↔ ne traduit pas une réaction chimique.

Les formes mésomères (M1) et (M2) ne sont cependant pas dénuées de sens physique. Elles sont qualifiées de **formes limites** car HNO_3 peut les adopter **transitoirement** quand, en position de réagir, la molécule activée entre en interaction avec une autre molécule de réactif. Les formes mésomères sont ainsi utilisées en chimie organique dans les **mécanismes réactionnels**.

En conclusion, quand l'écriture de la structure de Lewis conduit à plusieurs représentations possibles respectant la règle de l'octet, les propriétés de la molécule réelle ne peuvent pas être traduites par un schéma avec liaisons localisées ; il y a alors mésomérie (ou résonance).

Stabilisation par résonance

L'énergie de la molécule réelle est inférieure à l'énergie qu'aurait n'importe laquelle des formes limites, il y a **stabilisation** par résonance.

a) Nombre et poids des formes mésomères

La résonance stabilise d'autant plus une molécule que les formes mésomères sont nombreuses, et de même énergie ce qui leur confère le même poids. Ainsi, l'ion nitrate (*tableau 7.5*) est fortement stabilisé par résonance, car il possède trois formes limites d'énergie équivalente :

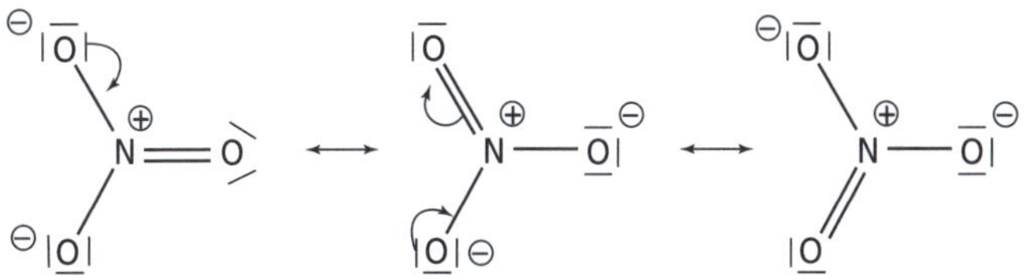

L'hybride de résonance correspond à :

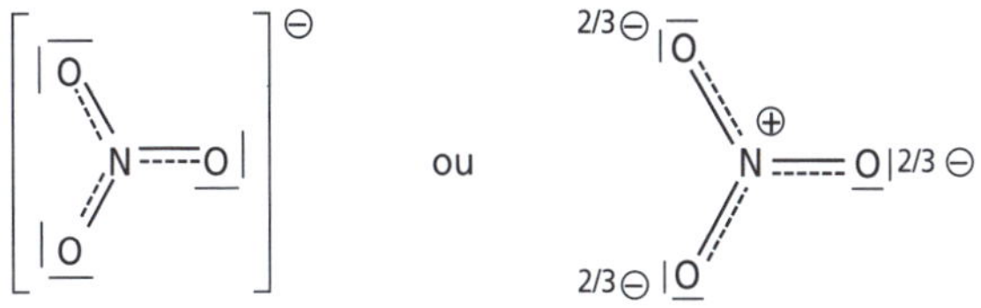

b) Énergie de résonance

Selon la définition de Pauling et Wheland (1933), l'**énergie de résonance** E_r est la différence entre l'énergie qu'aurait la forme limite la plus stable, et l'énergie réelle de la molécule. Elle est représentée par un **nombre positif**.

Les formes limites n'ayant pas d'autre existence que transitoire, il n'est pas possible de mesurer directement l'énergie de résonance. Les déterminations de E_r sont donc indirectes à partir de données expérimentales telles que les énergies de formation, de combustion, d'hydrogénation (*exercice 7.8*), ou calculatoires. Les résultats obtenus se situent parfois dans des fourchettes très larges, par exemple, de 150 à 240 kJ.mol^{-1} pour le benzène (*cf. § 7.5 p. 212*).

En effet, l'énergie de résonance est, en toute rigueur, égale à l'énergie qui serait requise pour inactiver la délocalisation électronique et localiser les liaisons. La déterminer pose le problème de l'isoler strictement lors de déterminations basées sur des mesures expérimentales, ou d'élaborer le modèle théorique pertinent pour la calculer.

C'est pourquoi il est parfois préconisé d'appeler **énergie de stabilisation** l'énergie déterminée à partir de données expérimentales, et d'utiliser le même protocole lorsqu'on veut comparer des composés entre eux. Les énergies de stabilisation donnent alors une bonne idée, qualitativement parlant, de l'importance relative de la délocalisation électronique dans la famille de molécules considérée.

Molécules polyatomiques conjuguées

a) Définition d'un système conjugué

Un **système conjugué** est un édifice covalent présentant :

- des alternances de doubles et simples liaisons : enchaînements $\pi-\sigma-\pi$
- ou/et des enchaînements $n-\sigma-\pi$, n étant une paire libre (*tableau 7.6*).

En réalité, le recouvrement latéral partiel des O.A. p_z permet la circulation des électrons dans une liaison π délocalisée : un système conjugué est le siège d'une mésomérie.

Tableau 7.6 Exemples de systèmes conjugués et de systèmes non conjugués.

Systèmes conjugués		Systèmes non conjugués	
penta-1,3-diène ($\pi-\sigma-\pi$)		penta-1,4-diène	
énol ($n-\sigma-\pi$)	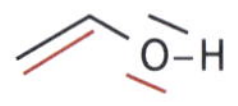	alcool allylique	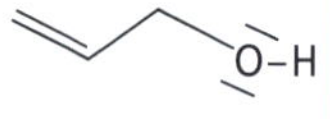

b) Résonance au sein d'un polyène linéaire : buta-1,3-diène

Les polyènes linéaires sont des hydrocarbures non ramifiés et conjugués de formule générale $C_{2n}H_{2n+2}$. Le buta-1,3-diène C_4H_6 est un composé gazeux constitué à 96 % du conformère s-*trans* (ainsi appelé car les doubles liaisons sont en position *trans* par rapport à la liaison σ C2–C3).

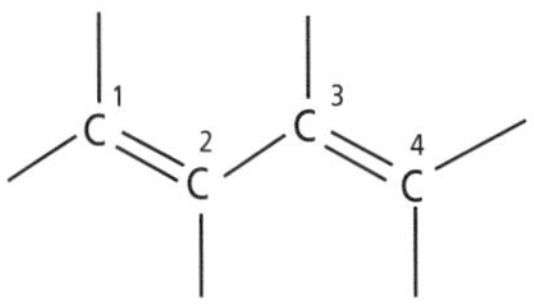

s-*trans*

La molécule est plane ; les atomes de C sont hybridés sp^2, en conservant chacun une orbitale $2p_z$ perpendiculaire au plan et contenant un électron.

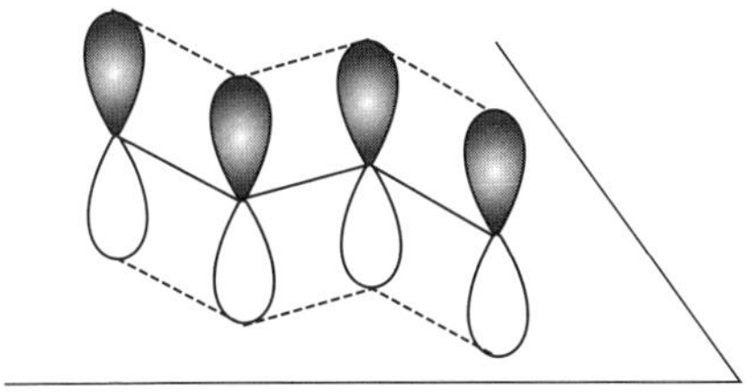

La longueur de la liaison C2–C3 vaut 146 pm, intermédiaire entre les longueurs C–C (154 pm) et C=C (132 pm) (*tableau 7.2*). Il y a donc résonance au sein de s-*trans* car libre circulation des électrons de C1 à C4.

Les formes limites sont :

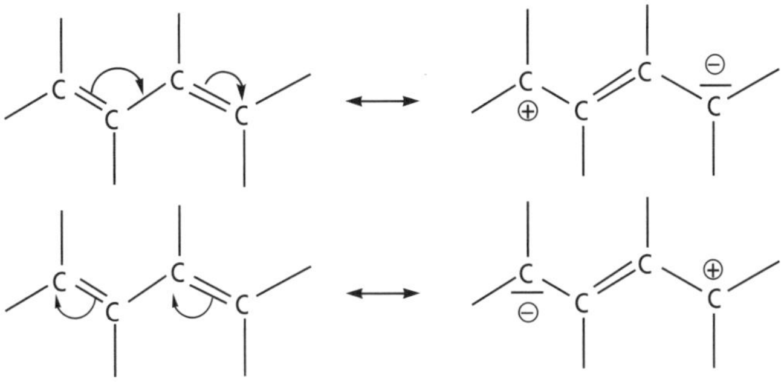

et l'hybride de résonance peut être symbolisé par :

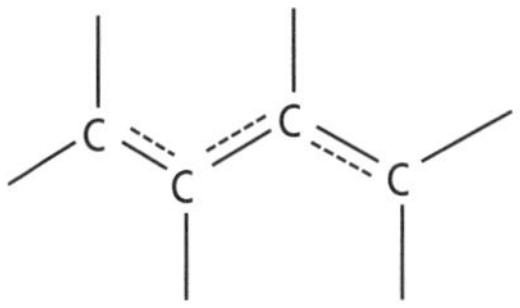

c) Résonance au sein du benzène et des composés polycycliques

Benzène. La molécule de benzène C_6H_6 est cyclique, plane, possédant la forme d'un hexagone régulier.

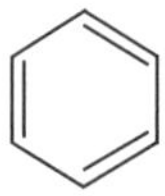

Les orbitales $2p_z$ des atomes C sont disposées perpendiculairement au plan du cycle :

Les longueurs des liaisons carbone-carbone sont égales entre elles et valent 139 pm, à nouveau intermédiaires entre C–C et C=C (*tableau 7.2*). Les trois doublets π sont par conséquent délocalisés sur l'ensemble des liaisons carbone-carbone. Le libre déplacement des électrons est favorisé par la planéité du cycle.

Les formes limites sont :

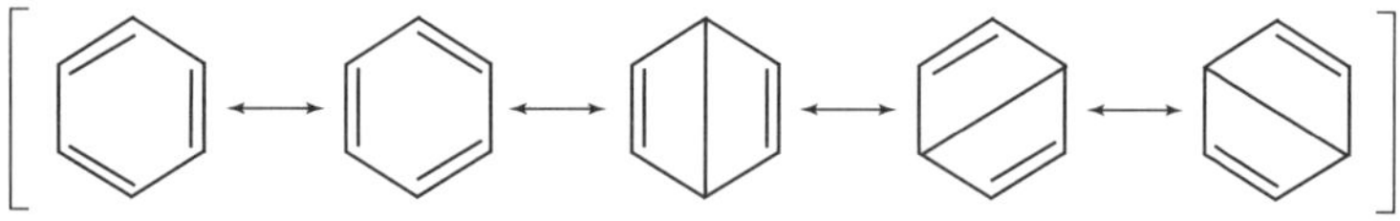

Les deux premières sont de plus basse énergie, et ont un poids statistique plus important.

L'hybride de résonance se représente par :

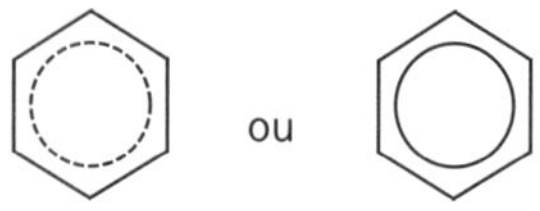

Composés polycycliques. Les composés polycycliques sont le siège d'une délocalisation électronique encore plus importante que celle du benzène, qui croît avec le nombre de noyaux accolés. La stabilisation correspondante est illustrée par les valeurs de l'énergie de résonance (*tableau 7.7*).

TABLEAU 7.7 ÉNERGIES DE RÉSONANCE DE COMPOSÉS POLYCYCLIQUES.

Composé	Structure de Lewis	Énergie de résonance ($kJ.mol^{-1}$)
naphtalène	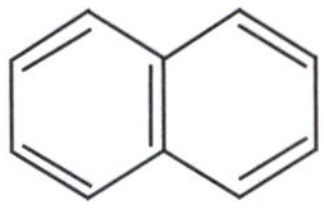	257
anthracène	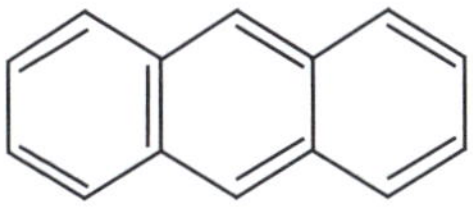	352
phénanthrène	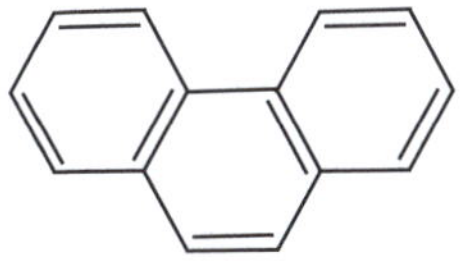	388

d) Résonance par délocalisation d'électrons n et π : ion phénolate

Une délocalisation électronique n–σ–π peut s'ajouter à celle d'un cycle benzénique. Le doublet libre provient le plus souvent d'un atome d'oxygène ou d'un atome d'azote.

La stabilisation a des conséquences sur les propriétés chimiques. Par exemple, le phénol C_6H_5OH ($pK_A = 10$) est plus acide qu'un alcool R–OH (pK_A de 15 à 18) parce que sa base conjuguée, l'ion phénolate $C_6H_5O^-$, est stabilisée par résonance selon :

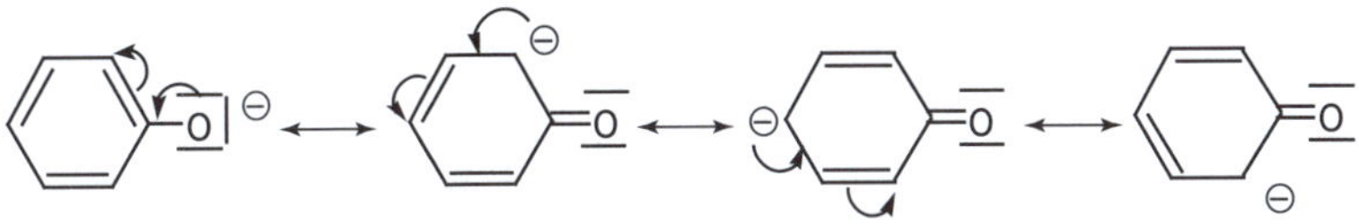

En conclusion des trois chapitres 5, 6 et 7, mentionnons que, depuis 90 ans d'études ininterrompues, les processus de formation et de rupture des liaisons covalentes sont aujourd'hui bien compris grâce aux techniques spectroscopiques à haute résolution, et aux calculs de chimie quantique capables d'atteindre une précision voisine de celle des techniques expérimentales.

Encadré 7. L'art de la conjugaison : de la couleur aux caroténoïdes

Dans les fruits, les légumes et les fleurs, … jusque dans les peintures et teintures, de nombreuses molécules organiques colorantes, aux structures variées, sont à l'œuvre pour notre plus grand bonheur. Leur aptitude à paraître colorées vient de leur propriété d'absorption, à certaines longueurs d'onde, de la lumière blanche qu'elles reçoivent. Prenons un exemple. Que se produit-il quand nous voyons la carotte orange ? En réalité, la carotte contient certains pigments de la famille des caroténoïdes, qui absorbent les radiations solaires dans le domaine 450 à 470 nm (bleu). Les radiations non absorbées subissent une réflexion diffuse et une fraction vient frapper notre rétine, qui envoie des informations au cortex visuel. Le cerveau interprète la composition du faisceau lumineux reçu par l'œil en engendrant la perception d'une couleur orange, que nous attribuons à la carotte.

Quelles particularités chimiques possèdent les colorants organiques pour générer la couleur ? En 1876, à l'époque de la puissante industrie des colorants synthétiques en Allemagne, le chimiste Otto Nikolaus Witt (1853-1915) a fait le lien entre la couleur et certains éléments constitutifs des molécules organiques. Il a remarqué que celles qui apparaissaient colorées comportaient des liaisons insaturées, ainsi que des substituants éventuels tels que $-NH_2$, –OH, –SH… renforçant la couleur. Il appela *chromophore* le groupe responsable de la couleur et *auxochrome* le groupe auxiliaire. Cependant, une seule double liaison, –C=C– par exemple, ne suffit pas pour induire une couleur. En effet, si l'absorption d'un photon est susceptible de faire passer un électron d'une O.M. π liante à une O.M. π^* antiliante, l'énergie de la transition π–π^* correspond au domaine de l'U.V. La molécule correspondante n'apparaît donc pas colorée, comme en témoigne l'éthylène qui absorbe à 165 nm et qui est incolore. En revanche, on a constaté que l'augmentation du nombre de doubles liaisons –C=C– et leur conjugaison réduit l'énergie de la transition π–π^* au sein du système d'électrons π délocalisés. Le domaine d'absorption se déplace alors vers les grandes longueurs d'onde. Il se situe au-dessus de 400 nm, c'est-à-dire dans le domaine du visible (400-800 nm) à partir de huit doubles liaisons conjuguées. La conjugaison avec la paire non liante d'un auxochrome agit dans le même sens.

Les caroténoïdes déjà évoqués ci-dessus, grande famille de plus de 700 pigments naturels de couleur jaune-orangé à rouge, illustrent notre propos. Fabriqués dans la nature par les plantes et certaines bactéries, ils sont présents dans de nombreux fruits et légumes. Le β-carotène est l'un des plus connus. Sa formule brute est $C_{40}H_{56}$; grâce à ses 11 doubles liaisons conjuguées, son maximum d'absorption se situe à 450 nm. C'est un additif alimentaire (E160a), utilisé pour colorer les matières grasses, et diverses préparations.

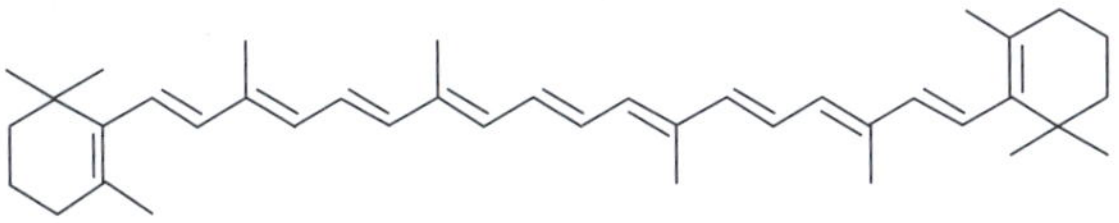

Formule du β-carotène

On le trouve dans les carottes, les abricots, la mangue, mais aussi dans les épinards, les brocolis, où sa couleur orange est masquée par les chlorophylles vertes. En effet, chez les plantes vertes, il est présent parmi les chlorophylles responsables de la photosynthèse ; il y joue un rôle de filtre et de photoprotecteur vis-à-vis des espèces réactives de l'oxygène, très néfastes.

Les fruits et légumes sont la première source de caroténoïdes pour l'homme, dont l'effet positif sur la santé a été démontré. Ce sont des anti-oxydants, et une relation a été établie entre la consommation régulière de caroténoïdes et la réduction de nombre de maladies, telles que les maladies cardio-vasculaires et certains cancers. La vertu des carottes n'est donc pas seulement de rendre aimable… comme dit le précepte.

POINTS CLEFS

- L'énergie de dissociation $D_{\text{A-B}}$ est l'énergie à fournir pour dissocier la liaison covalente A–B en ses atomes en phase gazeuse. $D_{\text{A-B}} \approx \Delta H^0_{\text{A-B}}$. Il est courant d'appeler l'énergie et l'enthalpie de dissociation : « énergie » et « enthalpie de liaison ».
- Pour caractériser une liaison A–B dans une molécule polyatomique, on a recours à l'enthalpie moyenne de liaison, moyenne des enthalpies de liaison A–B appartenant à des molécules différentes. Cette grandeur est peu précise.
- L'enthalpie de liaison reflète la stabilité des liaisons covalentes : une liaison est d'autant plus « forte » que son enthalpie de liaison est élevée.
- La longueur de la liaison $\ell_{\text{A-B}}$ est la distance internucléaire correspondant à l'équilibre du système constitué des deux atomes A et B liés.
- Le moment dipolaire permanent d'une molécule polaire diatomique : $^{+\delta}\text{A–B}^{-\delta}$ est le vecteur $\vec{\mu}$, de norme $\mu = q \times \ell_{\text{A-B}} = \delta e \times \ell_{\text{A-B}}$ où δ est le caractère

ionique partiel de la liaison A–B. Le moment dipolaire permanent d'une molécule polyatomique est la somme vectorielle des moments dipolaires de liaison : $\vec{\mu} = \sum_i \vec{\mu_i}$.

- La preuve expérimentale de la vibration des atomes autour de leur position d'équilibre dans une liaison covalente est donnée par l'absorption des radiations infrarouges (de 2 à 100 μm). Si une molécule diatomique est assimilée à un oscillateur harmonique, elle est caractérisée par sa constante de force k ($N.m^{-1}$) et sa fréquence de vibration ν_0.
- L'énergie totale de la molécule est quantifiée : $E = h\nu_0\,(\upsilon + 1/2)$ où υ est le nombre quantique de vibration, entier ≥ 0. Les niveaux d'énergie sont équidistants de $h\nu_0$. Pour $\upsilon = 0$, la molécule possède un mouvement de vibration résiduel et l'énergie correspondant à cet état fondamental est appelée « énergie du point zéro ». À 298 K, les molécules sont dans ce niveau.
- Quand l'écriture de la structure de Lewis d'une molécule conduit à plusieurs représentations possibles respectant la règle de l'octet, la molécule est le siège d'une délocalisation électronique qui la stabilise. Ce phénomène est la mésomérie (ou résonance). La molécule est alors l'hybride de résonance entre plusieurs formes mésomères (limites).
- Un système conjugué comporte des enchaînements de liaisons π–σ–π, ou des paires libres impliquées dans des enchaînements n–σ–π. Le recouvrement latéral des orbitales p_z permet la délocalisation des électrons. Un système conjugué est donc le siège d'une mésomérie.
- Les polyènes et les composés benzéniques sont des exemples de systèmes conjugués.

EXERCICES

La résolution de ces exercices nécessite de consulter la classification périodique (p. 74).

7.1 Enthalpie de liaison et enthalpie de réaction

a) Calculer l'enthalpie molaire standard de combustion $\Delta_c H^0_{298}$ du méthanol gazeux, selon :

$$CH_3OH(g) + 3/2\ O_2(g) \rightarrow CO_2(g) + 2\ H_2O(g)$$

connaissant les enthalpies de liaison suivantes :

Liaisons	C–H	C–O	O–H	C=O	O=O
ΔH^0_{298} ($kJ.mol^{-1}$)	415	356	463	804	497

b) Calculer à nouveau $\Delta_c H^0_{298}$ en utilisant les enthalpies molaires standards de formation suivantes :

Composés	$CH_3OH(g)$	$CO_2(g)$	$H_2O(g)$
$\Delta_f H^0_{298}$ **(kJ.mol^{-1})**	- 201,5	- 393,5	- 241,8

c) La valeur expérimentale de $\Delta_c H^0_{298}$ est – 676 kJ.mol^{-1}. Comparer les résultats obtenus aux questions **a)** et **b)** à cette valeur, et conclure.

7.2 Moment dipolaire de liaison

a) Dans les composés organochlorés ou organofluorés, les moments dipolaires des liaisons C–Cl et C–F valent respectivement 1,57 et 1,51 D. Or les électronégativités du chlore et du fluor dans l'échelle de Pauling sont respectivement 3,5 et 4,0. Comment interpréter qualitativement les valeurs des moments dipolaires données ci-dessus ?

b) Calculer le caractère ionique partiel des liaisons C–Cl et C–F.

Données : 1 D = 3,336.10^{-30} C.m ; e = 1,6.10^{-19} C ; ℓ_{C-Cl} = 177 pm ; ℓ_{C-F} = 132 pm.

7.3 Moment dipolaire du sulfure d'hydrogène H_2S

Le sulfure d'hydrogène est une molécule triangulaire. La longueur de liaison ℓ_{S-H} vaut 133 pm et l'angle HSH est de 92,1°. Le moment dipolaire de H_2S (g) vaut 0,96 D. Calculer :

a) Le moment dipolaire de liaison μ(S–H).

b) Les charges portées par les atomes H et S, ainsi que le caractère ionique partiel δ des liaisons S–H.

Données : 1 D = 3,336.10^{-30} C.m ; e = 1,6.10^{-19} C.

7.4 Absorption dans l'infrarouge de CO_2, gaz à effet de serre

Le dioxyde de carbone CO_2(g) est un gaz à effet de serre, ce qui signifie que la molécule absorbe certaines radiations du rayonnement infrarouge émis par la Terre. On observe en effet deux bandes d'absorption à 4,2 et 15 μm.

a) Combien vaut le moment dipolaire de CO_2(g) ?

b) Au sein de CO_2, ℓ_{C-O} = 116 pm, alors que les longueurs des liaisons C=O et C≡O sont respectivement de 120 et 112,8 pm. Le dioxyde de carbone est-il le siège d'une mésomérie ? Quelle en est l'incidence sur le moment dipolaire ?

c) Les vibrations possibles au sein de CO_2 sont portées dans le *tableau 7.8*

TABLEAU 7.8 MODES NORMAUX DE VIBRATION DE CO_2.

Vibrations de valence (élongation)	Vibrations de déformations
 symétrique	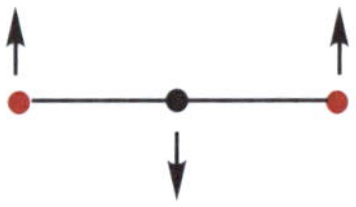 dans le plan de la feuille
 antisymétrique	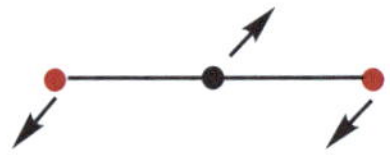 en avant et en arrière du plan

En tenant compte des réponses aux questions **a)** et **b)**, et des informations contenues dans le tableau, comment expliquez-vous que CO_2 absorbe les radiations infrarouges ?

7.5 Vibration de la liaison CO

L'examen du spectre d'absorption dans l'infrarouge du monoxyde de carbone $^{12}C^{16}O$ montre que sa fréquence fondamentale de vibration est $\nu_0 = 6{,}43.10^4$ GHz. En déduire :

a) le nombre d'onde de la raie d'absorption,

b) la constante de force de la liaison CO,

c) l'énergie du point zéro en kJ.mol^{-1}.

Données : $c = 3.10^8$ m.s^{-1} ; 1 u = $1{,}6605.10^{-27}$ kg ; $h = 6{,}626.10^{-34}$ J.s ; $N_A = 6{,}022.10^{23}$ mol^{-1}.

7.6 Mésomérie

a) Représenter les formes mésomères limites et l'hybride de résonance de :

i. dioxyde de soufre : SO_2,

ii. ion carbonate : CO_3^{2-},

iii. ion azoture N_3^-,

iv. pyridine C_5H_5N (hétérocycle ).

b) L'aniline $C_6H_5NH_2$ et l'éthylamine $C_2H_5NH_2$ sont des amines primaires. Le pK_A du couple ($C_6H_5NH_3^+/C_6H_5NH_2$) vaut 4,6 alors que celui du couple ($C_2H_5NH_3^+/C_2H_5NH_2$) vaut 10,8.

i. Comment interpréter cette différence ?

ii. Représenter les formes mésomères limites et l'hybride de résonance de l'aniline.

7.7 Longueurs de liaison et systèmes conjugués

La longueur d'une liaison de multiplicité donnée entre deux atomes dépend toujours de la molécule dans laquelle se trouve cette liaison, c'est-à-dire de l'environnement de la liaison. Les valeurs tabulées ne sont que des valeurs moyennes (*tableau 7.2,* par exemple). Cela est illustré ici par les variations de la longueur de la liaison simple C–C en fonction des molécules où elle est insérée.

a) Comment peut-on justifier les variations observées au sein des quatre hydrocarbures ci-dessous ?

Composé	$H_3C-CH_2-CH_2-CH_3$ butane	$H_2C{=}CH-CH{=}CH_2$ buta-1,3-diène	$HC{\equiv}C-CH{=}CH_2$ but-1-ène-3-yne	$HC{\equiv}C-C{\equiv}CH$ buta-1,3-diyne
ℓ_{C-C} **(pm)**	154	147	144	138

b) Écrire les formes mésomères limites des hydrocarbures ci-dessus sièges d'une mésomérie.

7.8 Énergie de résonance

a) Calculer l'enthalpie molaire standard de formation $\Delta_f H^0_{298}$ du toluène gazeux à partir des données ci-dessous. La formule du toluène est $C_6H_5-CH_3$.

Données : enthalpie molaire standard de combustion de $C_6H_5-CH_3$ (l) :

$\Delta_c H^0_{298} = -3\,909$ kJ.mol^{-1} ; enthalpies molaires standards de formation :

$\Delta_f H^0_{298}(CO_2(g)) = -393{,}5$ kJ.mol^{-1}; $\Delta_f H^0_{298}(H_2O\ (l)) = -285{,}8$ kJ.mol^{-1}; enthalpie molaire de vaporisation du toluène :

$$\Delta_{vap} H^0_{298} = 39{,}24 \text{ kJ.mol}^{-1}.$$

b) Évaluer l'enthalpie molaire standard de formation $\Delta_f H^0_{298}$ du toluène gazeux à partir des enthalpies de liaison :

Liaisons	C–H	C–C	C=C	H–H
ΔH^0_{298} **(kJ.mol^{-1})**	415	346	606	436

et de l'enthalpie de sublimation du graphite :

$$\Delta_{sub} H^0_{298}\ (C_g) = 718{,}4 \text{ kJ.mol}^{-1}.$$

c) Comparer les résultats obtenus et conclure.

SOLUTIONS

7.1 a) En faisant apparaître les doublets liants des réactifs et produits, la combustion s'écrit :

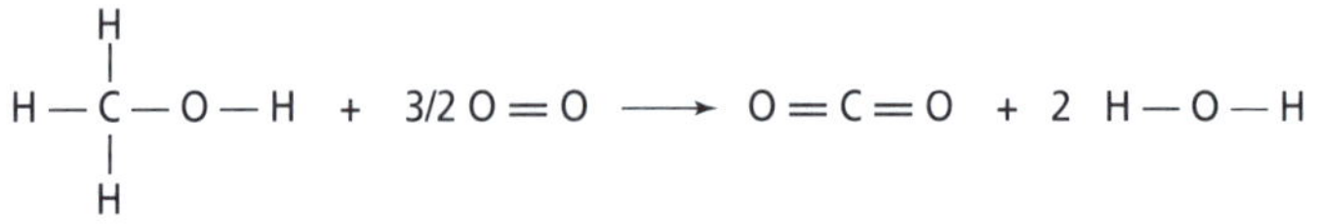

L'enthalpie molaire standard de combustion $\Delta_c H^0_{298}$ peut être estimée à partir des enthalpies moyennes de liaison, sachant que :

$\Delta_c H^0_{298}$ = Σ (enthalpies des liaisons rompues)
– Σ (enthalpies des liaisons créées)

$$\Delta_c H^0_{298} = 3\,\Delta H^0_{298}\,(\text{C–H}) + \Delta H^0_{298}\,(\text{C–O}) + \Delta H^0_{298}\,(\text{O–H})$$
$$+\,3/2\,\Delta H^0_{298}\,(\text{O=O}) - 2\,\Delta H^0_{298}\,(\text{C=O}) - 4\,\Delta H^0_{298}\,(\text{O–H})$$

$$\Delta_c H^0_{298} = (3 \times 415) + 356 + (1{,}5 \times 497) - (2 \times 804) - (3 \times 463)$$
$$= -650{,}5\ \text{kJ.mol}^{-1}$$

$$\boxed{\Delta_c H^0_{298} \approx -650\ \text{kJ.mol}^{-1}}$$

b) L'enthalpie molaire standard de combustion $\Delta_c H^0_{298}$ peut être calculée à partir des enthalpies molaires standards de formation des produits et des réactifs grâce à la relation suivante :

$$\Delta_c H^0_{298} = \Delta_f H^0_{298}(CO_2(g)) + 2\,\Delta_f H^0_{298}(H_2O(g)) - \Delta_f H^0_{298}(CH_3OH(g))$$

$$\Delta_c H^0_{298} = -393{,}5 - (2 \times 241{,}8) + 201{,}5$$

$$\boxed{\Delta_c H^0_{298} \approx -675{,}6\ \text{kJ.mol}^{-1}}$$

c) Le résultat obtenu à la question 1 n'est qu'une estimation. Le résultat obtenu à la question **b)** à partir des valeurs expérimentales des $\Delta_f H^0_{298}$ est beaucoup plus proche de la valeur mesurée.

7.2 a) Désignons par C–X la liaison entre C et l'atome d'halogène. Le moment dipolaire de liaison s'exprime par : $\mu_{C\text{–}X} = q_{C\text{–}X} \times \ell_{C\text{–}X}$.
$\ell_{C\text{–}X}$ est la longueur de liaison ; $q_{C\text{–}X}$ est la valeur absolue de la charge partielle effective portée par chaque atome lié.
$q_{C\text{–}X}$ est d'autant plus grande que la différence d'électronégativité entre les atomes liés est grande.

- $\chi(F) > \chi(Cl) \Rightarrow \chi(F) - \chi(C) > \chi(Cl) - \chi(C) \Rightarrow q_{C-F} > q_{C-Cl}$
- L'atome Cl est de taille supérieure à celle de F (Cl est sous F dans la classification périodique) $\Rightarrow \ell_{C-Cl} > \ell_{C-F}$
- Or $\mu_{C-Cl} > \mu_{C-F}$; donc le facteur « longueur de liaison » l'emporte sur l'effet de la différence d'électronégativité entre les deux éléments.

b) $q = \mu/\ell$ avec $q = \delta e$ où δ mesure le caractère ionique partiel de la liaison.

Liaison C–Cl

$$q = \frac{1{,}57 \times 3{,}336.10^{-30}}{177.10^{-12}} = 2{,}96.10^{-20}\text{C} \quad \delta = \frac{2{,}96.10^{-20}}{1{,}6.10^{-19}} = 0{,}185$$

$$\boxed{\delta_{C-Cl} = 18{,}5\ \%}$$

Liaison C–F

$$q = \frac{1{,}51 \times 3{,}336.10^{-30}}{132.10^{-12}} = 3{,}82.10^{-20}\text{C} \quad \delta = \frac{3{,}82.10^{-20}}{1{,}6.10^{-19}} = 0{,}239$$

$$\boxed{\delta_{C-F} = 23{,}9\ \%}$$

7.3 a) $\vec{\mu} = \vec{\mu}_1(\text{S–H}) + \vec{\mu}_2(\text{S–H})$.

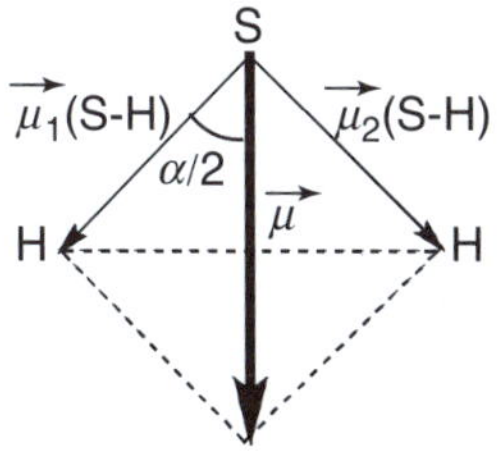

L'angle entre les directions des liaisons S–H est $\alpha = 92{,}1°$.

La norme du moment dipolaire de liaison est $\mu(\text{S–H}) = \mu_1(\text{S–H}) = \mu_2(\text{S–H})$. La figure ci-dessus est donc un losange. Les diagonales d'un losange sont perpendiculaires et se coupent en leur milieu. On en déduit :

$$\cos\frac{\alpha}{2} = \frac{\mu/2}{\mu_{S-H}} \quad \text{soit} \quad \mu_{S-H} = \frac{\mu}{2\cos(\alpha/2)} = \frac{0{,}96}{2\cos(92{,}1/2)}$$

$$\boxed{\mu(\text{S–H}) = 0{,}69\ \text{D}}$$

b) En procédant comme dans l'*exercice 7.2*, on calcule :

$$q = \frac{0{,}69 \times 3{,}336.10^{-30}}{133.10^{-12}} = \boxed{1{,}73.10^{-20}\ \text{C}}$$

$$\delta = \frac{1{,}73.10^{-20}}{1{,}6.10^{-19}} = 0{,}108 \qquad \boxed{\delta = 10{,}8\ \%}$$

7.4 a) La molécule étant linéaire et symétrique, le moment dipolaire permanent $\vec{\mu}$ de $CO_2(g)$ vaut $\vec{\mu} = \vec{\mu}_1(C–O) + \vec{\mu}_2(C–O) = \vec{0}$. Cela représente une propriété moyenne sur un ensemble de molécules, et ne traduit pas des fluctuations transitoires pouvant se produire individuellement au sein des molécules (questions **b)** et **c)**).

b) ℓ_{C-O} est intermédiaire entre les longueurs d'une double et d'une triple liaison. CO_2 est le siège d'une mésomérie :

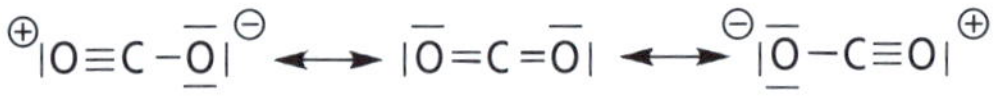

La délocalisation des électrons π provoque au sein d'une molécule donnée des fluctuations de la longueur de liaison ℓ_{C-O}. Il en résulte que les deux moments de liaison $\vec{\mu}_1(C–O)$ et $\vec{\mu}_2(C–O)$ peuvent avoir transitoirement des intensités différentes, ce qui donne naissance à moment dipolaire $\vec{\mu}$ transitoire oscillant.

c) Ce phénomène est à rapprocher des vibrations de valence antisymétriques : le barycentre des charges oscille provoquant une oscillation du moment dipolaire, condition nécessaire à l'absorption IR (*cf. § 7.4 p. 202*). La bande d'absorption correspondante est située à 4,2 µm.

Les vibrations de valence symétriques n'induisent pas de moment dipolaire électrique.

En revanche, les deux modes de vibrations de déformation induisent un moment dipolaire oscillant ; la bande associée à ces deux modes de même énergie est située à 15 µm.

7.5 a) Le nombre d'onde $\bar{\nu}$ est :

$$\bar{\nu} = \frac{\nu_0}{c}$$

où ν_0 est la fréquence fondamentale de vibration et c la célérité de la lumière.

$$\bar{\nu} = \frac{6{,}43.10^4 \times 10^9}{3.10^8} = 214\,333\ \text{m}^{-1} \quad \text{soit} \quad \bar{\nu} = \boxed{2143\ \text{cm}^{-1}}$$

b) ν_0 est reliée à k, constante de force de la liaison CO, par

$$\nu_0 = \frac{1}{2\pi}\sqrt{\frac{k}{m_r}} \quad \text{où} \quad m_r = \frac{m(^{12}\text{C})\, m(^{16}\text{O})}{m(^{12}\text{C}) + m(^{16}\text{O})}$$

Sachant que : $m(^{12}C) = 12$ u et $m(^{16}O) = 16$ u, on calcule

$$m_r = 6{,}857 \times 1{,}6605.10^{-27} \text{ kg}$$

$$k = 4\pi^2 \nu_0^2 m_r = 4\pi^2 \times (6{,}43.10^{13})^2 \times 6{,}857 \times 1{,}6605.10^{-27}$$

$$\boxed{k = 1\,858 \text{ N.m}^{-1}}$$

c) $E_0 = \frac{1}{2} h\nu_0 \times N_A = \frac{1}{2} \times 6{,}626.10^{-34} \times 6{,}43.10^{13} \times 6{,}022.10^{23}$
$= 12\,828$ J.mol^{-1}

$$\boxed{E_0 = 12{,}8 \text{ kJ.mol}^{-1}}$$

7.6 a)

Composé		Formes mésomères limites	Hybride de résonance
i.	SO_2	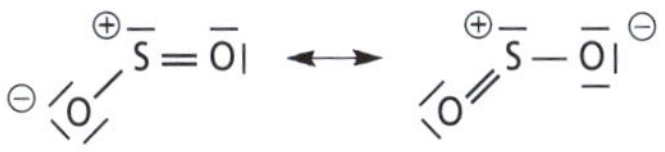	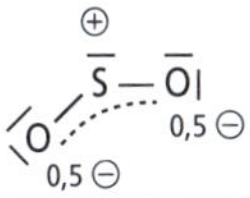
ii.	CO_3^{2-}	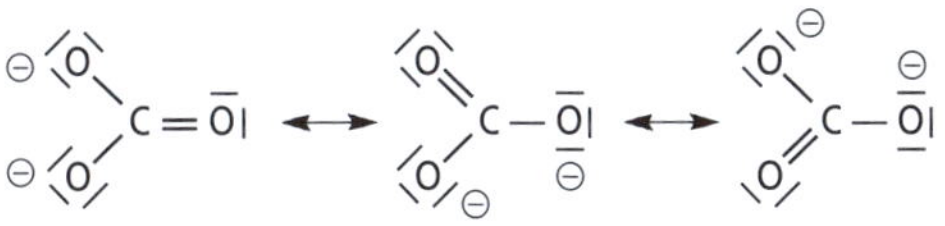	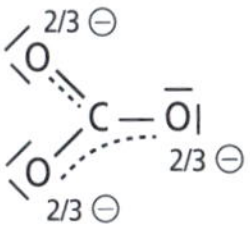
iii.	N_3^-	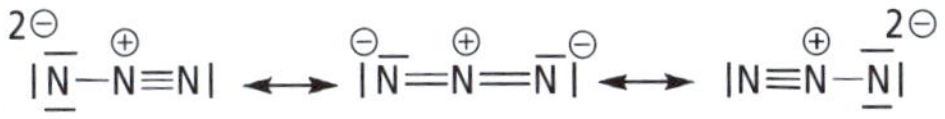	
iv.	 N : hétéro-atome	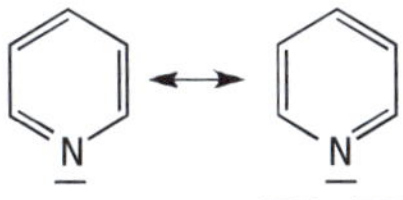 *Remarque* : N : [He] $2s^2$ $2p^3$ soit [↑↓] [↑ | ↑ | ↑] L'azote est hybridé sp^2. Le doublet libre et les liaisons N–C sont coplanaires avec l'ensemble du cycle. L'électron décrit par l'O.A. $2p_z$ (perpendiculaire au plan du cycle) participe au nuage π délocalisé.	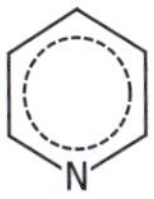

b) i. Le doublet libre de l'azote des amines leur confère théoriquement un caractère basique illustré dans le cas de l'éthylamine par : $pK_A\,(C_2H_5NH_3^+/C_2H_5NH_2) = 10{,}8$.
Pourtant, le pK_A du couple $C_6H_5NH_3^+/C_6H_5NH_2$ valant 4,6, l'ion anilinium manifeste une acidité voisine de celle de l'acide éthanoïque ($pK_A = 4{,}75$), et l'aniline est une base très très faible. On en déduit que le doublet de l'atome N est peu disponible pour fixer H^+.

Deux états d'hybridation de N peuvent être proposés :

- sp^2 à partir d'un état excité : [↑] [↑|↑|↑↓] laissant libre un doublet $2p_z$ perpendiculaire au plan, et pouvant être conjugué avec les électrons π du cycle,
- sp^3 à partir de : [↑↓] [↑|↑|↑] ; dans ce cas, le doublet est dirigé selon un des axes du tétraèdre centré sur N, et n'est pas perpendiculaire au plan.

Les déterminations structurales montrent que la situation est intermédiaire entre sp^2 et sp^3, N étant au sommet d'une pyramide très aplatie. Le doublet libre s'avère cependant conjugué avec les électrons π, délocalisé et peu disponible pour fixer H^+.

ii.

Formes mésomères limites	**Hybride de résonance**
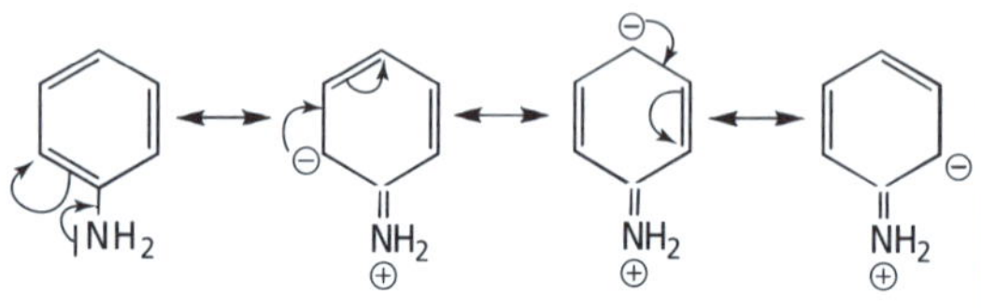	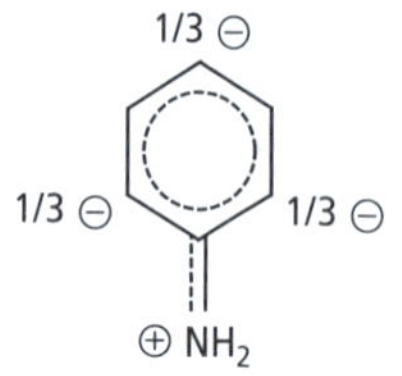

7.7 a) Les hydrocarbures considérés comportent tous 4 atomes de carbone numérotés de 1 à 4 de droite à gauche. La liaison simple C–C se situe pour chacun des composés entre C_2 et C_3. En revanche, la géométrie des liaisons autour des atomes C_2 et C_3 n'est pas la même dans chaque composé en raison du degré d'insaturation des liaisons, entre C_1 et C_2 d'une part, et entre C_3 et C_4, d'autre part. Qu'en déduit-on quant à $\ell_{C\text{–}C}$?

Composé	
$H_3C\text{–}CH_2\text{–}CH_2\text{–}CH_3$ butane	Pas de liaisons insaturées. Tous les C en sp^3 ; géométrie tétraédrique. Toutes les liaisons C–C sont équivalentes et de longueur 154 pm.
$H_2C\text{=}CH\text{–}CH\text{=}CH_2$ buta-1,3-diène	Diène. C_2 et C_3 en sp^2 ; géométrie triangulaire (ou trigonale). Molécule plane et conjugaison des deux doubles liaisons. Délocalisation des 4 électrons π au-dessus et au-dessous du plan de la molécule, « enjambant » la simple liaison C_2–C_3. Contraction de cette liaison.
$HC\equiv C\text{–}CH\text{=}CH_2$ but-1-ène-3-yne	Double et triple et liaisons conjuguées de part et d'autre de C_2–C_3. C_2 en sp^2 ; géométrie triangulaire ; C_3 en sp : alignement de C_4, C_3 et C_2. Le nuage π comporte 6 électrons, la contraction de la liaison C_2–C_3 est renforcée.
$HC\equiv C\text{–}C\equiv CH$ buta-1,3-diyne	Diyne, triples liaisons conjuguées. C_2 et C_3 en sp ; molécule linéaire. Amplification de la délocalisation des 8 électrons π. La simple liaison C–C dont la longueur vaut 138 pm tend en réalité vers une double liaison C=C (132 pm).

a) Formes mésomères limites :

- buta-1,3-diène : données dans le cours
- but-1-ène-3-yne : $H-\overset{\oplus}{C}=C=CH-\overset{\ominus}{\overline{C}}H_2 \longleftrightarrow H-\overset{\ominus}{\overline{C}}=C=CH-\overset{\oplus}{C}H_2$
- buta-1,3-diyne : $H-\overset{\oplus}{C}=C=C=\overset{\ominus}{\overline{C}}-H \longleftrightarrow H-\overset{\ominus}{\overline{C}}=C=C=\overset{\oplus}{C}-H$

7.8 a) La combustion du toluène (l) dans les conditions standards à 298 K s'écrit :

$$C_6H_5CH_3(l) + 9\,O_2(g) \rightarrow 7\,CO_2(g) + 4\,H_2O(l)$$

$\Delta_c H^0_{298} = 7\,\Delta_f H^0_{298}[CO_2(g)] + 4\,\Delta_f H^0_{298}[H_2O(l)] -$
$\Delta_f H^0_{298}[C_6H_5CH_3(l)]$

Attention : $\Delta_f H^0_{298}[O_2(g)] = 0$, car l'enthalpie de formation d'un corps simple pris dans son état standard est nulle par convention.

D'où : $\Delta_f H^0_{298}[C_6H_5CH_3(l)] = 7\,\Delta_f H^0_{298}[CO_2(g)]$
$+ 4\,\Delta_f H^0_{298}[H_2O(l)] - \Delta_c H^0_{298}$

La vaporisation du toluène est :

$$C_6H_5CH_3(l) \rightarrow C_6H_5CH_3(g)$$

$\Delta_{vap} H^0_{298} = \Delta_f H^0_{298}[C_6H_5CH_3(g)] - \Delta_f H^0_{298}[C_6H_5CH_3(l)]$

Donc :

$\Delta_f H^0_{298}[C_6H_5CH_3(g)] = \Delta_{vap} H^0_{298} + \Delta_f H^0_{298}[C_6H_5CH_3(l)]$

$\Delta_f H^0_{298}[C_6H_5CH_3(g)] = \Delta_{vap} H^0_{298} + 7\,\Delta_f H^0_{298}[CO_2(g)]$
$+ 4\,\Delta_f H^0_{298}[H_2O(l)] - \Delta_c H^0_{298}$

$\Delta_f H^0_{298}[C_6H_5CH_3(g)] = 39{,}24 - (7 \times 393{,}5) - (4 \times 285{,}8) + 3909$

$$\boxed{\Delta_f H^0_{298}[C_6H_5CH_3(g)] = \Delta_f H_1 = 50{,}54 \text{ kJ.mol}^{-1}}$$

$\Delta_f H^0_{298} > 0$, la réaction de formation est endothermique.

b) La formation du toluène à partir de ses éléments dans leur état standard : C(s) graphite et $H_2(g)$ s'écrit :

$$7\,C(s) + 4\,H_2(g) \rightarrow C_6H_5CH_3(g)$$

L'estimation de l'enthalpie de formation du toluène gazeux à partir des enthalpies de liaison suppose que la formation du toluène se produise à partir des atomes C et H à l'état gazeux. La réaction ci-dessus peut être décomposée en deux étapes :

$$7\ C(s) + 4\ H_2(g) \rightarrow 7\ C(g) + 8\ H(g) \rightarrow C_6H_5CH_3(g)$$

Attribuons au toluène la structure de la forme limite :

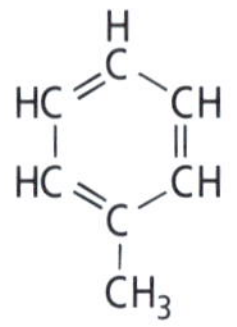

$$\Delta_f H^0_{298}[C_6H_5CH_3(g)] = 7\ \Delta_{sub}H^0_{298}(C_g) + 4\ \Delta H^0_{298}(H{-}H)$$
$$- 4\ \Delta H^0_{298}(C{-}C) - 3\ \Delta H^0_{298}(C{=}C) - 8\ \Delta H^0_{298}(C{-}H)$$

$$\Delta_f H^0_{298}[C_6H_5CH_3(g)] = (7 \times 718{,}4) + (4 \times 436) - (4 \times 346)$$
$$- (3 \times 606) - (8 \times 415)$$

$$\boxed{\Delta_f H^0_{298}[C_6H_5CH_3\,(g)] = \Delta_f H_2 = 250{,}8\ \text{kJ.mol}^{-1}}$$

c) L'enthalpie de formation $\Delta_f H_1$ déduite de mesures expérimentales est plus faible d'environ 200 kJ.mol^{-1} que l'enthalpie de formation $\Delta_f H_2$ estimée à partir des enthalpies de liaison en attribuant au noyau aromatique la structure d'une forme limite. La différence mesure l'énergie de résonance (ou de stabilisation), due à la mésomérie :

$$\boxed{E_r \approx 200\ \text{kJ.mol}^{-1}}.$$

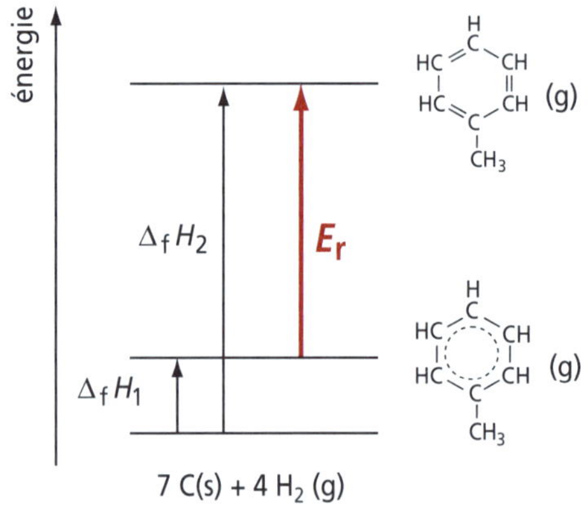

CHAPITRE 8

Interactions non covalentes : ionique, de Van der Waals et liaison hydrogène

PLAN

OBJECTIFS

- Comprendre les origines différentes des liaisons covalentes et non covalentes.
- Mesurer l'importance, en raison de leur effet cumulatif, des interactions intermoléculaires pour la structure et la réactivité de la matière, en particulier de la matière vivante.
- Distinguer en terme de portée et d'énergie potentielle d'interaction les interactions intermoléculaires.
- Connaître les spécificités de la liaison hydrogène, dont résultent les particularités de l'eau. Prendre conscience de la façon dont la matière vivante l'a mise à profit.

Sous le terme « **interactions non covalentes** » seront décrites les interactions non covalentes responsables d'attractions entre deux espèces chimiques : ions et/ou molécules. Il s'agit des interactions ion-ion et ion-dipôle, des interactions de Van der Waals et de la liaison hydrogène. Ni les interactions ioniques quand elles assurent la cohésion des cristaux ioniques, ni les liaisons métalliques au sein des cristaux métalliques, ne seront envisagées.

Les interactions covalentes et non covalentes diffèrent considérablement et ont des origines totalement différentes.

La liaison covalente, responsable de la formation des molécules, résulte du recouvrement d'O.A. partiellement occupées et du partage de paires d'électrons entre les atomes. Il a été vu que c'est une liaison forte et de courte portée (inférieure ou égale à 200 pm).

Les interactions non covalentes attractives ont une origine électrique. Elles s'exercent à partir de 250-450 pm et peuvent avoir une portée de plusieurs nanomètres. De plus, si l'on excepte les interactions entre ions, elles sont 10 à 100 fois plus faibles que les interactions covalentes.

Elles sont néanmoins d'une importance primordiale car elles sont omniprésentes et responsables, par leur effet cumulatif, de la cohésion, de l'organisation et de la complexification de la matière, en particulier dans les systèmes biologiques.

8.1 INTERACTIONS ION-ION ET ION-DIPÔLE

Interaction ion-ion

Tout cation C^{z+} ou anion A^{z-} possède un nombre de charge z et une charge effective $+ze$ ou $-ze$, e étant la charge élémentaire ($e = 1{,}602.10^{-19}$ C).

a) Énergie de Coulomb

Soit un cation (1), supposé ponctuel, de charge $+z_1e$. Cet ion génère un champ électrique dans l'espace qui l'environne ; il exerce sur l'anion (2), ponctuel de charge $-z_2e$, se trouvant à une distance d, une force d'attraction électrostatique F dont l'intensité est donnée par la **loi de Coulomb** :

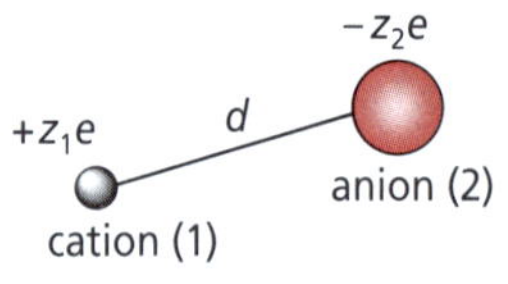

$$F = \frac{e^2 z_1 z_2}{4\pi\,\varepsilon_0\,\varepsilon_r\,d^2}$$

où ε_0 est la permittivité du vide ($\varepsilon_0 = 8{,}854.10^{-12}$ F.m^{-1}) et ε_r est la permittivité relative, ou constante diélectrique, du milieu environnant (ε_r(vide) = 1 ; ε_r(air) = 1,0005).

L'énergie potentielle de chacun des ions dans le champ électrique de l'autre est une **énergie de Coulomb E_C**. Par convention, on lui attribue la valeur zéro lorsque les ions sont séparés ($d \to \infty$). Dans le cas présent d'une interaction attractive, E_C est comptée négativement, et s'écrit :

$$E_C = -\frac{e^2}{4\pi\varepsilon_0\varepsilon_r} \times \frac{z_1 z_2}{d} \qquad (1)$$

Si les ions étaient de même signe et l'interaction répulsive, E_C serait comptée positivement.

L'interaction ion-ion est à longue portée car elle s'atténue très progressivement quand les ions s'écartent (*figure 8.1*).

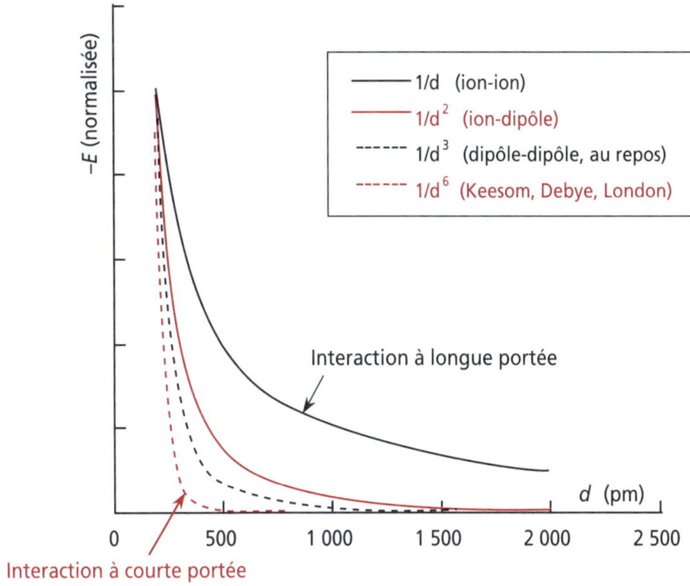

Figure 8.1 Comparaison des variations de l'énergie d'interaction entre deux espèces en fonction de leur distance *d* selon les lois en $1/d$, $1/d^2$, $1/d^3$ et $1/d^6$. Les valeurs de l'énergie ont été arbitrairement normalisées à $d = 200$ pm.

b) Séparation des ions en solution

L'interaction ion-ion est une interaction forte dans le vide : l'énergie d'attraction E_C entre un anion A^- et un cation C^+ monovalents séparés dans le vide de 500 pm est de 2,88 eV, ce qui représente à l'échelle molaire 277 $kJ.mol^{-1}$ (*équation (1)*). Cette interaction intervient dans les solides ioniques.

En solution, la valeur de E_C calculée dans le vide est divisée par la valeur de la constante diélectrique ε_r du solvant. Dans l'éthanol ($\varepsilon_r = 24{,}3$), l'énergie d'interaction entre les ions A^- et C^+ distants de 500 pm vaut 11,4 $kJ.mol^{-1}$ et dans l'eau ($\varepsilon_r = 78{,}3$), elle vaut 3,5 $kJ.mol^{-1}$.

Dans les solvants de faible constante diélectrique ($\varepsilon_r \leq 40$ environ), l'atténuation de E_C n'est pas suffisante pour que l'agitation thermique sépare les ions qui restent (totalement ou partiellement selon la valeur de ε_r) associés en **paires d'ions**.

En revanche, les paires d'ions sont considérées comme totalement dissociées dans les solvants de constante diélectrique $\varepsilon_r > 40$, comme l'eau. De tels **solvants** sont qualifiés de « **dissociants** ». La dissociation des paires d'ions est un phénomène dont dépend la conductivité d'une solution électrolytique.

c) Ponts salins

Dans les milieux biologiques, les **paires d'ions** ou **ponts salins** ont un rôle important. Elles peuvent contribuer à la structure (par exemple dans la conformation des protéines), ou à l'activité parce que participant à diverses associations (enzyme-substrat, par exemple).

De tels milieux ne sont pas des phases aqueuses diluées mais des milieux microhétérogènes. S'il est, par conséquent, difficile d'attribuer une valeur à ε_r, paramètre par nature macroscopique, on constate que le caractère dissociant du microenvironnement autour des paires d'ions est réduit par rapport aux solutions aqueuses.

À titre d'exemple, le schéma ci-dessous montre un pont salin entre un groupe phosphate d'un acide nucléique et le groupe guanidinium de l'arginine, lors d'une association acide nucléique-protéine :

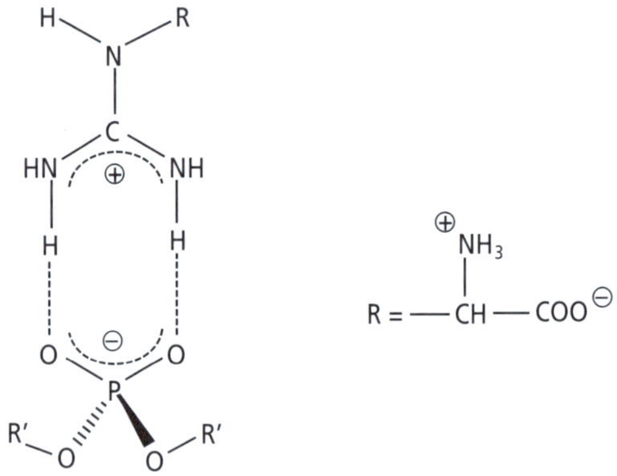

Interaction ion-dipôle

a) Énergie d'interaction ion-dipôle

Soit un cation de charge + *ze*. Toute molécule polaire placée dans le champ électrique généré par l'ion s'orientera de façon à présenter son « pôle négatif » de charge – *q* vers le cation. Si l'ion est un anion, la situation est inversée.

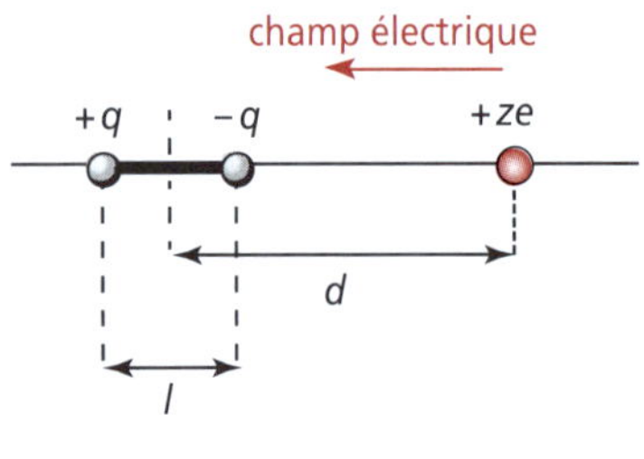

Si :

- l'ion est assimilé à une charge ponctuelle,
- le dipôle est considéré comme ponctuel ($l << d$),
- le dipôle et le champ électrique sont colinéaires,

l'énergie potentielle d'interaction s'écrit :

$$E_{\mathrm{i-d}} = -\frac{e}{4\,\pi\,\varepsilon_0\,\varepsilon_{\mathrm{r}}} \times \frac{z\,\mu}{d^2} \qquad (2)$$

où $\mu = q \times l$ est le moment dipolaire du dipôle. Dans le cas où la direction du dipôle et celle du champ forment un angle θ, il faut multiplier l'expression de E par cos θ.

Notons que $E_{\mathrm{i-d}}$:

- varie en $1/d^2$ et tend par conséquent plus rapidement vers zéro quand d augmente que dans le cas de deux charges ponctuelles (*figure 8.1*),
- est sensiblement plus faible que E_{C}. Ceci est illustré par l'énergie d'interaction entre un ion monovalent et un dipôle de moment dipolaire 1,5 D, distants de 500 pm dans le vide, énergie qui vaut E = 17,3 kJ.mol^{-1} (*équation (2)*).

b) Hydratation des ions

Les interactions ion-dipôle sont responsables de l'**hydratation des ions**, c'est-à-dire de l'association des ions à des molécules d'eau H_2O, qui rappelons-le, sont polaires (*cf. § 7.3 p. 198*). En effet, diverses techniques spectroscopiques ont montré que les cations sont associés aux molécules d'eau par l'atome O et que les anions le sont par les atomes H, établissant ainsi l'existence des interactions ion-dipôle.

Cependant, les ions ne sont pas des charges ponctuelles. Le facteur déterminant de l'interaction avec l'eau n'est donc pas leur seule charge, mais leur densité superficielle de charge. S'ils sont assimilés à des sphères de rayon r, la densité superficielle de charge s'exprime par : $ze/4\pi r^2$ (rapport de la charge à la surface). Les ions diffèrent donc entre eux par le rapport z/r^2 qui définit leur « pouvoir polarisant ».

Il s'avère ainsi que le nombre de molécules d'eau de solvatation des cations en solution aqueuse augmente avec leur pouvoir polarisant. Les interactions ion-dipôle s'exercent sur plusieurs couches, appelées **sphères d'hydratation** : la première sphère d'hydratation est celle où les molécules d'eau sont organisées au contact de l'ion ; dans les suivantes, plus éloignées, l'organisation est plus lâche (*figure 8.2*).

Dans de nombreux cas, l'hydratation persiste en phase solide et explique l'existence de **sels hydratés** aux compositions définies : $Ni(NO_3)_2{\bullet}6\,H_2O$, $Al_2(SO_4)_3{\bullet}18\,H_2O$, ou indéfinies : $LiCl{\bullet}x\,H_2O$.

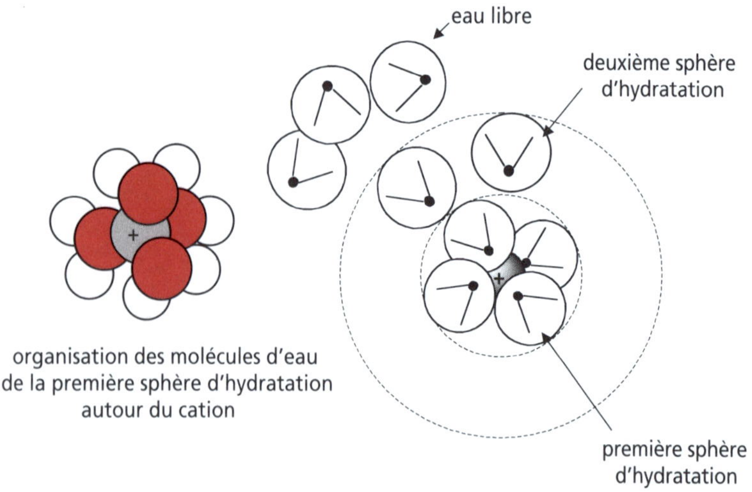

Figure 8.2 Hydratation des cations en solution aqueuse.

8.2 INTERACTIONS DE VAN DER WAALS

Sous le terme « **interactions de Van der Waals** » sont désignées des interactions attractives s'exerçant à courte distance (300 à 800 pm), d'énergie comprise entre 0,2 et 50 kJ.mol^{-1} et non dirigées dans l'espace (*tableau 5.1 p. 133*).

Interaction dipôle-dipôle

a) Interaction entre deux dipôles au repos

Deux molécules polaires de moments dipolaires permanents μ_1 et μ_2 s'orientent de façon à maximiser leur attraction mutuelle et à minimiser leur répulsion mutuelle. Ci-dessous sont présentées deux dispositions énergétiquement favorables :

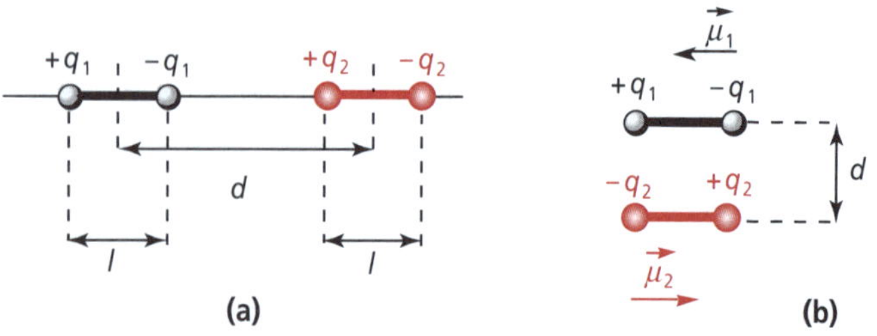

Si les molécules sont au repos (fixes, dans un solide, par exemple) et si les dipôles sont ponctuels, l'énergie potentielle d'interaction s'exprime par :

$$E_{d-d} = -\frac{2}{4\pi\varepsilon_0\varepsilon_r} \times \frac{\mu_1\mu_2}{d^3} \qquad \text{Schéma (a)} \quad (3)$$

ou

$$E_{d-d} = -\frac{1}{4\pi\varepsilon_0\varepsilon_r} \times \frac{\mu_1\mu_2}{d^3} \qquad \text{Schéma (b)} \quad (3')$$

L'énergie d'interaction entre deux dipôles au repos E_{d-d} varie en $1/d^3$ (*figure 8.1*).

b) Interaction entre dipôles soumis à l'agitation thermique (interaction de Keesom ou effet d'orientation)

Dans un fluide (gaz ou liquide), les molécules peuvent pivoter, mais pas de façon totalement libre. Deux dipôles peuvent ainsi être orientés par instants de telle sorte qu'ils s'attirent, et par instants de telle sorte qu'ils se repoussent ; mais en moyenne, les configurations attractives l'emportent. L'interaction en résultant est l'**interaction de Keesom**. L'énergie potentielle d'interaction moyenne E_K s'écrit alors :

$$E_K = -\frac{2}{3(4\pi\varepsilon_0\varepsilon_r)^2} \times \frac{1}{kT} \times \frac{\mu_1^2\mu_2^2}{d^6} \qquad (4)$$

où k est la constante de Boltzmann (k = 1,380 65.10^{-23} J.K^{-1}) et T la température absolue.

En ce qui concerne l'**énergie de Keesom**, il faut retenir que :

- le signe négatif de E_K associé au fait que l'interaction moyenne est attractive,
- la variation de E_K en $1/d^6$; l'atténuation avec la distance est très marquée (*figure 8.1*),
- la variation de E_K en $1/kT$; l'agitation thermique tend à annuler l'effet d'orientation mutuelle des dipôles.

Au sein d'un corps pur, $\mu_1 = \mu_2 = \mu$. E_K vaut alors :

$$E_K = -\frac{2}{3(4\pi\varepsilon_0\varepsilon_r)^2} \times \frac{1}{kT} \times \frac{\mu^4}{d^6} \qquad (5)$$

La proportionnalité de E_K avec μ^4 doit être soulignée. L'interaction de Keesom, qui est nulle si les espèces sont apolaires, joue un rôle d'autant plus important que le moment dipolaire est élevé. Elle intervient notablement dans la cohésion des liquides polaires, par exemple l'eau ou le diméthylformamide (*tableau 7.3*).

Interaction dipôle-dipôle induit

a) Polarisabilité

Toute molécule, polaire ou apolaire placée dans un champ électrique $\vec{E}$, est susceptible de subir une déformation de son nuage électronique. Il en résulte un **moment dipolaire induit** $\vec{\mu}_i$ tel que :

$$\vec{\mu}_i = \alpha \vec{E}$$

qui s'additionne au moment dipolaire permanent le cas échéant.

α est la **polarisabilité**. L'unité SI de α est le $C.m^2.V^{-1}$ (ou $C^2.m^2.J^{-1}$). Dans la pratique, on trouve souvent le **volume de polarisabilité** $\alpha' = \alpha / 4\pi\varepsilon_0$ qui s'exprime en m^3. Les volumes de polarisabilité sont du même ordre de grandeur que les volumes moléculaires, de l'ordre de 10^{-30} m^3.

La polarisabilité α mesure la capacité du nuage électronique à se déformer. En général, une molécule a une polarisabilité élevée si elle possède beaucoup d'électrons et des niveaux vacants de basse énergie.

b) Polarisation induite (interaction de Debye ou effet d'induction)

Le champ électrique peut être généré, vis-à-vis d'une molécule donnée, par une molécule polaire adjacente.

Le schéma (a) montre qu'une molécule apolaire et polarisable (2) acquiert un moment dipolaire $\vec{\mu}_2$' égal au moment dipolaire induit $\vec{\mu}_i$ sous l'influence de la molécule voisine (1), elle-même polaire.

Le schéma (b) montre que si la molécule (2) est polaire et polarisable, son moment dipolaire $\vec{\mu}_2$' est alors la somme du moment dipolaire induit $\vec{\mu}_i$ et de son moment dipolaire permanent $\vec{\mu}_2$. Si la molécule inductrice (1) n'est pas polarisable ($\alpha_1 = 0$), il n'y a pas de réciprocité.

Le schéma (c) présente le cas général où des dipôles induits sont mutuellement générés dans les deux molécules de polarisabilités α_1 et α_2, se superposant aux dipôles permanents.

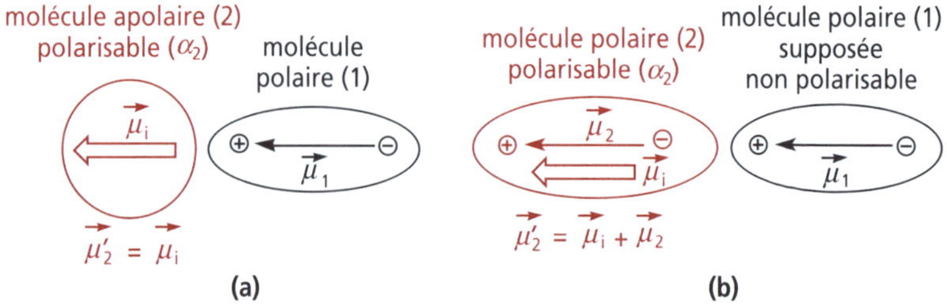

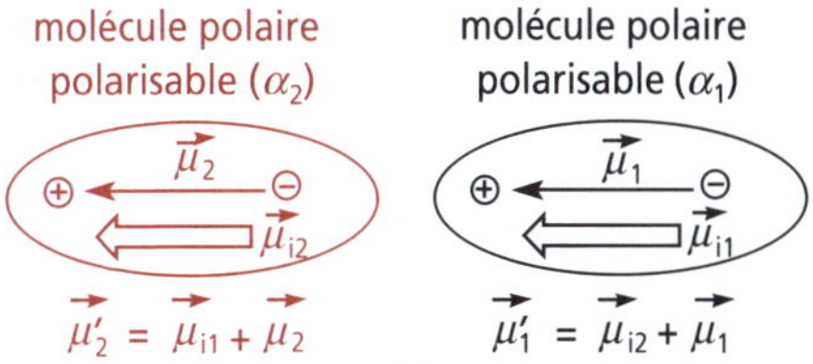

(c)

c) Énergie d'interaction de Debye

L'énergie d'interaction correspondante, appelée **énergie de Debye E_D**, s'écrit :

$$E_D = -\frac{1}{(4\pi\varepsilon_0\varepsilon_r)^2} \times \frac{\alpha_2\mu_1'^2 + \alpha_1\mu_2'^2}{d^6} \tag{6}$$

Pour les schémas (a) et (b) ci-dessus, α_1 est pris égal à zéro. L'*équation (6)* devient, si les molécules sont identiques :

$$E_D = -\frac{1}{(4\pi\varepsilon_0\varepsilon_r)^2} \times \frac{2\alpha\mu'^2}{d^6} \tag{7}$$

Comme E_K, l'énergie d'interaction de Debye E_D varie en $1/d^6$. En revanche, comme le dipôle induit et le dipôle inducteur restent alignés quels que soient les mouvements des molécules, l'agitation thermique n'agit pas sur E_D, alors qu'elle contribue à affaiblir E_K.

Interaction dipôle instantané-dipôle induit

a) Interaction de London (ou effet de dispersion)

L'expérience montre qu'il existe des interactions attractives entre des atomes ou des molécules non polaires : le tétrachlorure de carbone, le benzène sont des liquides à la température ambiante ; des gaz tels que le diazote, les gaz nobles se condensent en liquides à basse température.

En réalité, les phénomènes à l'origine de ces interactions se produisent dans toutes les espèces chimiques, polaires ou non polaires. En effet, le mouvement des électrons d'un atome ou d'une molécule est tel qu'à un instant donné, le barycentre des charges positives a peu de probabilité de coïncider avec le barycentre des charges négatives.

Il en résulte un **moment dipolaire instantané** qui peut produire un moment dipolaire induit instantané dans les molécules voisines. Les deux dipôles instantanés s'attirent.

Le traitement quantique de l'interaction de dispersion a été réalisé par F. London en 1930. Une bonne approximation de l'énergie d'interaction ou **énergie de London E_L** est donnée, pour deux molécules de polarisabilités respectives α_1 et α_2 dans un milieu de constante diélectrique ε_r par :

$$E_L = -\frac{3}{2(4\pi\varepsilon_0\varepsilon_r)^2} \times \frac{I_1 I_2}{I_1 + I_2} \times \frac{\alpha_1\alpha_2}{d^6} \quad (8)$$

où I_1 et I_2 sont les énergies d'ionisation des deux molécules.

Dans le cas d'un corps pur, E_L s'écrit :

$$E_L = -\frac{3}{4(4\pi\varepsilon_0\varepsilon_r)^2} \times I \times \frac{\alpha^2}{d^6} \quad (9)$$

Comme E_K et E_D, l'énergie d'interaction de London E_L varie en $1/d^6$.

b) Facteurs influençant l'interaction de London au sein de substances apolaires

Les températures de changement d'état (*pF* et *pE*), ainsi que les enthalpies standards de vaporisation $\Delta_{vap}H^0$, sont des indicateurs de l'importance de l'interaction de London au sein des phases condensées des composés apolaires. Les valeurs de ces paramètres sont en effet d'autant plus élevées que la cohésion, et donc l'interaction au sein des phases est forte.

En examinant ces paramètres, on constate que :

- **l'interaction de London augmente avec la masse moléculaire.** En effet, plus les molécules sont grosses, plus elles comportent d'électrons, plus les fluctuations instantanées de charges sont amples.

Exemple. *pE* (H_2) = – 253 °C ; *pE* (CH_4) = – 162 °C ; *pE* (CCl_4) = 77 °C.

- **l'interaction de London dépend de la forme des molécules et de leur possibilité de contact.** Les interactions entre des molécules linéaires et allongées sont d'autant plus fortes que les molécules sont longues.

Exemple. L'état physique des chaînes longues d'hydrocarbures dépend de leur longueur, comme on le constate pour les alcanes linéaires C_nH_{2n+2} (*tableau 8.1*).

Tableau 8.1 État physique des alcanes en fonction du nombre d'atomes de carbone.

Alcanes linéaires	État physique
$C_1 \rightarrow C_4$	gaz
$C_5 \rightarrow C_{17}$	liquides de viscosité croissante
$C_{18} \rightarrow$	Solides cireux

La fluidité des membranes cellulaires constituées d'une double couche de phospholipides dont les chaînes carbonées sont celles d'acides gras est à rapprocher de l'état des hydrocarbures (*figure 8.3*).

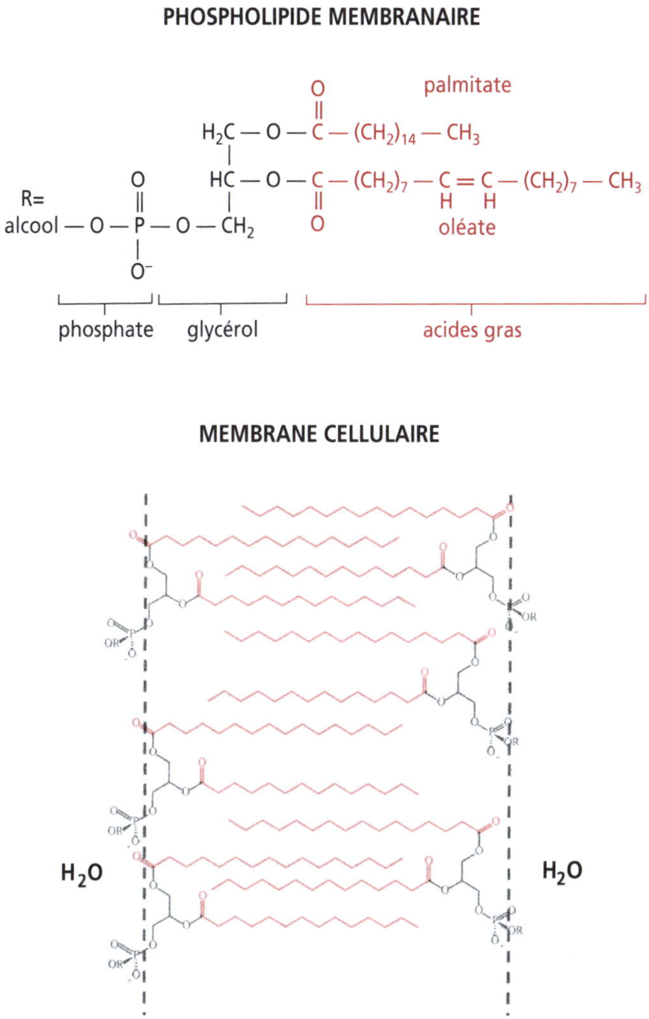

Figure 8.3 Exemple de phospholipide membranaire et organisation de la membrane cellulaire.

➤ **l'interaction de London dépend de la polarisabilité des atomes constituant les molécules**, comme de la polarisabilité des molécules elles-mêmes.

Exemple. En substituant les atomes d'hydrogène de CH_4(g) par des atomes A de polarisabilité croissante comme Cl ou Br, la polarisabilité de la molécule CA_4 croît ; l'augmentation consécutive de E_L est représentée par la stabilité croissante des phases condensées, comme le révèlent les températures de fusion et d'ébullition (*tableau 8.2*).

TABLEAU 8.2 ÉVOLUTION DE LA STABILITÉ DE PHASES SOLIDE ET LIQUIDE EN FONCTION DE LA POLARISABILITÉ.

Composé CA_4	A	α(A) /10^{-40} SI	α(CA_4) /10^{-40} SI	*pF* (°C) (1 bar)	*pE* (°C) (1 bar)	État physique (1 bar, 25 °C)
CH_4	H	0,74	2,6	– 183	– 162	gaz
CCl_4	Cl	2,42	11,7	– 23	77	liquide
CBr_4	Br	3,39		90	190	solide

Énergie de Van der Waals

a) Énergie totale des interactions attractives de Van der Waals

L'énergie totale des interactions attractives de Van der Waals en phase fluide est :

$$E_{\text{VdW}} = E_{\text{K}} + E_{\text{D}} + E_{\text{L}}$$

ce qui s'écrit pour un corps pur :

$$E_{\text{VdW}} = -\frac{1}{(4\,\pi\,\varepsilon_0\,\varepsilon_{\text{r}})^2}\left[\frac{2}{3}\frac{\mu^4}{kT} + 2\alpha\mu'^2 + \frac{3}{4}I\alpha^2\right] \times \frac{1}{d^6} = -\frac{C}{d^6} \qquad (10)$$

C étant une constante de proportionnalité ne dépendant que de *T*.

La validité d'une telle équation suppose que l'énergie d'interaction pour un ensemble de molécules soit la somme des énergies d'interaction deux à deux, car les différentes contributions ont été calculées pour des paires de molécules.

Rappelons aussi que la variation en $-1/d^6$ suppose que le milieu soit fluide, sinon l'interaction dipôle – dipôle suit une loi en $-1/d^3$ (*équations (3) ou (3')*).

b) Énergie potentielle totale incluant attractions et répulsions

À des distances *d* inférieures à 250-450 pm, les interactions répulsives nucléaires et électroniques entre atomes l'emportent sur les forces d'attraction entre molécules. Les répulsions augmentent fortement quand

d diminue. Pour représenter les variations de l'énergie potentielle totale avec d, il convient par conséquent de sommer les contributions attractives et répulsives.

L'énergie d'attraction est supposée varier en $-1/d^6$ (*équation (10)*). Quant à la croissance de l'énergie de répulsion quand d diminue, elle peut être modélisée, soit par une fonction en $1/d^{12}$ (**potentiel de Lennard-Jones**), soit par une forme exponentielle (e^{-d/d_0}, où d_0 est une constante).

Le minimum de la courbe d'énergie potentielle obtenue (*figure 8.4*) correspond à une **distance d'équilibre de Van der Waals d_{VdW}** où l'énergie d'attraction entre les deux molécules est minimum. Son ordonnée est appelée **énergie de Van der Waals**. Cette grandeur vaut 8,71 kJ.mol^{-1} pour CO et 30,8 kJ.mol^{-1} pour Cl_2, par exemple.

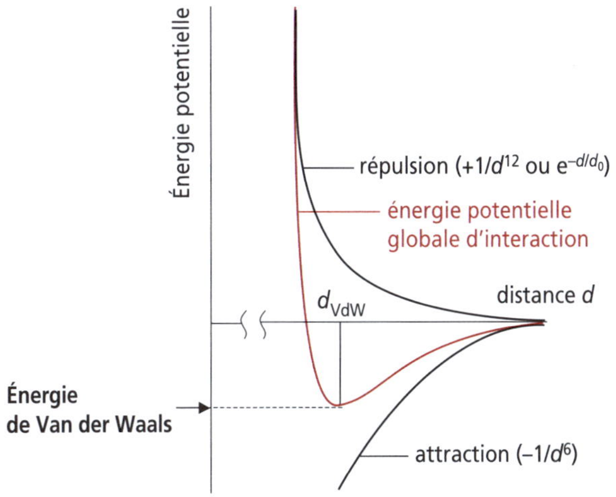

Figure 8.4 Courbe d'énergie potentielle due aux interactions de Van der Waals.

c) Rayon de Van der Waals

Pour les corps simples, d_{VdW} correspond à la distance internucléaire d'équilibre entre les deux atomes identiques. Le **rayon de Van der Waals** r_{VdW} est la moitié de cette distance (*cf. § 3.3 p. 80 et figure 3.5*) :

$$r_{VdW} = \frac{1}{2} d_{VdW}$$

La majorité des rayons de Van der Waals sont compris entre 150 et 250 pm. Par exemple, le rayon de Van der Waals de C vaut 170 pm ; celui de O, 150 pm et celui de Cl, 180 pm.

8.3 LA LIAISON HYDROGÈNE

Observations expérimentales

La *figure 8.5* montre l'évolution des températures de fusion et d'ébullition des dérivés hydrogénés des éléments des groupes 17, 16 et 15. La diminution régulière des températures de changement d'état quand on va de HI à HCl, H_2Te à H_2S, SbH_3 à PH_3 doit être reliée à la diminution de la masse molaire, et à la diminution concomitante des interactions de London.

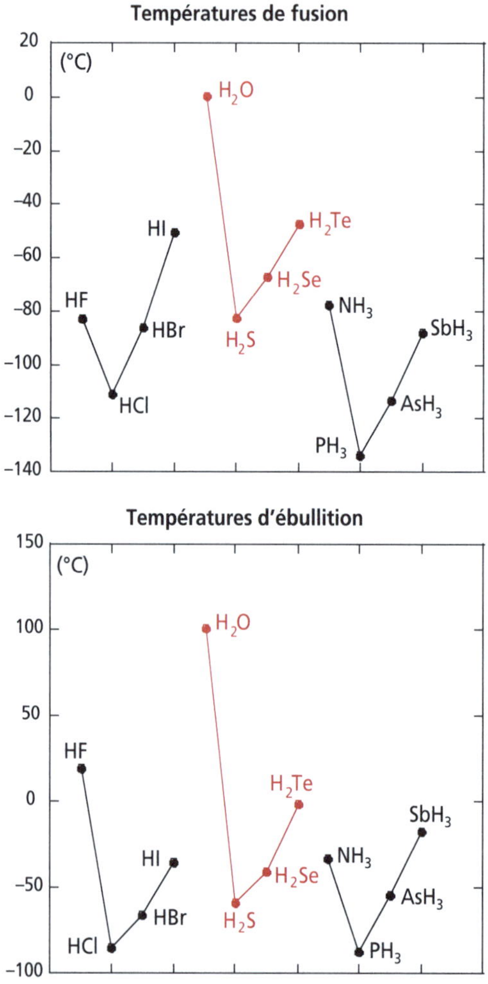

Figure 8.5 Évolution des températures de fusion et d'ébullition des dérivés hydrogénés des éléments des groupes 17, 16 et 15.

Selon une telle interprétation, les comportements de HF, H_2O et NH_3 dont les températures de changement d'état ne suivent pas la même évolution, mais augmentent fortement, sont des anomalies.

Il faut donc conclure, dans le cas des trois composés HF, H_2O et NH_3, à une cohésion des phases solides et liquides plus forte que ne le laissent prévoir les seules interactions de Van der Waals. C'est ainsi qu'est prouvée l'existence de **liaisons hydrogène** s'additionnant aux interactions de van der Waals.

Nature et propriétés de la liaison hydrogène

La liaison hydrogène, contrairement aux interactions intermoléculaires décrites précédemment ne concerne que certaines molécules. Ces dernières comportent une liaison polarisée A–H au voisinage d'un atome B électronégatif porteur d'un doublet libre. La liaison hydrogène est une interaction de Van der Waals où prédomine fortement l'interaction attractive dipôle-dipôle :

$$^{-\delta}A-H^{+\delta}\ldots\ldots{}^{-\delta}|B-$$

A et B sont le plus souvent un des trois atomes électronégatifs N, O ou F.

La petitesse de l'atome d'hydrogène facilite l'approche de B, ce qui renforce l'interaction. L'énergie d'interaction est souvent plus élevée que celle des interactions de Van der Waals. Elle va de 10 à 50 $kJ.mol^{-1}$, avec une valeur moyenne de l'ordre de 20 $kJ.mol^{-1}$. C'est pourquoi cette interaction est appelée « liaison » hydrogène (liaison H, en abrégé).

La distance H . . . . B est de l'ordre de 100 à 200 pm, soit une longueur totale A–H . . . . B de l'ordre de 200 à 300 pm.

Une **liaison hydrogène** peut être **intermoléculaire** (exemples ci-dessus) ou **intramoléculaire**.

Une liaison hydrogène peut être linéaire ou non linéaire. La configuration linéaire correspond à la meilleure stabilité, ce qui peut être exprimé en disant que la liaison hydrogène a un caractère directionnel.

La liaison hydrogène est très sensible à l'élévation de la température, car l'agitation thermique est susceptible de la détruire (dénaturation des enzymes et protéines).

Importance de la liaison hydrogène

a) Eau

La molécule d'eau H_2O comporte un atome O qui porte deux doublets libres, et deux liaisons O–H. C'est en général un **double accepteur** et un **double donneur** de liaisons hydrogène.

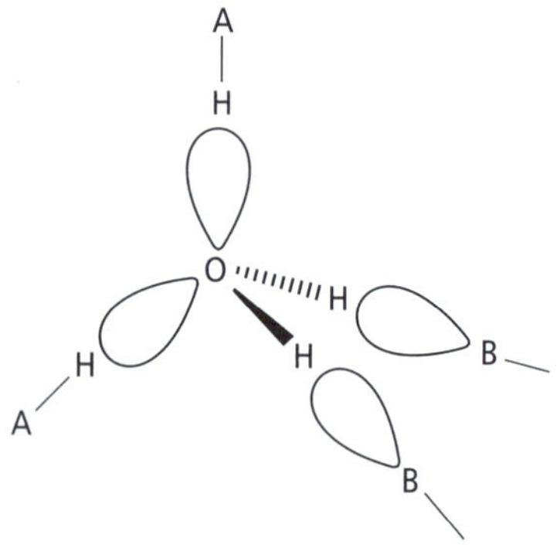

Cette propriété lui permet de jouer le rôle de « pont » entre les groupes fonctionnels de macromolécules, biologiques en particulier, comme les protéines dans lesquelles sont insérées des molécules d'eau qui contribuent de façon déterminante à leurs fonctions.

Dans l'eau pure, il se produit une autoassociation des molécules entre elles par liaison hydrogène, qui est responsable de nombreuses propriétés de l'eau (propriétés physiques, caractère solvant, etc.).

De cette autoassociation résulte une structure tridimensionnelle tétraédrique optimisée dans la **glace** de type I obtenue à la pression atmosphérique (*figure 8.6*), structure partiellement conservée dans l'eau liquide, où les liaisons hydrogène se font et se défont toutes les picosecondes (voir l'encadré).

La valeur moyenne de l'énergie de la liaison hydrogène est 25 kJ.mol^{-1}.

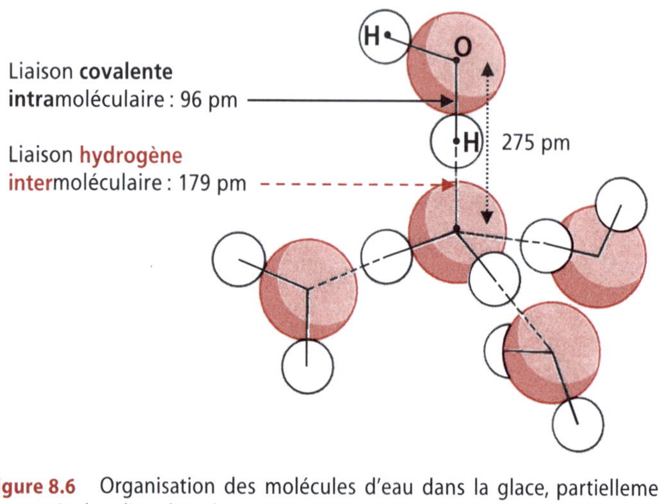

Figure 8.6 Organisation des molécules d'eau dans la glace, partiellement conservée dans l'eau liquide.

b) Organisation des protéines

Les **protéines** sont des enchaînements d'acides aminés liés entre eux par les liaisons peptidiques (fonctions amide R–CO–NH–R'). Les liaisons hydrogène N–H **. . . .** O=C servent à rigidifier et stabiliser leurs structures (*figure 8.7*). Ces liaisons peuvent s'établir de façon :

- intramoléculaire : par exemple dans les hélices α,
- intermoléculaire : dans les feuillets β ou les canaux transmembranaires.

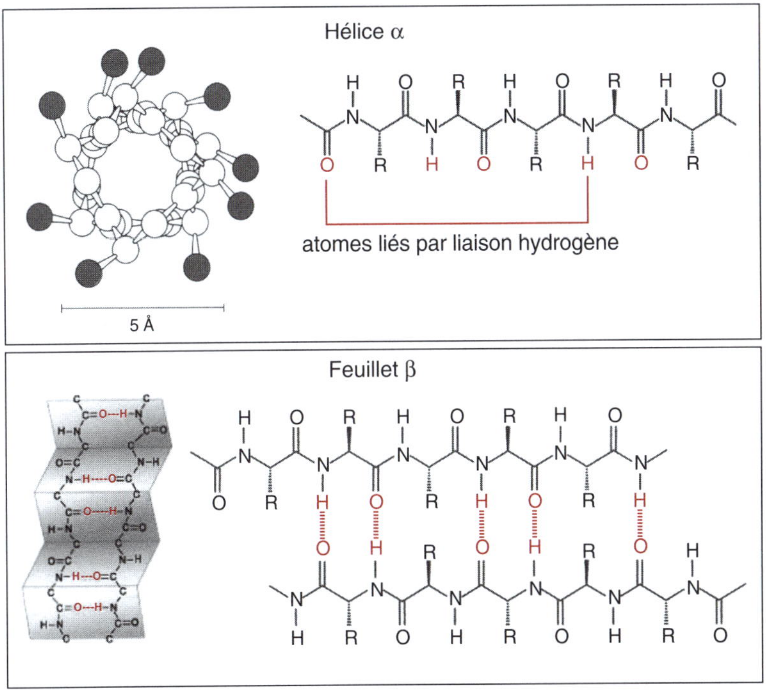

Figure 8.7 Liaison hydrogène au sein des protéines (i) intramoléculaire dans une hélice α , vue du dessus (les chaînes latérales pointent vers l'extérieur), (ii) intermoléculaire dans un feuillet plissé β.

c) Paires de bases de l'ADN

L'association par paires de l'adénine et de la thymine (A–T) ainsi que de la guanine et de la cytosine (G–C) est due aux liaisons hydrogène qui confèrent à l'ADN sa structure de double hélice (*figure 8.8 et encadré 8*). Ce sont ces appariements qui permettent aux deux brins de se reconnaître, ce qui est mis à profit dans les puces à ADN.

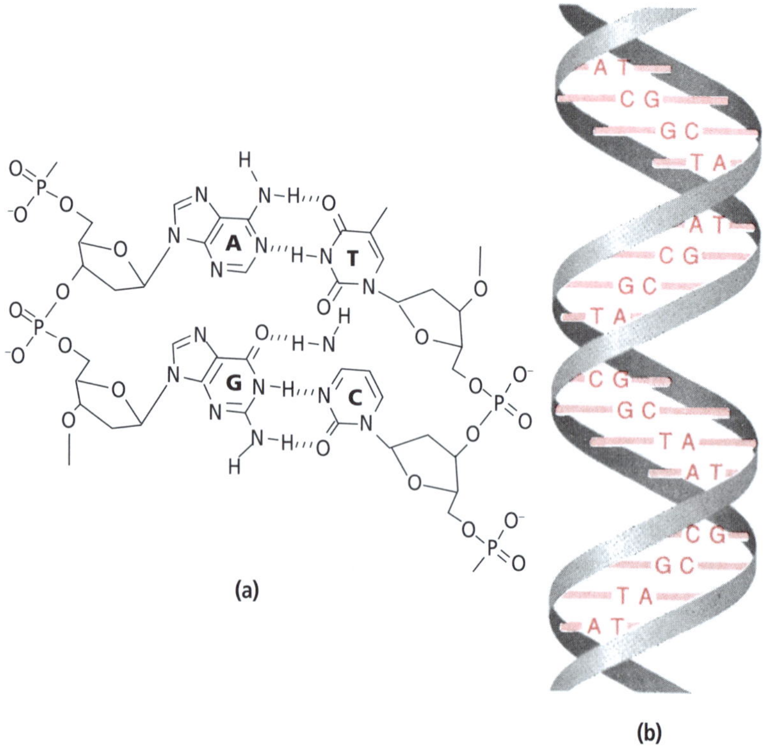

Figure 8.8 **(a)** Liaisons hydrogène entre les paires de bases de l'ADN : adénine (A) et thymine (T) ; cytosine (C) et guanine (G). **(b)** Structure en double hélice de l'ADN.

8.4 RÉCAPITULATIF ET COMPARAISON DES ÉNERGIES MISES EN JEU DANS LES LIAISONS INTERMOLÉCULAIRES

Le *tableau 8.3* récapitule les caractéristiques des diverses **interactions intermoléculaires** d'origine électrostatique étudiées ci-dessus, et donne l'ordre de grandeur des énergies d'interaction correspondantes.

Tableau 8.3 Récapitulatif concernant les **liaisons intermoléculaires.**

Type d'interaction	$E = f(d)$	Énergie E mise en jeu		Conditions d'observation
		Équation	*Ordre de grandeur (en valeur absolue) (kJ.mol^{-1})*	
ion-ion	$1/d$	(1)	1-400 Modulation avec la valeur de ε_r	Solides ioniques, solutions
ion-dipôle	$1/d^2$	(2)	5-100	Solvatation des ions
dipôle-dipôle	$1/d^3$	(3) ou (3′)	2-160	Molécules polaires au repos
dipôle-dipôle (Keesom)	$1/d^6$	(4) ou (5)	0,2-20	Molécules polaires en rotation non libre (agitation thermique)
dipôle – dipôle induit (Debye)	$1/d^6$	(6) ou (7)	0,1-10	Toute molécule (polaire ou apolaire) au voisinage d'une molécule polaire
dipôle instantané – dipôle induit (London)	$1/d^6$	(8) ou (9)	0,5-50	Toutes les molécules
liaison hydrogène			10-50	$^{-\delta}A{-}H^{+\delta}\ldots{}^{-\delta}\vert B{-}$

Encadré 8. La chimie et la vie. L'ADN : un bel exemple d'édifice supramoléculaire

La chimie supramoléculaire est la branche de la chimie qui conçoit, réalise et étudie les assemblages dont la cohésion résulte d'interactions non covalentes. Le concept de **chimie supramoléculaire** a été introduit dans les années 1970 par le chimiste français Jean-Marie Lehn, récipiendaire du prix Nobel de chimie en 1987 avec Donald J. Cram et Charles J. Pedersen.

L'auto-organisation fondée sur des liaisons faibles mais coopératives est un aspect important de la chimie supramoléculaire. Elle conduit à des édifices tridimensionnels qui ne sont pas sans rappeler ceux que l'on rencontre très fréquemment dans les systèmes vivants. L'ADN (acide désoxyribonucléique), évoqué lors du *§ 8.3.c*, en est un exemple.

L'ADN est une chaîne polymère de nucléotides, c'est-à-dire d'unités phosphate–base–sucre (désoxyribose), reliés par des liaisons phosphodiester (*figure 8.8*). L'ADN peut s'auto-organiser sous diverses formes, mais la plus courante, révélée en 1953 (*cf. encadré 6*) se présente comme un enroulement de deux chaînes en double hélice. La stabilité de cette forme résulte de plusieurs facteurs. Le plus important est l'association des bases par paires grâce aux liaisons hydrogène : trois liaisons entre la cytosine (C) et la guanine (G), et deux entre l'adénine (A) et la thymine (T) (*figure 8.8*). Aux liaisons hydrogène s'ajoutent néanmoins deux autres contributions dues, (1) à la polarité des groupes phosphate, qui favorise leur solvatation par l'eau environnante, et (2) au caractère aromatique des bases, qui possèdent des électrons délocalisés de part et d'autre du plan de leur molécule ; de ce fait, une interaction attractive verticale s'établit entre les nuages électroniques, interaction dite d'empilement (en anglais, π-stacking), qui relève de l'interaction de dispersion de London. Elle s'avère plus forte entre les bases C – G, qu'entre les bases A – T. Ainsi les séquences d'ADN comportant beaucoup de paires C – G sont plus stables que celles riches en paires A – T, de par la prééminence des liaisons hydrogène et la force des interactions d'empilement.

L'ADN contient l'information génétique indispensable au fonctionnement et à la reproduction des organismes vivants. Lors des processus de transcription, de réplication ou de réparation associés à sa fonction, les deux brins doivent subir une séparation rapide sous l'action d'enzymes appropriées. Cela est possible parce que les interactions de stabilisation sont faibles. C'est aussi pour cette raison que l'ADN conserve suffisamment de flexibilité pour s'enrouler au sein des chromosomes, ou se dérouler partiellement lors de la réplication. L'adaptation de l'ADN à sa fonction repose donc sur le caractère versatile que les liaisons non covalentes confèrent à sa structure.

À la lumière de cet exemple, on mesure que la prise de conscience du caractère supramoléculaire du vivant a transformé notre conception du rôle de la chimie dans les systèmes biologiques. Ainsi, comme l'écrit Paul Rigny (L'Actualité Chimique, 2011, n°348 - 349, p. 35) : « *La chimie n'est pas seulement ce qui décrit le fonctionnement du vivant, elle est ce qui décrit complètement l'être vivant : rien ne peut se passer chez lui qui ne passe par des molécules, des excitations chimiques, des réactions chimiques – rien, pas même son adaptation dans l'environnement, pas même sa naissance, pas même sa mort. La chimie, que J.-M. Lehn libère de son statut traditionnel d'intercesseur pour la compréhension du monde vivant pour en faire l'arbitre de l'évolution des espèces, est donc, plus que nous ne le réalisions, la clé de la vie.* »

POINTS CLEFS

- Les interactions non covalentes attractives ont une origine électrique. Ce sont les interactions ion-ion et ion-dipôle, les interactions de Van der Waals (dipôle-dipôle, dipôle-dipôle induit, dipôle instantané-dipôle induit) et la liaison hydrogène.
- L'énergie des interactions ion-ion est une énergie de Coulomb E_C, qui s'exprime par la formule (1). E_C varie en $1/\varepsilon_r$, où ε_r est la constante diélectrique du milieu. Dans le vide $\varepsilon_r = 1$, l'interaction est forte. Dans tout autre milieu que le vide ($\varepsilon_r > 1$), la force et l'énergie d'interaction entre deux ions donnés dépendent de la valeur de ε_r.
- Selon les valeurs relatives de l'énergie d'attraction coulombienne (liée à ε_r) et de l'énergie d'agitation thermique (liée à T), les ions se séparent, ou restent associés en paires d'ions.
- L'énergie de l'interaction dipôle-dipôle varie en $-1/d^3$ pour des dipôles au repos. En milieu fluide, quand la rotation des dipôles est possible, elle varie en $-1/d^6$ (interaction de Keesom).
- Une molécule polaire génère un champ électrique $\vec{E}$ dans l'espace qui l'environne. Ce champ électrique cause, dans une molécule voisine (polaire ou apolaire), un dipôle induit de moment dipolaire $\vec{\mu}_i = \alpha\vec{E}$ (α = polarisabilité). L'interaction attractive correspondante est l'interaction de Debye.
- À cause de la fluctuation des charges électroniques, tout atome ou molécule, même apolaire, se comporte à tout instant comme un dipôle instantané. Celui-ci peut induire un autre dipôle instantané dans une molécule adjacente si cette dernière est polarisable. L'interaction attractive de London qui en résulte concerne donc tous les atomes et molécules.
- L'interaction de London augmente avec les masses des molécules, leur possibilité de contact (associée à leur forme) et leur polarisabilité. Elle est seule présente au sein des phases de corps purs apolaires dont elle assure la cohésion, et se superpose aux interactions de Keesom et de Debye si les molécules sont polaires.
- À très courte distance, les forces répulsives entre atomes s'additionnent aux forces attractives. La courbe d'énergie potentielle totale présente un minimum pour une distance d_{VdW}, qui correspond à un maximum de stabilité. L'ordonnée du minimum est l'énergie de Van der Waals. Pour les corps simples, le rayon de Van der Waals est $r_{VdW} = d_{VdW}/2$.
- La liaison hydrogène est une interaction attractive électrostatique entre une liaison polarisée A–H et un atome électronégatif B porteur d'un doublet libre. C'est donc une interaction de Van der Waals où prédomine fortement l'interaction dipôle-dipôle :

  $$^{-\delta}\mathrm{A{-}H}^{+\delta}\ldots\ldots{}^{-\delta}|\mathrm{B}-$$

  A et B sont le plus souvent un des trois atomes électronégatifs N, O ou F.

➤ Le *tableau 8.3* récapitule les caractéristiques des diverses interactions intermoléculaires et donne l'ordre de grandeur des énergies d'interaction correspondantes.

EXERCICES

Les données numériques utiles à la résolution de ces exercices sont :

Charge élémentaire : $e = 1{,}602.10^{-19}$ C

Permittivité du vide : $\varepsilon_0 = 8{,}854.10^{-12}$ F.m^{-1}

Permittivités relatives : ε_r(vide) = 1 ; ε_r(air) = 1,0005 ; ε_r(eau, 298 K) = 78,3

Constante de Boltzmann : $k = 1{,}380\,65.10^{-23}$ J.K^{-1}

Constante d'Avogadro : $N_A = 6{,}022.10^{23}$ mol^{-1}

1 D = $3{,}336.10^{-30}$ C.m

8.1 Identifier les interactions intermoléculaires

Quelles sont les interactions intermoléculaires susceptibles de s'exercer dans les milieux suivants ?

a) Ar (g) **b)** HCl(g) **c)** NH_3(l) **d)** C_2H_5OH (l)

e) CH_3CN(l) **f)** Solution aqueuse de chlorure de sodium

8.2 Interaction dipôle-dipôle

a) Calculer l'énergie potentielle d'interaction entre deux dipôles de moment dipolaire 1,08 D, supposés au repos et alignés dans l'air. La distance de séparation est 4 Å. Exprimer le résultat en kJ.mol^{-1}.

b) Les deux dipôles sont maintenant susceptibles de tourner. Calculer l'énergie de l'interaction de Keesom à 25 °C, exprimée en kJ.mol^{-1}.

8.3 Interaction de London

Calculer l'énergie potentielle d'interaction entre deux atomes d'argon séparés de 4 Å dans l'air, en kJ.mol^{-1}. Le volume de polarisabilité de l'argon est $\alpha' = 1{,}66.10^{-30}$ m^3 et son énergie d'ionisation est $I = 1531$ kJ.mol^{-1}.

8.4 Interactions intermoléculaires et températures d'ébullition

Les points d'ébullition des trois isomères du pentane C_5H_{12} sont 9,5 °C, 27,9 °C et 36,1 °C. Représenter ces isomères et attribuer à chacun son point d'ébullition, en justifiant.

8.5 Interactions intermoléculaires au sein des gaz

Le tableau suivant donne les températures de fusion (θ_{fus}) et d'ébullition (θ_{vap}) d'un certain nombre de gaz en °C et sous 1 bar.

a) Compléter ce tableau en indiquant les masses molaires des gaz, et l'écart $\Delta\theta = \theta_{vap} - \theta_{fus}$. Commenter les variations observées.

gaz	**He**	**Ne**	**Ar**	**Kr**	**H_2**	**N_2**	**O_2**	**GP**
M (g.mol^{-1})								
θ_{fus} (°C)	-272,2	-248,67	-189,35	-157,36	-259,34	-209,86	-218,79	
θ_{vap} (°C)	-268,9	-245,9	-185,85	-153,22	-252,87	-195,8	-182,95	
$\Delta\theta$ (°C)								

b) Compléter également la ligne concernant le gaz parfait (GP) en justifiant.

N.B. Pour mémoire, le zéro absolu est situé à –273,15 °C.

8.6 Liaisons hydrogène intra- et intermoléculaires

a) Le tableau ci-dessous indique les pK_A des acides fumarique et maléique. Interpréter les différences observées entre ces valeurs en fonction de la structure des acides.

	Acide fumarique	**Acide maléique**
	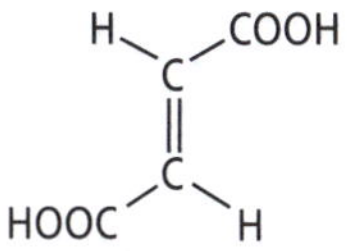	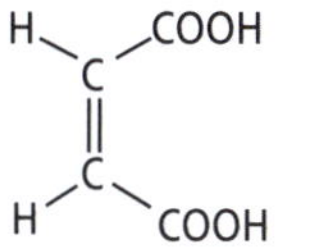
pK_{A1}	3,02	1,92
pK_{A2}	4,39	6,22

b) Lequel des deux acides possède la température de fusion la plus élevée ?

8.7 Interactions intermoléculaires et solubilité

Expliquer les observations suivantes :

a) L'ammoniac est soluble dans l'eau, alors que NCl_3 ne l'est pas.

b) L'acide éthanoïque CH_3COOH est soluble dans l'eau, mais également dans des solvants apolaires tels que le benzène ou le tétrachlorure de carbone.

c) Le méthane-1-ol CH_3OH, l'éthan-1-ol C_2H_5OH et le propan-1-ol C_3H_7OH sont miscibles à l'eau en toutes proportions, alors que le butan-1-ol C_4H_9OH n'est que partiellement miscible à l'eau.

SOLUTIONS

8.1

Type d'interaction	Ar(g)	HCl(g)	NH_3(l)	C_2H_5OH(l)	CH_3CN(l)	H_2O Na^+(aq) Cl^-(aq)
Ion-ion						× (ions)
Ion-dipôle						× (hydratation des ions)
Dipôle-dipôle (Keesom)		×	×	×	×	× (H_2O)
Dipôle – dipôle induit (Debye)		×	×	×	×	× (H_2O)
Dipôle instantané – dipôle induit (London)	×	×	×	×	×	× (H_2O)
Liaison hydrogène			×	×		× (H_2O)

8.2 a) Dipôles au repos dans l'air ($\mu = 1{,}08$ D ; $d = 4$ Å ; $\varepsilon_r = 1{,}0005$) : *§ 8.2 ; équation (3).*

$$E_{d-d} = -\frac{2}{4\pi\,\varepsilon_0\,\varepsilon_r} \times \frac{\mu^2}{d^3} = -\frac{2 \times (1{,}08 \times 3{,}336.10^{-30})^2}{4\pi \times 8{,}854.10^{-12} \times 1{,}0005 \times (4.10^{-10})^3}$$

$= -3{,}64.10^{-21}$ J

En multipliant par N_A, on obtient : $\boxed{E_{d-d} = -2{,}2 \text{ kJ.mol}^{-1}}$

b) Dipôles soumis à l'agitation thermique dans l'air ($\mu = 1{,}08$ D ; $d = 4$ Å ; $\varepsilon_r = 1{,}0005$; $T = 298$ K) : *§ 8.2 ; équation (5).*

$$E_K = -\frac{2}{3(4\,\pi\,\varepsilon_0\,\varepsilon_r)^2} \times \frac{1}{kT} \times \frac{\mu^4}{d^6} =$$

$$-\frac{2 \times (1{,}08 \times 3{,}336.10^{-30})^4}{3 \times (4\pi \times 8{,}854.10^{-12} \times 1{,}0005)^2 \times 1{,}38065 \times 10^{-23} \times 298 \times (4.10^{-10})^6}$$

$E_K = -5{,}38.10^{-22}$ J, soit $\boxed{E_K = -0{,}32 \text{ kJ.mol}^{-1}}$

L'énergie d'interaction est « atténuée » par rapport à la situation où les dipôles seraient au repos.

8.3 Interaction entre atomes identiques soumis uniquement à l'attraction de London (I = 1 531 kJ.mol^{-1} ; α' = 1,66.10^{-30} m^3) : *§ 8.2 ; équation (9)* avec : α (polarisabilité) = 4 $\pi \varepsilon_0 \varepsilon_r$ α' (volume de polarisabilité).

$$E_L = -\frac{3}{4} \times \frac{I\alpha'^2}{d^6} = -\frac{3 \times 1\,531 \times (1{,}66.10^{-30})^2}{4 \times (4.10^{-10})^6}$$

$$\boxed{E_L = -0{,}77 \text{ kJ.mol}^{-1}}$$

On constate que l'énergie d'interaction de London est du même ordre de grandeur qu'une interaction dipôle-dipôle (*exercice 8.2*).

8.4 Le pentane est un hydrocarbure apolaire. Les seules interactions intermoléculaires sont des interactions de London, d'autant plus efficaces que la forme des molécules permet leur rapprochement. Par ailleurs, plus le pE est élevé, plus l'énergie à fournir pour séparer les molécules à l'état liquide et les vaporiser est élevée, donc plus fortes sont les interactions de London. On en déduit :

Nom chimique	Nom courant	Représentation de l'isomère	*pE* (°C)
2,2-diméthyl-propane	néo-pentane	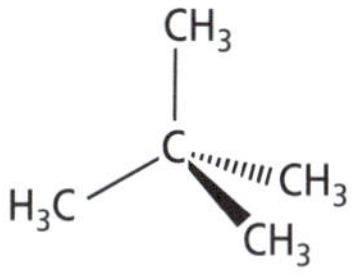	9,5
2-méthyl-butane	isopentane	$H_3C - CH_2 - CH(CH_2) - CH_3$	27,9
n-pentane	pentane	$H_3C - CH_2 - CH_2 - CH_2 - CH_3$	36,1

8.5 a) Les gaz considérés sont tous apolaires. Les interactions intermoléculaires sont donc des interactions de dispersion (London).

Gaz	He	Ne	Ar	Kr	H_2	N_2	O_2	GP
M (g.mol^{-1})	4,0	20,1	39,9	83,8	2,0	28,0	32,0	
θ_{fus} (°C)	–272,2	–248,67	–189,35	–157,36	–259,34	–209,86	–218,79	sans
θ_{vap} (°C)	–268,9	–245,9	–185,85	–153,22	–252,87	–195,8	–182,95	sans
$\Delta\theta$ (°C)	3,3	2,77	3,5	4,14	6,47	14,06	35,84	–

- He, Ne, Ar et Kr :
  - Ce sont des gaz nobles monoatomiques, peu polarisables. L'augmentation des températures de changement d'état avec la masse molaire traduit une meilleure cohésion des phases condensées lorsque le nuage électronique croît. En effet, le nuage présente alors davantage de fluctuations transitoires ; or ces fluctuations sont responsables de l'apparition des dipôles instantanés, et donc des dipôles induits, et par conséquent de l'attraction entre ces dipôles.
  - L'hélium présente des températures de fusion et d'ébullition très proches du zéro absolu.
  - Le faible écart entre θ_{fus} et θ_{vap} (3 à 4 °) traduit le peu de cohésion de l'état liquide. Il suffit d'une faible élévation de température au-dessus de la température de fusion pour conférer aux atomes l'énergie cinétique d'agitation thermique nécessaire pour excéder l'énergie de cohésion dans le liquide, et pour induire la vaporisation.
- H_2, N_2 et O_2 :
  - Ce sont des gaz diatomiques. Seul H_2, dont la molécule est petite et ne contient que deux électrons, ressemble aux gaz nobles. N_2 et O_2 sont en revanche plus polarisables que ces derniers. Cela se traduit par des écarts plus grands entre les températures θ_{fus} et θ_{vap}.
  - On observe, pour les mêmes raisons que déjà mentionnées, l'augmentation des températures de changement d'état avec la masse molaire.

b) Le gaz parfait est un gaz modèle dont les molécules sont supposées ponctuelles et sans interactions entre elles (*cf.* *§ 1.1*). Il n'a pas d'autre forme physique que l'état gazeux, quelle que soit la température ; il ne peut, ni se liquéfier, ni se solidifier, car ces processus résultent des interactions intermoléculaires.

Les gaz réels apolaires de masse molaire pas trop élevée se comportent comme le gaz parfait à la pression atmosphérique, obéissant à l'équation d'état bien connue $PV = nRT$. Lorsque la pression augmente et rapproche leurs molécules, les interactions intermoléculaires ne sont plus négligeables. Il convient alors de leur appliquer l'équation d'état des gaz réels formulée par J. D. Van der Waals, non détaillée dans cet ouvrage.

8.6 a) Rappel : plus la valeur du pK_A d'un acide est faible, plus cet acide est fort.

- Dans le cas de l'acide fumarique les deux pK_A sont voisins, et proches du pK_A de l'acide méthanoïque (pK_A = 3,75). Il n'existe aucune interaction entre les deux fonctions acide carboxylique situées en position *trans* par rapport à la double liaison.
- Dans le cas de l'acide maléique (H_2A), il s'établit une **liaison hydrogène intramoléculaire**. De ce fait, le premier proton est très mobile (pK_{A1} = 1,92) car la forme anionique HA^- résultant de son départ est stabilisée par résonance. Au sein de HA^-, le second proton est fortement retenu : pK_{A2} = 6,22.

	Acide fumarique	**Acide maléique**	**HA^-**
pK_{A1}	3,02	1,92	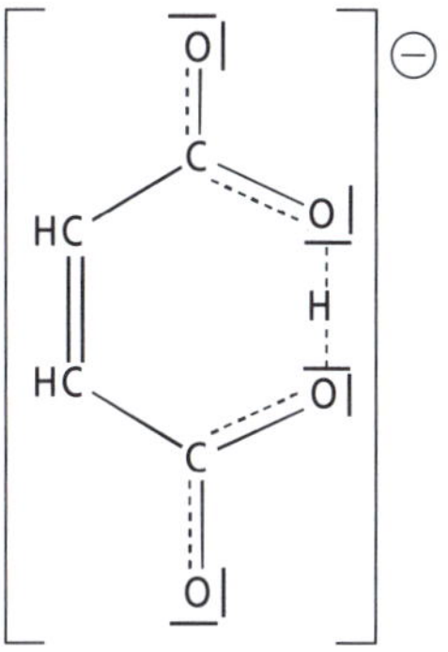
pK_{A2}	4,39	6,22	
	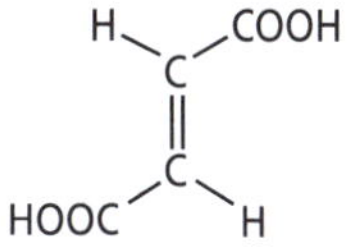	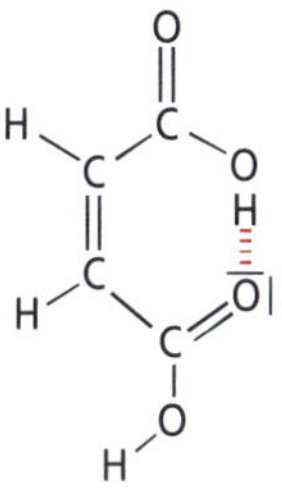	

b) La température de fusion est d'autant plus élevée que les interactions intermoléculaires au sein du corps pur solide sont importantes.

Les molécules d'acide fumarique, dont les deux groupes acide carboxylique sont libres, sont donc susceptibles d'être beaucoup plus associées par **liaisons hydrogène intermoléculaires** que les molécules d'acide maléique. Donc,

$$\boxed{pF\ (\text{acide fumarique}) > pF\ (\text{acide maléique})}.$$

8.7 a) L'ammoniac NH_3 s'associe à l'eau par liaisons H, alors que NCl_3 ne le peut pas.

b) CH_3COOH soluble dans l'eau : association à l'eau par liaisons H, CH_3COOH soluble dans des solvants apolaires tels que le benzène ou le tétrachlorure de carbone : dissolution sous forme de dimères associés par liaisons H.

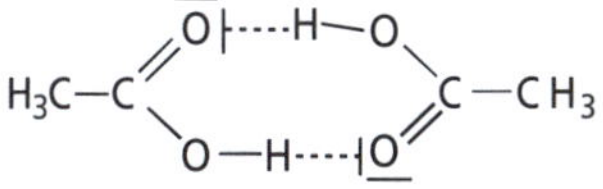

c) Les alcools R–OH où R est une chaîne alkyle C_nH_{2n+1}– comportent :

- un groupe –OH hydrophile, soluble dans l'eau par établissement de liaisons H,
- une chaîne C_nH_{2n+1}– hydrophobe. À partir de $n = 4$, la chaîne R limite la solubilité de l'alcool dans l'eau.

Index

Pour se repérer plus facilement, les occurrences principales des mots de l'index sont en gras dans le cours.

78903 - (I) - OSB 80° - TYP - MPN

JOUVE
1, rue du Docteur Sauvé, 53100 MAYENNE
N° 2738024Y
Dépôt légal : juin 2018

Imprimé en France